高等院校计算机应用系列教材

程序设计基础

——C语言

(第3版)(微课版)

金 兰 主 编

梁 洁 田新春 副主编

清华大学出版社

北 京

内 容 简 介

  C 语言是国内外广泛使用的编程语言，已被大多数高等学校作为典型的计算机教学语言。本书共分10 章，内容包括：C 语言概述，基本数据类型，运算符和表达式、输入输出，控制结构，数组，函数，指针，结构体与共用体，文件，综合应用案例——学生学籍管理系统，以及 4 个附录。

  本书内容介绍深入浅出，例题丰富，侧重程序设计思维的构建和程序算法的分析与设计。本书采用"问题提出→问题分析→算法分析→程序实现→说明归纳"的步骤组织教材内容，符合读者的认知规律，强化了算法的分析和设计，有助于帮助读者建立良好的思维模式，培养读者分析问题和解决问题的能力，掌握软件开发的工作原理和系统方法。书中的典型程序一题多解，有助于新旧知识对比学习，融会贯通，启迪思维，拓展读者的程序设计能力和灵活运用能力。

  本书可作为高等院校计算机相关专业"程序设计基础""C 语言程序设计"课程的教材，也可作为程序开发人员的学习用书，还可作为全国计算机等级考试、编程爱好者的参考书。

图书在版编目(CIP)数据

程序设计基础：C 语言：微课版 / 金兰主编.3 版.

北京：清华大学出版社, 2025.2. -- (高等院校计算机应用系列教材).

ISBN 978-7-302-68048-2

Ⅰ.TP312.8

中国国家版本馆 CIP 数据核字第 2025VK5399 号

责任编辑：刘金喜
封面设计：高娟妮
版式设计：恒复文化
责任校对：成凤进
责任印制：曹婉颖

出版发行：清华大学出版社

  网 址：https://www.tup.com.cn，https://www.wqxuetang.com
  地 址：北京清华大学学研大厦 A 座   邮 编：100084
  社 总 机：010-83470000   邮 购：010-62786544
  投稿与读者服务：010-62776969, c-service@tup.tsinghua.edu.cn
  质 量 反 馈：010-62772015, zhiliang@tup.tsinghua.edu.cn

印 装 者：三河市天利华印刷装订有限公司

经 销：全国新华书店

开 本：185mm×260mm 印 张：23.5 字 数：601 千字

版 次：2016 年 2 月第 1 版 2025 年 3 月第 3 版 印 次：2025 年 3 月第 1 次印刷

定 价：78.00 元

产品编号：109519-01

前　言

本书为《程序设计基础——C 语言》(ISBN 978-7-302-42444-4)的第 3 版。第 3 版在第 2 版的基础上，删除了第 2 章中数制的内容，修订了书中的部分错误，同时在章节中增加了"练一练"环节，有助于读者在学习的过程中及时消化、吸收和巩固所学知识。第 2 版在第 1 版的基础上，将 C 语言的编译环境从 Visual C++ 6.0 改为 CodeBlocks，修正了书中的差错，同时在章节中增加了二维码，读者可以通过扫描二维码查看对应章节的详细视频讲解，以便进一步学习和掌握书中的内容。

程序设计基础的入门课程——C 语言是目前广泛应用的程序设计语言之一，它具有功能强大、使用灵活、可移植性好的特点，同时兼备低级语言和高级语言的优点，可用于编写系统软件和应用软件。另外，C 语言的语法规则清晰，便于掌握和记忆，因此适合作为大多数人学习计算机程序设计的入门语言。通过本书的学习，可以加深学生对计算机系统的认识，建立良好的计算机思维模式，培养学生模块化、结构化编程方法与技巧，训练学生运用计算机分析问题和解决问题的实践能力，熟练使用 CodeBlocks 开发环境进行 C 语言编程、调试、运行等各个环节的基本操作，为今后进一步学习打下坚实的基础。

本书是作者在多年 C 语言教学、研究和实践积累的基础上，吸收国内外 C 语言程序设计课程的教学理念和方法，依据 C 语言程序设计课程教学大纲的要求编写而成的。

本书每章都配备了大量的例题讲解，所有程序例题均在 CodeBlocks 平台中调试通过。程序例题采用了"问题提出→问题分析→算法分析→程序实现→说明归纳"的步骤讲解，符合读者的认知规律，对例题的重难点位置强化算法的分析和设计，有助于读者建立良好的思维模式，培养读者分析问题和解决问题的能力。本书最后通过一个综合应用案例——学生学籍管理系统，按照软件工程的思想，沿着"需求分析→总体设计→详细设计→编码实现"的软件开发流程，完整地开展系统的分析设计与实现，有助于读者掌握软件开发的工作原理和系统方法。

全书共分为 10 章，具体内容如下。

第 1 章：讲述计算机编程语言的发展过程、在 CodeBlocks 集成开发环境中编写第一个程序的步骤和方法。

第 2、3 章：讲解数据类型、运算符和表达式的使用方法、基本输入输出函数的应用。

第 4 章：讲述运用三种基本的控制结构(顺序、选择和循环)进行编程的方法。

第 5、6 章：讲解数组和字符串的运用、函数的使用、变量的作用域与生存期、编译预处理命令。

第 7、8 章：讲解指针、结构体、共用体的使用方法和链表的相关操作。

第 9 章：讲解文件操作的标准库函数的应用。

第 10 章：完整讲解一个综合应用案例——学生学籍管理系统的分析设计与实现的全过程。

本书中加*的章节为有一定深度和开放性的选学内容，可以有选择性地讲授或留给学生自学。

本书具有以下特色。

1. 实例丰富

本书不仅理论完备，还通过100多个实例夯实基础，以及100多个课堂练一练、课后习题巩固练习，并通过分布在本书第6、8和10章的3个综合应用案例——学生成绩统计程序、学生成绩查询系统、学生学籍管理系统全面提升实战开发能力。

2. 一题多解

典型实例可采用多种算法来设计和实现，有助于新旧知识对比学习，融会贯通，启迪思维，拓展读者的程序设计能力和灵活运用能力。

3. 贴心提示

为了便于读者阅读，书中还穿插了一些说明、注意和思考等小贴士，约定如下。
- "说明"：进一步阐述相关知识点的应用，力求规范、全面。
- "注意"：指出在学习过程中需要特别注意的一些知识点和内容，让读者加深印象。同时，还为读者提供建议及解决问题的方法。
- "思考"：读者可利用课余时间独立思考、解决提出的问题，进一步深入学习训练。

4. 习题丰富

本书每章最后提供了大量习题，涵盖了每章知识的重难点内容，题型灵活多样，包括选择题、填空题、阅读程序填空题及编程题，方便读者课后巩固练习。

本书可作为高等院校计算机相关专业"程序设计基础""C语言程序设计"课程的教材，也可作为程序开发人员的学习用书，还可作为全国计算机等级考试、编程爱好者的参考书。

本书还特别为任课教师免费提供教学视频资源、电子课件、全部程序源代码和习题参考答案等教学资源，可通过扫描右侧二维码获取。本书还配有相关上机环节指导书《程序设计基础上机指导——C语言》(ISBN 978-7-302-42445-1)，建议与本书配套使用。

教学资源

本书的统稿工作由金兰负责，第1、2、3、4、5、7、9、10章及附录由金兰编写，第6、8章由梁洁编写，田新春老师参与了第2~5章"练一练"习题的编写工作。在本书的编写过程中，武昌首义学院的领导给予了诸多的鼓励和关心。同时，本书的编写工作得到了许多同行的帮助，并参考了大量相关资料，在此深表谢意。因编者水平有限，书中难免会有疏漏和欠妥之处，恳请广大读者给予指正。

服务邮箱：476371891@qq.com。

编　者
2024年7月

目　　录

第 1 章

C 语言概述

计算机是 20 世纪最重要的发明之一，它深刻地影响了我们的生活，改变了我们的社会。例如，它控制着我们的交通、通信及其他系统。那么，什么是计算机？计算机又是如何工作的呢？

计算机(computer)是基于一串指令进行数据操作的机器，而这串指令被称为程序(program)。比起人的大脑，计算机具有更快的信息处理速度和数值计算能力，而安装在计算机内的程序告诉计算机什么时候获取信息，如何处理信息并实施计算，产生什么样的结果。程序指令由中央处理器(central processing unit，CPU)执行，CPU 通常也被称为微处理器(microprocessor)。目前，常见的台式计算机(desktop computer)、笔记本式计算机(notebook computer)或平板计算机(tablet computer)都是通用计算机，用来为不同的任务运行不同的程序。例如，运行在计算机上的游戏程序能够处理用户的输入并根据程序指令触发动作；运行在计算机上的 Internet 网页浏览器可以根据用户输入的网页地址，经一系列的处理后与运行在该网页地址上的主机的另一个程序进行通信而获得信息，最终将结果显示在网页浏览器上。

嵌入式系统(embedded system)，是为了完成一个或多个特殊功能的专用计算机系统。例如，一个机器人通常含有一个单板嵌入式计算机系统。根据机器人程序，机器人能够做出智能决策并根据一些外部传感信息(如位置、受力、视觉等)采取特定的动作。一台计算机或一个机器人仅服从写入其内的程序命令。

C 语言是用来编写能够与硬件交互的亿万嵌入式系统程序的首选。C 和它的扩展 C++ 也是编写游戏、网页浏览器、文字处理软件和运行在计算机上的大部分程序的首选语言。本书将教我们如何编写程序，让计算机来帮我们完成想做的事。

1.1 计算机编程语言

计算机编程语言可以分为低级语言和高级语言。低级语言包括机器语言和汇编语言。高级语言比低级语言更容易使用，也更容易移植。下面将介绍各种语言的工作原理。

1.1.1 机器语言

机器语言(machine language)是由二进制编码指令构成的唯一可被计算机直接识别的计算机

语言。每种处理器都有自己专用的机器指令集合。处理器的设计者用不同的二进制编码表示不同的机器指令,每条机器指令只能完成非常低级的处理任务。例如,下列程序是用某种处理器的机器语言编写的,该程序的功能是在屏幕上显示字符串 Hello。

```
11100000    01001000    ;输出字符 H
11100000    01100101    ;输出字符 e
11100000    01101100    ;输出字符 l
11100000    01101100    ;输出字符 l
11100000    01101111    ;输出字符 o
00000000
```

其中,二进制串 11100000 表示屏幕字符输出指令,该指令带一个操作数,表示输出字符的 ASCII 码。二进制串 00000000 表示停止指令,该指令没有操作数。由此可见,一条机器指令是由一个操作码(operator)和 0 到多个操作数(operand)构成的。其中,操作码规定了指令的功能,操作数指明了操作的对象。

尽管用机器语言编写的程序能够被计算机直接理解和执行,但用二进制编码进行编程不仅效率极低,而且所编写的程序含义不直观,难以理解和记忆,错误也难以查找。因此,使用机器语言根本无法高效地编写出高质量的复杂程序,现在已经没有人再用机器语言编写程序了。

1.1.2　汇编语言

为了缓解使用机器语言编程的困难,人们进行了一些改进,即用一些简洁的英文字母、符号串来替代一个特定指令的二进制编码,如用 ADD 代表加法、MOV 代表数据传递等。这样,人们很容易读懂并理解程序的含义,查找和纠正错误也变得更加方便,这种编程语言就是汇编语言(assembly language)。汇编语言为每条机器指令分配了一个助记符号,人们可以使用这些助记符号代替二进制串来编写程序。例如,在屏幕上输出 Hello 的程序,用某种机器的汇编语言可以写为:

```
Write H
Write e
Write l
Write l
Write o
Stop
```

在上述程序中,用 Write 代替了二进制的操作码,用字符代替了其对应的二进制的 ASCII 码。可见,汇编语言是用助记符号表示机器指令的计算机语言。汇编语言指令与机器指令基本上具有一一对应关系。采用汇编语言编程,程序的可理解性、编写效率及质量都有所提高,但是计算机不能直接理解和执行汇编语言程序,必须将其翻译成机器语言,程序才能被机器理解和执行,这个翻译过程称为"汇编"。目前,汇编语言主要用于资源受限的嵌入式系统和对实时性要求非常高的系统编程中。尽管汇编语言程序非常简洁且高效,但它高度依赖于机器,且编写过程烦琐,可读性差,难以进行修改。

1.1.3　高级语言

从最初与计算机交流的困难经历中，人们意识到应该设计一种既接近于数学语言或人的自然语言，又不依赖于计算机硬件，编出的程序能在所有机器上通用的语言，这样的语言被称为高级语言(high-level language)。高级语言与计算机类型无关，在某一机器上完成的程序可以在另一台机器上运行，而且它们易读、易写、易维护。例如，下面是一条用 C 语言书写的在屏幕上输出 Hello 的语句。

```
printf("Hello");
```

由上例可以看出，与汇编语言相比，高级语言将许多相关的机器指令合成单条指令，因此，高级语言指令能完成较复杂的任务。由于屏蔽了与硬件操作有关的细节，编程人员不需要掌握太多的计算机硬件的专业知识，可以集中精力于确定问题求解的算法上，因此，编码相对简单，所编写的程序也更加容易理解和维护。

工程人员和科学研究人员通常使用的高级语言有 FORTRAN、C、C++、Java 和 C#。表 1-1 给出了各种语言的应用领域及其发明者。

表 1-1　各种语言的应用领域及其发明者

语言	应用领域	发明者
FORTRAN	数值和科学计算编程	约翰·巴科斯(John W. Backus)
C	系统编程和嵌入式系统	丹尼斯·里奇(Dennis M. Ritchie)
C++	面向对象系统编程	本贾尼·斯特劳斯特卢普(Bjarne Stroustrup)
Java	网络与系统编程	詹姆斯·高斯林(James Gosling)
C#	网络与系统编程	安德斯·海尔斯伯格(Anders Hejlsberg)

FORTRAN 是首个通用高级语言，由 IBM 的约翰·巴科斯于 20 世纪 50 年代后期开发。它的主要目的是进行公式转换计算。尽管很多人认为它相当落伍，但它至今还是一种进行高性能数值计算的主要有效语言。

C 语言是在 20 世纪 70 年代为了写 UNIX 操作系统及相关应用程序由 AT&T 公司的丹尼斯·里奇开发的。之所以命名为 C，是因为它是从早期 B 语言(BCPL 语言的简化版)的基础上发展而来的。布莱恩·克尼汉(Brian Kernighan)和丹尼斯·里奇 1978 年出版的《C 程序设计语言》在相当长的时间里都是 C 语言的默认标准。1983 年，美国国家标准协会(ANSI)成立了 X3J11 委员会，为 C 制定了标准规范，该标准在 1989 年被认可，通常称为 ANSI C 或 C89 标准。1990 年，ANSI C 标准做了一些小的修改后，被国际标准化组织(ISO)吸纳为国际标准，该版本也被称为 C90，其与 C89 指的是同一语言版本。最先的 C 标准起始于 1991 年，在 1999 年完成，2000 年被认可，该标准称为 C99 标准。

C 被广泛用来进行系统编程，如编写操作系统、应用程序、编译器、解释器及函数库。C 语言由于能够像汇编语言一样精确控制机器，所以通常被认为是一种中级语言(mid-level language)，其也是嵌入式系统开发的首选语言，广泛用于开发终端用户的应用程序。

1979 年，贝尔实验室的本贾尼·斯特劳斯特卢普为了增加 C 的面向对象编程能力开发了 C++。该语言最初命名为具有类功能的 C(C with classes)，1983 年，它才被命名为 C++(++是 C 和 C++中的增量操作)。面向对象编程是一种用对象及其交互接口设计应用程序的编程方法，它适用于大规模的软件工程。C++比 C 复杂得多，因此，在没有较好的 C 基础上掌握 C++中的面向对象特性是不太可能的。在最新标准 C99 出现以前，C++一直是 C 的超集。C++不支持 C99 中的可变长数组等特性，然而在其下一个标准中很有可能包含 C99 的这些新特性。

就像 C++一样，很多所谓的现代计算机语言，如 Sun 公司开发的 Java、微软的 C#等都是基于 C 开发的，它们是面向对象的编程语言。其中，Java 能够用来方便地开发具有图形用户界面的网络计算应用。

计算机的 CPU 唯一能够执行的代码是机器码。编译器(compiler)就是一个用来把高级语言程序翻译成低级语言或汇编语言或机器码的计算机程序。源文本称为源代码(source code)或源文件(source file)，而通过编译器输出的代码称为目标码(object code)或目标文件(object file)。一般情况下，编译器将源代码直接翻译成机器码，例如，编译器能够自动将一些源代码格式的头文件(header file)包含到另一个 C 源文件中。链接器(linker)是一种能够将一个或多个由编译器生成的目标文件装配成单个可执行程序的应用程序，其还可以接纳库(library)，即一组编译后的目标文件的集合。图 1-1 给出了 Windows 下用 C 语言开发一个可执行程序的处理过程。首先，利用 Windows 中的文本编辑器，如 Notepad，编辑好文件名为 hello.c 的 C 源代码。该源代码用编译器程序 compile.exe 编译，源文件中的一些头文件在编译过程中会自动包含进来。编译器将源文件编译为目标文件 hello.obj。其次，链接器程序 link.exe 将目标代码和一些库链接生成一个可执行程序 hello.exe 并存放在外存上。如果不运行该文件，则什么都不会发生。该程序可以通过在命令行界面中输入程序名运行，或者通过 GUI 启动，将它所需的实时运行库装载到内存中。程序 hello.exe 的运行过程如图 1-2 所示，根据程序设计的要求，需要用户输入一些数据后，才能输出结果。

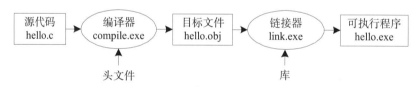

图 1-1　Windows 下用 C 语言开发一个可执行程序的处理过程

图 1-2　程序 hello.exe 的运行过程

由于几乎任何计算机平台中都有 C 编译器，所以一些高级语言首先可能被翻译成 C 语言，然后通过 C 编译器编译 C 代码。C++早期实现就是利用这种模式，但现在 C++程序已经可以跳过中间代码过程直接编译成机器码。

有些高级语言的源代码被编译成一种称作字节码(bytecode)的中间代码，这种字节码是可以在程序虚拟机(virtual machine)上运行的指令集，Java 就是利用这种运行模式。为了提高执行效率，如今的 Java 也可以直接编译成机器码。

用高级语言编写的程序也可以通过一个解释器直接读取并执行,不需要编译和链接的过程。

1.2 第一个 C 程序

我们从一个简单的程序开始,该程序运行后将在屏幕上输出如下信息。

Hello World

【程序 1-1】第一个 C 程序如下所示,该程序运行后的输出结果如上。

```
/*  文件: hello.c
程序功能: 在屏幕上打印输出信息"Hello World" */
#include <stdio.h>
int main()
{
    printf("Hello World\n");
    return 0;
}
```

在这里,源代码保存在一个名为 hello.c 的文件中,然后由编译器处理。编译器能处理 C 源代码并生成一个可执行程序,运行可执行程序时, 就可以产生基于源代码的期望结果。C 程序可以通过一个集成开发环境来编辑执行,这样用户就可以在同一个界面上完成程序的编辑运行。下一节将介绍如何利用集成开发环境编辑运行 C 程序。

下面详细介绍程序 1-1 中每一行的内容和含义。

(1) 用/*符号起始并用*/符号结尾的部分是注释(comment),用来注解程序,使代码易读易懂。当编译器处理注释时,这些注释内容将被忽略,不产生任何动作。程序 1-1 中的注释行如下。

```
/*  文件: hello.c
程序功能: 在屏幕上打印输出信息"Hello World" */
```

注释行注解该程序文件名称为 hello.c,程序的功能是在屏幕上打印输出信息 Hello World。C 程序文件通常都是以.c(称为扩展名)结尾。

注释内容可以跨越多行,但两个注释定界符号不允许嵌套出现。例如:

```
/*注释开始/*嵌套在一起的注释是不正确的*/注释结束*/
```

在 C99 标准中加入了有符号//的注释方式,这种方式下,将符号//后出现的文本视为注释内容,该注释到当前行末为止。例如:

```
printf("Hello World\n");          //这部分是注释
```

(2) 程序 1-1 中的行:

```
#include <stdio.h>
```

是预处理命令。用#开始的行称为预处理命令,其通常被 C 编译器的预处理程序处理。include 命令通知编译器要在该程序中包含文件 stdio.h 的所有内容。通过#include 预处理命令而包含的文件被称为头文件。头文件 stdio.h 包含了与标准输入输出库相关的函数声明等信息。头文件通常以.h 作为其扩展名,如 stdio.h 是标准 C 头文件,通常都是编译器自带的,用户不需要关心这些标准头文件所包含的内容。它们的实现与编译器相关，不同的编译器提供的标准头文件的内容会有所不同，每一个编译器都会有各自的头文件集。程序 1-1 中之所以要包含头文件 stdio.h，是因为后面要用到标准输出函数 printf()。

(3) 函数(function)是 C 程序中基本的可执行模块。一个 C 程序含有一个或多个函数，其中必须包含的函数是 main()，它将返回一个类型为 int 的值，关于 int 类型的详述请参见第 2 章。下面这一行：

```
int main()
```

是每个 C 程序必须包含的部分。符号 main 后面的圆括号表示它是一个函数。C 程序都是从函数 main()开始执行的。

一组类似的、由 C 语言预先定义、具有特定含义的标识符被称为关键字。附录 A 给出了 C 语言所有完整的关键字列表，符号 int 就是其中的一个。int 用来声明函数 main()的返回值类型为整型，这意味着 main()函数返回值的类型是整数。返回到哪里呢？返回给操作系统。

如果浏览老版本的 C 代码，你将发现程序常以：

```
main()
```

形式开始。C90 标准勉强允许这种形式，但是 C99 标准不允许。

我们还将看到：

```
void main()
```

这种有些编译器允许的形式，但是还没有任何标准考虑接受它。因而，编译器不必接受这种形式，并且许多编译器也不这样做。如果坚持使用标准形式，当把程序从一个编译器移到另一个编译器时也不会有问题。

一个函数通常包含很多语句，函数中的所有语句用一对大括号表示起止，左大括号"{"是函数体的开始，与之匹配的右大括号"}"表示函数定义的结束。这对大括号及其内的所有语句被称为程序块(block)。

程序 1-1 中的函数 main()包含两条语句。其中：

```
printf("Hello World\n");
```

调用函数 printf()输出 Hello World。函数 printf()是输入/输出库中的一个标准函数，可以有多个参数。在本例中函数 printf()的参数是一个字符串，当一个字符串被传给函数 printf()时，通常将出现在程序中的字符串完整地显示在计算机屏幕上。

引号中的字符\n 表示开始新的一行，但并没有输出它们，那么发生了什么事情呢？\n 组合代表一个称为"换行符"的字符，它意味着"在下一行的最左边开始新的一行"，换句话说，打印换行字符的效果与在普通键盘上按 Enter 键一样。换行符是转义字符(escape sequence)的一个例子，转义字符通常用于难以表达的或无法输入的字符，完整的转义字符列表请参考第 2 章。

(4) 程序中的每一条语句必须用分号结尾。为了软件的可读性和可维护性，在函数中的语句要进行恰当的缩进(indent)，缩进时采用固定长度的空格，建议采用程序 1-1 中四个空格的缩进法。与 int 一样，符号 return 也是 C 语言的关键字。

```
return 0;
```

该语句出现在函数 main()的最后，一旦被执行，表示程序成功结束并返回值 0。根据程序被执行时的方式，该程序返回值将会传递给执行环境。对于 main()函数来说，如果漏掉 return 语句，则大多数编译器将对该疏忽提出警告，但仍将编译该程序。此时，我们可以暂时把 main() 中的 return 语句看作保持逻辑连贯性所需的内容，但对于某些操作系统(包括 DOS 和 UNIX)而言，它有实际的用途。

1.3　C 程序的上机步骤

　　CodeBlocks 是一个开源、免费、跨平台的集成开发环境，在 Windows、Linux 和 Mac 等多个平台中都可以使用。CodeBlocks 没有内置的编译器和调试器，但支持多种编译器和调试器，如 GCC 编译器和 GDB 调试器，常见组合为 Code::Blocks+GCC+GDB。我们选择安装的是捆绑了 MinGW 的 GCC 编译器的版本，选择该版本的好处是无须再去单独安装编译器。对于学习 C 语言来说，CodeBlocks 是完全足够的，下面开始安装。

1.3.1　CodeBlocks 的安装

　　(1) 登录 CodeBlocks 官方网站下载并安装文件到本机，双击文件 codeblocks-16.01mingw-setup 图标，如图 1-3 所示，运行该文件，打开如图 1-4 所示的安装对话框。

图 1-3　文件 codeblocks-16.01mingw-setup 图标

图 1-4　安装对话框 1

　　(2) 单击图 1-4 安装对话框中的 Next 按钮，弹出如图 1-5 所示的安装对话框。

图 1-5　安装对话框 2

(3) 单击图 1-5 安装对话框中的 I Agree 按钮，弹出如图 1-6 所示的安装对话框。

图 1-6　安装对话框 3

(4) 单击图 1-6 安装对话框中的 Next 按钮，弹出如图 1-7 所示的安装对话框。

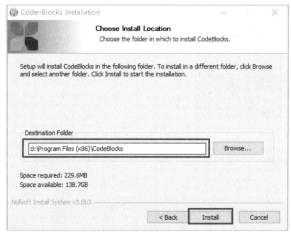

图 1-7　安装对话框 4

(5) 选择安装路径 d:\Program Files(x86)\CodeBlocks，单击 Install 按钮。安装完后，单击图 1-8 安装对话框中的"是"按钮，即可运行 CodeBlocks。

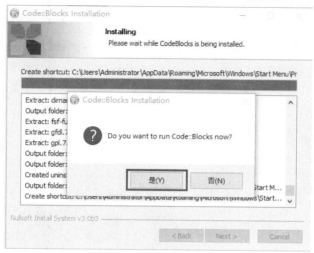

图 1-8　安装对话框 5

(6) 进入如图 1-9 所示的 CodeBlocks 开始界面，安装成功。

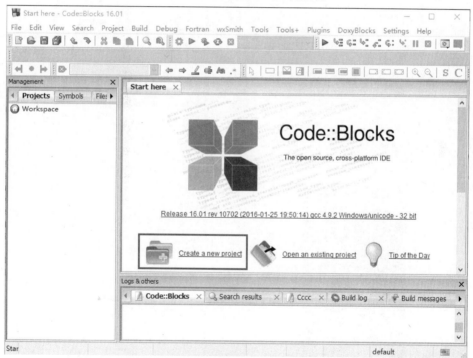

图 1-9　CodeBlocks 开始界面

1.3.2　新建工程

(1) 进入图 1-9 中的开始界面后，选择 Create a new project，或者单击如图 1-10 所示的 File→New→Project... 菜单项。

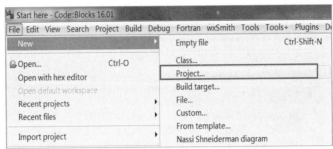

图 1-10　创建新工程

(2) 在弹出的如图 1-11 所示的对话框中选择 Console application 选项，单击 Go 按钮。

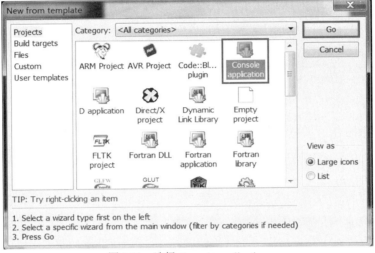

图 1-11　选择 Console application

(3) 在弹出的如图 1-12 所示的对话框中单击 Next 按钮。

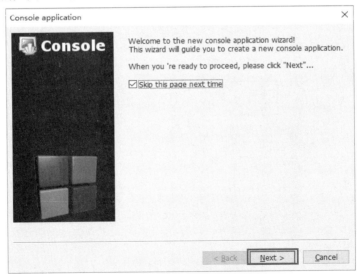

图 1-12　弹出的对话框 1

(4) 在弹出的如图 1-13 所示的对话框中选择 C，单击 Next 按钮。

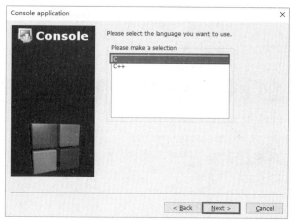

图 1-13　弹出的对话框 2

(5) 在弹出的如图 1-14 所示的窗口中，一定要先在 Folder to create project in:文本框中选择一个已经在磁盘里建立好的义件夹，如 E:\CProject，然后在 Project title:文本框中输入工程名称，如 prj1，单击 Next 按钮。

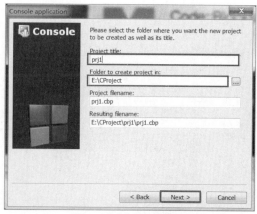

图 1-14　弹出的窗口 1

(6) 在弹出的如图 1-15 所示的窗口中单击 Finish 按钮，即可建立一个工程。

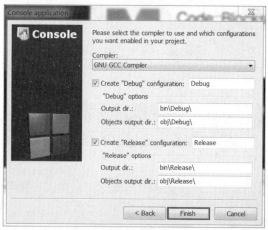

图 1-15　弹出的窗口 2

(7) 在图 1-16 所示的主窗口界面左侧的 Management 窗口中选择 Projects 选项卡，在其中的 Workspace 中可以看到刚建立的工程 prj1，选择 Sources 下的 main.c，双击，在右侧打开程序编辑界面。

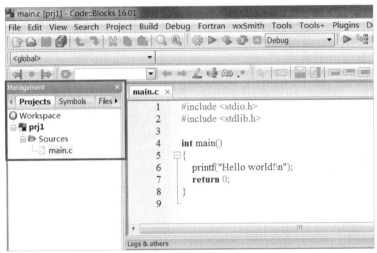

图 1-16　主窗口界面

(8) 选择图 1-17 所示的 Build 菜单栏中的 Build and run 选项，或者按快捷键 F9，即可运行程序。

图 1-17　编译菜单栏

(9) 运行结果如图 1-18 所示。请注意，每次修改完程序后，一定要使用这一项才会运行最新的程序。

图 1-18　运行结果

(10) 完成程序后，关闭当前工程，如图 1-19 所示，选择 File 菜单中的 Close project 选项，关闭当前工程 prj1。

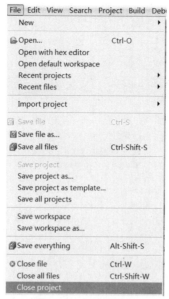

图 1-19　文件菜单栏

（11）当需要再次打开之前创建的程序时，选择菜单栏中的 File→Open 选项，打开 Open file 对话框，如图 1-20 所示，选择前面创建的工程 E:\CProject\prj1\prj1.cbp 文件，单击"打开"按钮，打开工程 prj1。

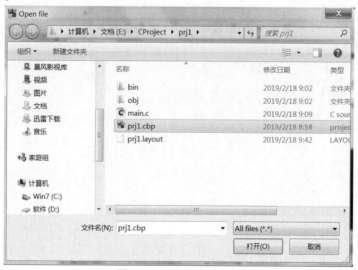

图 1-20　Open file 对话框

1.3.3　多工程切换

虽然每个 C 程序有且仅有一个 main() 函数，但 CodeBlocks 中可以通过"新建工程"支持在同一个 CodeBlocks 主窗口中同时创建多个工程。如图 1-21 所示，在主窗口界面左侧的 Management 窗口的 Projects 选项卡中显示了多个工程，其中工程名称加粗显示的(prj2)是当前正在运行的工程，此时如果按快捷键 F9，将会运行此工程。

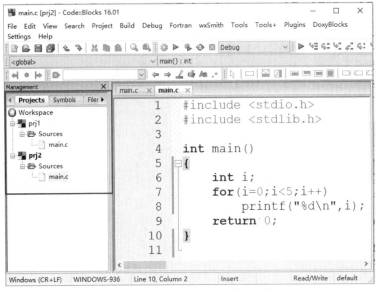

图 1-21 CodeBlocks 中的多个工程

如果想在多个工程中切换当前运行工程，为避免错误可以先选中想要运行的工程(prj1)，然后右击，在弹出的快捷菜单中选中 Activate project 来激活该工程，如图 1-22 所示。

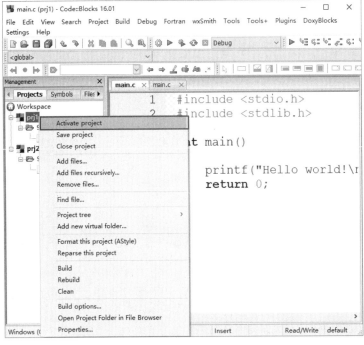

图 1-22 激活工程

1.3.4 单步调试程序

(1) 单步调试时，应先确定程序处于 Debug 状态。选取 Build target 组合框中的 Debug 项目，如图 1-23 所示。

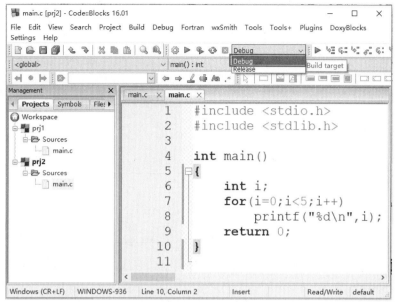

图 1-23 设置 Debug 状态

(2) 设置"断点(Breakpoint)"时，程序在调试状态执行到断点会自动暂停。在需要设置断点的行的左侧单击，会产生一个小红点，说明断点设置成功，如图 1-24 所示。可通过再次单击取消断点，或者按快捷键 F5 来设置或取消断点。

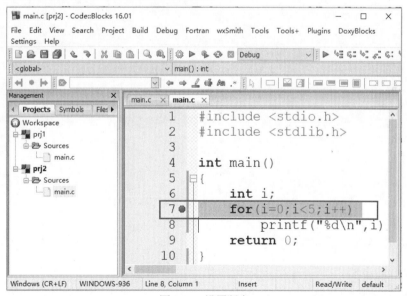

图 1-24 设置断点

(3) 单击快捷工具栏中的红色右三角 Debug / Continue 按钮或按快捷键 F8，开始调试。如图 1-25 所示，当行标识处出现黄色小箭头时，说明程序暂停执行，它所指示的是下一行要执行的代码。

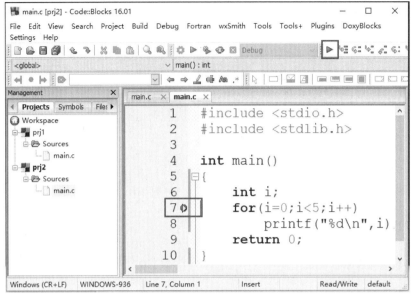

图 1-25　开始调试

(4) 单击 Step into 按钮，开始单步调试，可以看到黄色箭头向下移动，如图 1-26 所示。

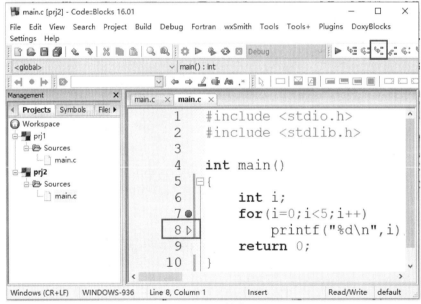

图 1-26　进入单步调试

(5) 调试过程中，可以监视每个变量的变化。如图 1-27 所示，单击快捷工具栏中的 Debugging Windows 按钮，在弹出的菜单中选择 Watches 子菜单。

(6) 左侧 Watches(new)窗口可以看到正在执行的函数内所有局部变量的当前值，如图 1-28 所示。

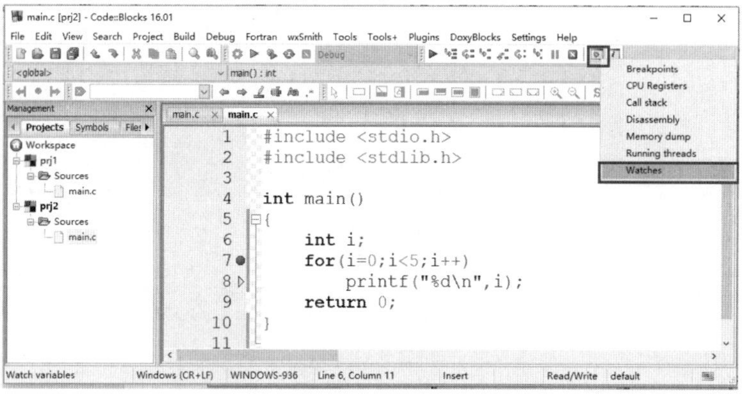

图 1-27　单击"Watches"子菜单

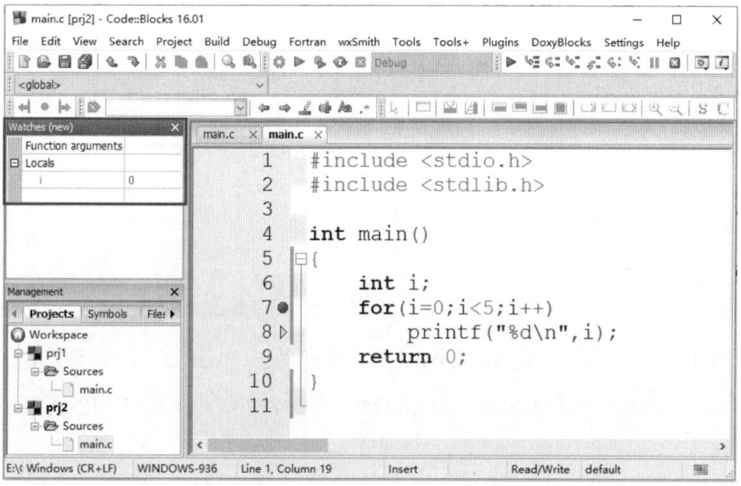

图 1-28　Watches(new)窗口

　　(7) 单击 Next line 按钮或按快捷键 F7 执行下一行代码,可以看到内存中变量值发生了变化,重复执行该步骤,变量值不断变化,黄色小箭头依次按顺序移动,如图 1-29 所示。

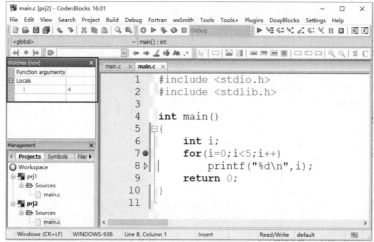

图 1-29　Watches(new)窗口值变化

(8) 如果想看到最后的结果，对于循环结构而言，这样一步一步单击速度太慢，可将光标移动到如图 1-30 所示的第 9 行，然后单击 Run to cursor 按钮或按快捷键 F4，程序会连续运行到光标所在位置再暂停。

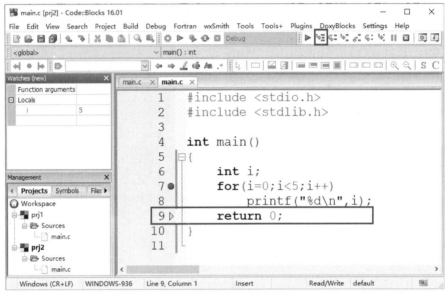

图 1-30　运行到光标

(9) 现在已执行到程序尾 return 0;，可以继续单击 Next line 按钮，直到退出。另外，如果不想让单步再进行下去，则可以单击 Stop debugger 按钮或按快捷键 Shift+F8 来结束单步操作，如图 1-31 所示。

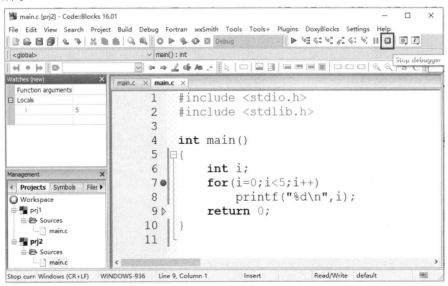

图 1-31　结束单步操作

课后习题 1

一、选择题

1. 一个 C 程序的执行是从（　　）。
   A. 本程序的 main() 函数开始，到 main() 函数结束
   B. 本程序的第一个函数开始，到本程序文件的最后一个函数结束
   C. 本程序的 main() 函数开始，到本程序文件的最后一个函数结束
   D. 本程序的第一个函数开始，到本程序的 main() 函数结束

2. 以下叙述不正确的是（　　）。
   A. 一个 C 源程序可由一个或多个函数组成
   B. 一个 C 源程序必须包含一个 main() 函数
   C. C 程序的基本组成单位是函数
   D. 在 C 程序中，注释说明只能位于一条语句的后面

3. 以下叙述正确的是（　　）。
   A. C 程序的每行中只能写一条语句
   B. 对一个 C 程序进行编译的过程中，可以发现注释中的拼写错误
   C. C 程序中一行语句以 ";" 结束
   D. 在 C 程序中，main() 函数必须位于程序的最前面

二、编程题

1. 请参照本章例题，编写一个 C 程序，输出以下信息。

```
**************************
*        Hello World!        *
**************************
```

2. 编写一个简单的 C 语言程序，使在屏幕上显示下列信息。

```
   *
  ***
 *****
*******
```

第 2 章

基本数据类型

计算机是按人们给出的指令工作的，这些指令一般表现为程序。程序是为执行某项任务而编写的有序指令序列，由数据和算法两个要素构成。算法是解决问题的具体方法和步骤，其处理的对象是数据。数据以某种特定的形式存在，正是这种特定的存在形式形成了各种不同的数据类型，不同的数据之间往往存在某些联系，不同的数据类型有不同的规则，从而确定了各自所能进行的运算。C 语言提供了非常丰富的数据类型。

2.1 C 程序常见符号分类

在程序 1-1 中，我们遇到了许多带有一定含义的标识符号，这些标识符号分别代表不同的含义。C 程序中常见的标识符号主要有以下 6 类。

1. 关键字(keyword)

关键字又称保留字，它们是 C 语言中预先规定的具有固定含义的一些单词，如程序 1-1 中的 int 和 return 等，用户只能按预先规定的含义来使用它们，不能擅自改变其含义。C 语言提供的关键字详见附录 A。

2. 标识符(identifier)

标识符分为系统预定义标识符和用户自定义标识符两类。

顾名思义，系统预定义标识符的含义是由系统预先定义好的，如程序 1-1 中主函数名 main、库函数名 printf 等。与关键字不同的是：系统预定义标识符允许用户赋予新的含义，但这样做会失去原有的预先定义的含义，从而造成误解，因此这种做法是不提倡的。

用户自定义标识符是由用户根据需要自行定义的标识符，通常用作变量名、函数名等。

标识符的命名必须遵循一定的规则，这里只介绍被大多数程序员所采纳的共性规则，下面以用户标识符命名规则(naming rules)进行介绍。

(1) 由英文字母、数字和下画线组成，且必须以英文字母或下画线开头。

(2) 不允许使用关键字作为标识符的名字，同时标识符名也不应该与库函数名重名。

(3) 在 C 语言中，标识符可以是任意长度的，然而，并非所有的字符都是有意义的。旧的 ANSI C 规定，有意义的标识符长度为前 6 位字符，现今的 C/C++ 已经突破此局限，但一般还是有一个最大长度限制，具体情况请查阅编译器手册，不过大多数情况下，我们并不会达到此限制。

(4) 标识符命名应以直观且易于拼读为宜，即做到"见名知意"，最好使用英文单词及其组合，这样便于记忆和阅读。

(5) 命名规则应尽量与所采用的操作系统或开发工具的风格保持一致，如 Windows 应用程序的标识符通常采用"大小写"混排方式，如 AddChild；而 UNIX 应用程序的标识符通常采用"小写加下画线"的方式，如 add_child。注意，不要将两类风格混在一起使用。

(6) 标识符区分大小写，如 sum、Sum 和 SUM 是 3 个不同的标识符。虽然 C 程序区分大小写标识符，但为避免引起混淆，程序中最好不要出现仅靠大小写来区分的相似标识符。

下面是一些合法的标识符：Sun1、sun2、sdkd_1、_SDKD、ZHANG123、Li456、student789。

下面是一些不合法的标识符，并解释了错误类型：8899sun(数字开头)、a–b(含有减号)、W.S(含有点)、KK$P8(含有$符号)。

3. 运算符(operator)

C 语言提供了相当丰富的运算符，共有 44 种(详见附录 B)。按照不同的用途，这些运算符大致可分为如下 13 类。

- 算术运算符：+ – * / %
- 关系运算符：> >= == < <= !=
- 逻辑运算符：! && ||
- 赋值运算符：=
  复合赋值运算符：+= –= *= /= %= &= |= ^= <<= >>=
- 增 1 和减 1 运算符：++ ––
- 条件运算符：?:
- 强制类型转换运算符：(类型名)
- 指针和地址运算符：* &
- 计算字节数运算符：sizeof
- 下标运算符：[]
- 结构体成员运算符：->
- 位运算符：<< >> | ^ & ~
- 逗号运算符：,

4. 分隔符(separator)

就像写文章要有标点符号一样，写程序也要有一些分隔符，否则程序就会出错。在 C 程序中，相邻保留字、标识符之间应由空格或回车/换行作为分隔符，逗号则用于相邻同类项之间的分隔。例如，在声明相同类型的变量时，变量之间可以用逗号分隔，在向屏幕输出的变量列表中，各变量或表达式之间用逗号分隔。下面两条语句中的逗号就起着这样的分隔作用。

```
int a,b,c;
printf("%d%d%d\n",a,b,c);
```

5. 其他符号

除了上述符号，C 语言还有一些有特定含义的符号，如大括号"{"和"}"通常用于标识函数体或一个语句块，"/*"和"*/"是程序注释所需的定界符。

6. 数据(data)

程序处理的数据有变量(variable)和常量(constant)两种基本数据形式。例如，Hello World 和 0 都是常量，只是类型不同而已，其中，前者是字符串常量，后者是整型常量。常量与变量的区别在于：在程序运行过程中，常量的值保持不变，变量的值则是可以改变的。

2.2 数据类型

2.2.1 数据类型的引入

就像人要区分男女一样，数据也要区分类型。区分数据类型的主要目的是便于对它们按不同方式和要求进行处理。在 C 程序中，每个数据都属于一个确定的、具体的数据类型。

不同类型的数据在数据表示形式、合法的取值范围、占用内存储器(简称内存)的空间大小及可以参与的运算种类等方面有所不同。

C 语言的数据类型(data type)分类如图 2-1 所示。

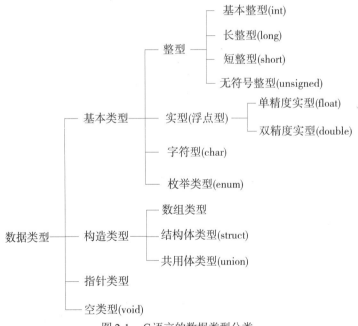

图 2-1　C 语言的数据类型分类

本章只涉及基本数据类型，构造类型、指针类型和空类型将在后面章节进行介绍。

2.2.2　类型修饰符

除了 void 类型，在基本数据类型前都可以加各种修饰符(modifier)，如在基本类型前加类型修饰符(type modifier)可以更加准确地对类型进行声明。用于修饰基本类型的修饰符有如下 4 种。

(1) signed：即有符号，可以修饰 int、char 基本类型。对 int 型使用 signed 是允许的，却是冗余的，因为默认的 int 型定义为有符号整数。

(2) unsigned：即无符号，可以修饰 int、char 基本类型。

(3) long：即长型，可以修饰 int、double 基本类型。

(4) short：即短型，可以修饰 int 基本类型。

当类型修饰符被单独使用(即将其修饰的基本类型省略)时，系统默认其为 int 型，因此下面几种用法是等效的。

signed	等效于	signed int
unsigned	等效于	unsigned int
long	等效于	long int
short	等效于	short int

另外，signed 和 unsigned 也可以用来修饰 long int 和 short int，但是不能修饰 double 和 float。

有符号和无符号整数之间的区别在于怎样解释整数的最高位。对于无符号数，其最高位被 C 编译程序解释为数据位。而对于有符号数，C 编译程序将其最高位解释为符号位，符号位为 0 表示该数为正，符号位为 1 表示该数为负。

*2.2.3　C99 标准中的新增类型

1. long long 整数类型

long long 整数类型是 C99 标准新增的类型，占 8 个字节(64 位)，它的表示与 int 数据类型相似。long long 数据类型用 8 个字节来存储数据，其中 1 位是符号位，负数按照 8 个字节的二进制补码形式存储。因此，long long 类型的整数值的取值范围为-9223372036854775808 (-2^{63})～9223372036854775807($2^{63}-1$)。

尽管 Windows 系统的 Visual C++不支持 C99 标准的 long long 类型，但是可以使用与之等价的_int64 类型。

2. 布尔(bool)类型

在布尔代数中仅存在两个值：1 和 0 或真(true)和假(false)。C99 标准提供布尔数据类型，其头文件 stdbool.h 中的关键字 bool 可用于声明布尔类型的变量。例如：

```
bool b;
```

声明布尔类型的变量 b 的值可以取自两个布尔值之一：1 代表真，0 代表假。在头文件 stdbool.h 中定义了两个宏，即 true 和 false。布尔类型通常作为 unsigned char 类型来实现，因此，在大多数系统实现中其只占一个字节。

3. 复数类型

复数是 C99 标准中新增的内容，其是实数的扩展，在科学和工程中应用广泛。可以用类型说明符 float complex、double complex(或 complex)、long double complex 声明 3 种复数类型的变量。复数变量使用两个 float、double 或 long double 类型的浮点值来表示它的实数和虚数部分。因此，float complex 类型的复数空间大小是 8 个字节，其中 4 个字节用于存储实数部分，另外 4 个字节用于存储虚数部分。double complex 类型的复数空间大小是 16 个字节，其中 8 个字节用于存储实数部分，另外 8 个字节用于存储虚数部分。虽然 long double complex 类型的空间大小依赖于系统实现，但是至少要等于 double complex 类型。

2.3 常量

常量是一种在程序中保持固定类型和固定值的数据。常量按照类型划分，可分为以下几种：整型常量、实型常量、字符常量、字符串常量、符号常量和枚举常量。除了枚举类型，编译系统能够从它们的数据表示形式上区分其他所有类型。

2.3.1 整型常量

1. 整型常量的表示形式

计算机中的数据都以二进制形式存储，但在 C 程序中，为便于表示和使用，整型常量可以用十进制、八进制、十六进制 3 种形式表示，编译系统会自动将其转换为二进制形式存储。整型常量的表示形式如表 2-1 所示。

表 2-1　整型常量的表示形式

整型常量的表示形式	特点	举例
十进制	由 0~9 的数字序列组成，数字前可以带正负号	如 45、−8965、0、+887 是合法的十进制整数，而 45.0 是非法的十进制整数
八进制	以数字 0 开头，后跟 0~7 的数字序列	如 044、−0175 是合法的八进制整数，而 086 是非法的八进制整数
十六进制	由数字 0 加字母 x 或字母 X 开头，后跟 0~9、a~f(大小写均可)的数字序列	如 0x56、−0x4F 是合法的十六进制整数，而 0xg5 是非法的十六进制整数

2. 整型常量的类型确定

长整型常量由常量值后跟 L 或 l 表示，如-456l、1024L 等。

无符号整型常量由常量值后跟 U 或 u 表示，如 458u、458U 等，但不能表示成小于 0 的数，如-51u 是不合法的。

无符号长整型常量由常量值后跟 LU、Lu、lU 或 lu 表示，如 48lu 等。

2.3.2 实型常量

1. 实型常量的表示形式

由于计算机中的实型数以浮点形式表示，即小数点位置可以是浮动的，因此实型常量既可以称为实数，也可以称为浮点数，如 3.14159、–136.87 等都是实型常量。在 C 程序中，实型常量的表示方法有如下两种。

(1) 十进制小数形式。十进制小数形式与人们表示实数的惯用形式相同，是由数字和小数点组成的，注意，必须有小数点，否则不能作为小数形式的实型数。实型常量的整数部分为 0 时可以省略，如 6.385、–780.44、.79、120.等都是合法的表示形式，其中，.79 等效于 0.79，120.等效于 120.0。

(2) 指数形式。在实际应用中，有时会遇到绝对值很大或很小的数，这时，我们将其写成指数形式，显得更直观、方便，如将 0.0000066667 写成 6.6667×10^{-6} 或 0.66667×10^{-5}。因此，在 C 语言中，以字母 e 或 E 代表以 10 为底的指数，如将 0.0000066667 写成 6.6667e-6 或 0.66667E-5。其中，e 或 E 的左边是数值部分，可以表示成整数或小数形式，不能省略；e 或 E 的右边是指数部分，必须是整数形式，如 3.0e4、60e-8、8.e+3、.45e-12 等都是合法的表示形式，而 e8、2.3e、6e7.8、.e6 等都不是合法的表示形式。

2. 实型常量的类型确定

所有的实型常量均视为双精度实型常量(double)。

单精度(float)实型常量由常量值后跟 f 或 F 表示，如 6895.43F、6.89543e3f 等。

长双精度(long double)实型常量由常量值后跟 L 或 l 表示，如 87.789L 等。

2.3.3 字符常量

字符常量指用一对英文单引号括起来的一个字符，如'x'、'3'、'?'等。字符常量中的英文单引号仅起定界作用，并不表示字符本身。在 C 语言中，字符是按其对应的 ASCII 码值存储的，一个字符占一个字节，每个字符都有一个等价的整型值与其相对应，详细的对应关系见附录 C。

【注意】

(1) 字符数字('0'～'9')和数字(0～9)的含义与在计算机中的存储方式是截然不同的。

(2) 字符常量可以像整数一样在程序中参与相关的运算。例如：

```
'a'-32;    /*执行结果 97-32=65*/
'8'-8;     /*执行结果 56-8=48*/
```

把字符放在一对英文单引号中的做法，适合多数可打印字符，但某些控制字符(如回车符、换行符等)却无法使用字符常量进行表示。因此，C 语言中还引入了另外一种特殊形式的字符常量——转义字符(escape character)。转义字符是以反斜杠'\'开头的字符序列，使用时同样要放在一对英文单引号内。通常使用转义字符表示 ASCII 码字符集中不可打印的控制字符和特定功能的字符。常用的转义字符如表 2-2 所示。

表2-2 常用的转义字符

字符	含义	十进制 ASCII 码值
\0	(空字符)通常用作字符串结束标志	0
\a	(警报字符)响铃报警	7
\b	(退格字符)移动到当前行的前一个位置	8
\t	(水平制表字符)移动到当前行的下一个水平制表位置	9
\n	(换行字符)换行	10
\v	(垂直制表字符)移动到下一个垂直制表位置	11
\f	(换页字符)移动到下一个逻辑页的初始位置	12
\r	(回车字符)移动到当前行的初始位置	13
\"	(英文双引号字符)产生双引号字符"	34
\'	(英文单引号字符)产生单引号字符'	39
\?	(问号字符)产生问号字符?	63
\\	(反斜杠字符)产生反斜杠字符\	92
\ddd	1～3 位八进制 ASCII 码值所代表的字符	根据计算确定
\xhh	1～2 位十六进制 ASCII 码值所代表的字符	根据计算确定

如果在字符常量中需要使用英文单引号、英文双引号和反斜杠,则必须使用转义字符表示,即在这些字符前加上反斜杠'\'。例如,程序 2-1 是转义字符的应用。

【程序 2-1】

```
/* 程序 2-1:转义字符的应用举例 */
#include <stdio.h>
int main()
{
    printf("\\");          /*反斜杠字符*/
    printf("\'");          /*单引号字符*/
    printf("\"");          /*双引号字符*/
    printf("\n");

    printf("abcd\befd\n");     /*退格字符*/

    printf("abcd\tefd\n");     /*水平制表字符*/
    return 0;
}
```

程序运行后将在屏幕上输出如下信息。

```
\'"
abcefd
abcd    efd
```

转义字符'\ddd'为 1～3 位八进制数,如'\141'为 3 位八进制数,转换为十进制数值为 $1*8^2+4*8^1+1*8^0=97$。

ASCII 值为 97 对应的字符为'a',故转义字符'\141'对应的字符为'a'。

转义字符'\xhh'为 1～2 位十六进制数，如'\x61'为 2 位十六进制数，转换为十进制数值为 $6*16^1+1*16^0=97$。

ASCII 值为 97 对应的字符为'a'，故转义字符'\x61'对应的字符为'a'。

转义字符中只能使用小写字母，每个转义字符只能看作一个字符。

2.3.4 字符串常量

字符串常量是指用一对英文双引号括起来的一串字符，英文双引号仅起定界作用，如 "China"、"C program"、"122.45"、"A"等都是字符串常量。

C 语言规定：在每个字符串常量的末尾自动添加一个"字符串结束标志——空操作符\0'(即 ASCII 码值为 0 的字符)"。因此，字符串常量"China"在内存中不是占用 5 个字节的存储空间，而是占用 6 个字节的存储空间。

【注意】

(1) 'A'与"A"是不同的。字符常量'A'占用 1 个字节的存储空间，字符串常量"A"占用 2 个字节的存储空间。

(2) ""与"是不同的。字符串常量""中实际包含了一个空字符\0'，在内存中占用 1 个字节的存储空间，而字符常量'则是非法的用法。

2.3.5 符号常量

符号常量也称为宏常量，就是用一个标识符来代表的常量。符号常量在使用前必须先用编译预处理命令#define 进行定义。符号常量定义的一般格式为：

```
#define   符号常量名   字符串
```

其作用是用#define 编译预处理命令定义一个符号常量名和一个字符串，凡在源程序中发现该符号常量名时，都用其后指定的字符串替换。符号常量名与字符串之间可以有多个空白字符。例如：

```
#define   PI   3.14159
```

它的作用是在编译预处理时，把源程序中在该命令之后出现的所有符号常量 PI 均用 3.14159 替换。再如程序 2-2 所示，利用符号常量输出价格信息。

【程序 2-2】

```
/* 程序 2-2：利用符号常量输出价格信息*/
#define   PRICE   30
#include <stdio.h>
int main()
{
  printf("PRICE=%d\n",PRICE);
  return 0;
}
```

程序运行后将在屏幕上输出如下信息。

PRICE=30

程序 2-2 编译预处理时，printf 语句中英文双引号内的 PRICE 字符串不会被替换，因为这里的 PRICE 是一个字符串，不是符号常量名，而第二个 PRICE 才是符号常量名，会被 30 替换。

【注意】

(1) 为了与源程序中的变量名有所区别，符号常量名一般使用大写英文字母表示。

(2) 符号常量需严格遵循格式定义，在符号常量名后面加上"="，或者在行末加上";"，都是错误的符号常量定义。例如：

```
#define    PI = 3.14159    /*错误：符号常量名后面添加了"="*/
#define    PI   3.14159;   /*错误：符号常量定义末尾添加了";"*/
```

(3) 定义符号常量名时应考虑"见名知意"。使用符号常量的好处是，在需要改变一个符号常量值时能做到"一改全改"。

2.3.6 枚举常量

编程在处理实际问题时会存在一些变量，它们的取值被限定在一个有限的范围内，如表示性别的变量只有"男"和"女"两种取值、表示月份的变量只有 12 个不同的取值等。把这些量定义为字符型、整型或其他类型都不是很合理，为此 C 语言中引入了一种新的数据类型——枚举类型。

枚举数据类型描述的是一组整型值的集合，可用关键字 enum 定义这种类型。例如：

```
enum sex{male,female};
```

这条语句声明了名为 sex 的枚举数据类型，它有两种可能的取值：male 和 female。在枚举类型声明语句中，包含在大括号内的标识符均为整型常量，称为枚举常量。除非特别指定，否则这组常量中的第 1 个标识符的值为 0，第 2 个标识符的值为 1，以后依次递增 1。使用枚举类型的目的是提高程序的可读性。例如，在上面的例子中，使用 male、female 比使用 0、1 的程序可读性更好。有关枚举类型的详细内容将在后面章节做进一步介绍。

【练一练 2-1】以下常量中合法的是(　　)。
A. 0xh　　　　B. 's'　　　C. "　　　　D. '054'

2.4　变量

变量是指在程序执行过程中其值可以改变的量。一个变量应该有一个名字，即变量名，该名称必须是合法的标识符。变量在内存中占据一定的存储单元，其所占的内存空间大小随变量类型的不同而不同。在该存储单元中可存放变量的值。

2.4.1 变量的声明与初始化

1. 变量的声明

变量必须遵循"先定义，后使用"的原则，即每个变量在使用前都要用变量定义语句，将其声明为某种具体的数据类型。变量定义语句的形式如下：

类型 变量名 1[,变量名 2,…,变量名 n];

其中，方括号内的内容是可选项。可以同时声明多个相同类型的变量，它们之间用逗号分隔。变量的类型决定了编译程序为其分配的内存单元的字节数。例如：

```
int num;                /*定义 num 为整型变量*/
unsigned int area;      /*定义 area 为无符号整型变量*/
long sum;               /*定义 sum 为长整型变量*/
char sex;               /*定义 sex 为字符型变量*/
float scorc1,scorc2;    /*定义 scorc1 和 scorc2 均为单精度浮点型变量*/
double total;           /*定义 total 为双精度浮点型变量*/
```

2. 变量的初始化

变量在内存中占据一定的存储单元，在其中存放的数据称为变量的值。C 语言允许在定义变量的同时对变量进行初始化，即对变量赋初值。其形式如下：

类型 变量名 1=常量 1[,变量名 2=常量 2,…,变量名 n=常量 n];

可以同时声明多个相同类型的变量并初始化，它们之间用逗号分隔。例如：

```
long sum=0;      /*定义 sum 为长整型变量，初值为 0*/
char sex='M';    /*定义 sex 为字符型变量，初值为'M'*/
float score1=90.5,score2=85.5;
/*定义 score1 和 score2 均为单精度浮点型变量，其中 score1 的初值为 90.5，score2 的初值为 85.5*/
double total=400;       /*定义 total 为双精度浮点型变量*/
```

可以通过赋值的方法将数据值赋值给变量或改变变量的值。例如，下面语句修改变量 score1 的值为 94.0：

```
score1=94.0;
```

【注意】

(1) 相同类型变量可以定义在一行，也可以定义在多行。例如：

```
int a,b,c;
```

等价于

```
int a;
int b;
int c;
```

(2) 类型和变量名之间至少要加一个空格。

(3) 定义变量的同时可以为变量赋初值。例如：

```
int num=3;
```

也可改写为如下两条语句:

```
int num;          /*先定义整型变量 num*/
num=3;            /*再将变量 num 赋值为 3*/
```

(4) 对多个相同类型的变量赋同一个初值,不能写成如下形式。

```
int a=b=c=3;      /*错误*/
```

如果写成上述形式,编译器编译时就会报错,提示变量 b 和 c 是没有定义的变量。

2.4.2　const 类型修饰符

const 类型修饰符必须放在它所修饰的类型名之前,该类型修饰的标识符为常量,编译程序将其放在只读存储区。因此,const 常量只能在定义时赋初值,不能在程序中改变其值。例如:

```
const float pi = 3.14159;
```

声明了名为 pi 的 const 实型常量,其初值为 3.14159,程序不能修改其内容。变量声明为 const 的好处是确保变量不受任何程序修改。

使用#define 定义的符号常量或 const 常量代替源程序中多次出现的数字或字符串,可以提高程序的可读性和可维护性。符号常量和 const 常量的区别在于:const 常量有数据类型,而符号常量没有数据类型。编译器对 const 常量能够进行类型检查,而对符号常量则只进行字符串替换,不进行类型检查,但字符串替换时极易产生意想不到的错误。

2.4.3　变量的类型

变量可分为以下几种基本类型。

1. 整型变量

整型变量有以下 3 种。

(1) 基本整型:int。

(2) 短整型:short int 或 short。

(3) 长整型:long int 或 long。

其中每种变量又可定义为"无符号(unsigned)"类型和"有符号(signed)"类型两种情况。

如果给整型变量所赋的值超过了该变量类型的取值范围,那么就会因此发生类型溢出。假设当前 int 类型变量在内存中占 4 个字节,那么 int 类型变量的允许值范围为-2 147 483 648～2 147 483 647,如果在最大值的基础上再加 1,则会出现什么情况呢?下面来看一看程序 2-3。

【程序 2-3】

```
/*程序 2-3:整型数据溢出*/
#include <stdio.h>
int main()
{
    int a,b;
    a=2147483647;
    b=a+1;
    printf("%d,%d\n",a,b);
```

```
        return 0;
    }
```

程序运行后将在屏幕上输出如下信息。

2147483647, −2147483648

程序此时就发生"溢出",但运行时并不报错。它好像汽车的里程表一样,达到最大值以后,又从最小值开始计数。C 语言的用法比较灵活,这有时会带来副作用,而系统本身并不直接提供明确的"出错信息"。因此,确保程序结果的正确性,很大程度上依赖于程序员的细心和经验。

2. 实型变量

实型变量可分为单精度(float)、双精度(double)和长双精度型(long double)3 种类型。

(1) 实型数据在内存中的存放形式。

对于实型数据,无论是小数表示形式还是指数表示形式,在计算机内部都用浮点方式实现存储。通常,浮点数表示将实数分为阶码和尾数两部分,如一个实数 N 可以表示成如下形式。

$$N=S \times r^j$$

其中,S 为尾数(正负均可),j 为阶码(正负均可,但必须是整数),r 是基数,对二进制数而言,r=2,即:

$$N=S \times 2^j$$

例如,$10.0111=0.100111*2^{10}$。

浮点数在计算机中的存储格式如图 2-2 所示。

图 2-2　浮点数在计算机中的存储格式

其中,阶码所占的位数决定实数的取值范围,尾数所占的位数决定实数的精度,尾数的符号决定实数的正负。对于阶码和尾数各自占多少存储空间,标准 C 并没有明确规定,因为不同的 C 编译系统分配给阶码和尾数的存储空间是不同的。

(2) 实型变量数据的舍入误差。

关于实型变量数据的舍入误差问题,请看程序 2-4。

【程序 2-4】

```
/*程序 2-4:实型变量数据的舍入误差*/
#include <stdio.h>
int main()
{
    float a;
    double b;
    a = 123456.78400;
    b = 123456.78400;
```

```
    printf("%f\n%f\n",a,b);
    return 0;
}
```

程序运行后将在屏幕上输出如下信息。

```
123456.781250
123456.784000
```

为什么同样一个实型数据赋值给 float 型变量和 double 型变量后，输出的结果会有所不同呢？在一般系统中，float 型数据只提供 7 位有效数字，double 型数据则提供 16 位有效数字，在有效数字后面输出的数字都是不精确的。

3. 字符型变量

字符型变量只能用来存放一个字符，而在字符型变量中不可以存放字符串。字符串的存储需要用到字符数组，具体内容在第 5 章中介绍。

内存中，字符数据是以 ASCII 码存储的，也就是说，每个字符都有一个等价的整型值与其相对应。从这个意义上说，char 型可以看成一种特殊的整型数，从而可以实现字符型数据和整型数据之间的转换。

一个 int 型数据在内存中是以二进制形式存储的，而一个字符在内存中也是以其对应的 ASCII 码的二进制形式存储的。例如，对于字符'A'，内存中存储的是其 ASCII 码 65 的二进制值，存储形式与 int 型数 65 类似，只是在内存中所占字节数不同而已。char 型数据占 1 个字节，而 int 型数据在 32 位环境下占 4 个字节。例如，程序 2-5 按字符型和整型两种格式输出字符。

【程序 2-5】

```
/*程序 2-5：按字符型和整型两种格式输出字符*/
#include <stdio.h>
int main()
{
    char ch='A';
    printf("%c,%d\n",ch,ch);
    return 0;
}
```

程序运行后将在屏幕上输出如下信息。

```
A,65
```

一个 char 型变量既能以字符格式输出，也能以整型格式输出，以整型格式输出时就直接输出其 ASCII 码的十进制值。例如，根据大小写英文字母的 ASCII 码值相差 32 这一规律，可以方便地通过字符型数据和整型数据的混合运算实现大、小写英文字母之间的相互转换，如程序 2-6。

【程序 2-6】

```
/*程序 2-6：将小写字母转换为大写字母后，再以字符型和整型两种格式输出*/
#include <stdio.h>
int main()
{
    char ch='a';
```

```
        ch=ch-32;
        printf("%c,%d\n",ch,ch);
        return 0;
    }
```

程序运行后将在屏幕上输出如下信息。

A,65

【注意】

char 型数据在任何情况下在内存中都只占 1 个字节。int 型数据通常与程序执行环境的字长相同。若想获知 int 型数据准确的字节数信息，可以用 sizeof()计算其在内存中所占的字节数。C 语言中的各种数据类型也均可采用 sizeof()计算其在内存中所占的字节数，如程序 2-7 所示。

【程序 2-7】

```
/*程序 2-7：显示每种数据类型所占内存空间的大小*/
#include <stdio.h>
int main()
{
    printf("char      %d\n",sizeof(char));
    printf("int       %d\n",sizeof(int));
    printf("short     %d\n",sizeof(short));
    printf("long      %d\n",sizeof(long));
    printf("float     %d\n",sizeof(float));
    printf("double    %d\n",sizeof(double));
  return 0;
}
```

程序运行后将在屏幕上输出如下信息。

```
char     1
int      4
short    2
long     4
float    4
double   8
```

【练一练 2-2】下列语句中能正确地定义整型变量 a、b 和 c，并为它们赋初值 3 的是(　　)。
    A. int a=b=c=3;　　　　B. int a,b,c=3;　　　　C. a=3,b=3,c=3;　　　　D. int a=3,b=3,c=3;

课后习题 2

一、选择题

1. 下列是合法的用户标识符的是(　　)。
    A. π　　　　　　　　B. 2a　　　　　　　　C. int　　　　　　　　D. t5

2. 下列均不是合法的用户标识符的是(　　)。
    A. A、P_0、do　　　　　　　　　　B. _123、temp、INT
    C. float、1t0、_var　　　　　　　　D. b*a、goto、4_ty

3. 下列均是 C 语言关键字的是(　　　)。

    A. auto、enum、include
        B. switch、typedef、continue

    C. signed、union、scanf
        D. if、struct、type

4. 下列均不是 C 语言关键字的是(　　　)。

    A. define、IF、type
        B. getc、char、printf

    C. include、scanf、case
        D. while、go、pow

5. C 语言中允许的基本数据类型包括(　　　)。

    A. 整型、实型、逻辑型
        B. 整型、实型、字符型

    C. 整型、字符型、逻辑型
        D. 整型、实型、逻辑型、字符型

6. 下列各项不属于 C 语言类型的是(　　　)。

    A. signed short int
        B. unsigned long int

    C. unsigned int
        D. long short int

7. 在 C 语言中，int、char 和 short 3 种类型数据在内存中所占用的字节数(　　　)。

    A. 由用户自己定义
        B. 均为 2 个字节

    C. 是任意的
        D. 由所有机器的机器字长决定

8. 下列 4 组整型常量中，错误的一组是(　　　)。

    A. 0xdf　017　0xg　123
        B. 160　0xffff　011　0L

    C. 0xcdf　3276u　0617　0x163
        D. 0x48a　0205　0x0　−256

9. 下列 4 个选项中，均是合法浮点数的选项是(　　　)。

    A. +1e+1　5e−9.5　03e2
        B. −.60　12e−4　−8e5

    C. 123e　1.2e−.4　+2e−1
        D. −e3　.8e−4　5.e−0

10. 下列 4 个选项中，均是合法转义字符的选项是(　　　)。

    A. '\"'　'\\'　'\n'
        B. '\'　'\017'　'\"'

    C. '\018'　'\f'　'xab'
        D. '\0'　'\101'　'x1f'

11. 下列字符常量中正确的是(　　　)。

    A. "c"　　　　B. "\\"　　　　C. 'M'　　　　D. "

12. 下列字符串常量中不正确的是(　　　)。

    A. 'abc'　　　　B. "12"　　　　C. "0"　　　　D. " "

13. 设有语句 char c='\72';，则变量 c(　　　)。

    A. 包含 1 个字符
        B. 包含 2 个字符

    C. 包含 3 个字符
        D. 不合法

14. 字符串 ABC 在内存中占用的字节数是(　　　)。

    A. 3　　　　　　B. 4　　　　　　C. 6　　　　　　D. 8

15. 下面 4 个选项中，均是非法常量的选项是(　　　)。

    A. 'as'　0fff　0xh
        B. '\\'　'\01'　12.455

    C. 0x18　01177　0xff
        D. 0xabc　'\0'　"a"

16. 下列 C 语言常量中，错误的是(　　　)。

    A. 0xFF　　　B. 1.2e0.5　　　C. 2L　　　D. '\n'

二、填空题

1. C 语言中的用户自定义标识符只能由 3 种字符组成，它们是_____、_____和_____。

2. 在 C 语言中，用\开头的字符序列称为转义字符。转义字符\n 的功能是_____；转义字符\b 的功能是_____；转义字符\\的功能是_____。

3. 在 C 语言中，用关键字_____定义单精度实型变量，用关键字_____定义双精度实型变量，用关键字_____定义字符型变量。

第 3 章
运算符和表达式、输入输出

C 语言中的运算符极其丰富，根据运算符的性质分类，可分为算术运算符、关系运算符、逻辑运算符、赋值运算符等。另外，也可根据运算所需对象，即操作数的个数进行分类：只需要一个操作数的运算符称为单目运算符；需要两个操作数的运算符称为双目运算符；同理，需要三个操作数的运算符称为三目运算符。运算符和运算对象(操作数)按一定的规则结合在一起就构成了表达式。运算对象可以是常量、变量或子表达式。

3.1　算术运算符

C 语言提供的算术运算符及其含义如表 3-1 所示。

表 3-1　算术运算符及其含义

运算符	类型	运算	含义
−	单目	−x	取负值
*	双目	x*y	乘法运算
/	双目	x/y	除法运算
%	双目	x%y	求余(模)运算
−	双目	x−y	减法运算
+	双目	x+y	加法运算

关于算术运算符需注意以下几点。

(1) 两个整数做除法运算，结果仍为整数，舍去小数部分的值。例如：

6/4=1

6/4 的值为整数 1。但当参与运算的操作数中有一个为实型数据时，结果就为 double 型。例如：

6.0/4=1.5

6.0/4 的值为双精度浮点型值 1.5。

(2) 求余运算限定参与运算的两个操作数为整数。其中，运算符左侧的操作数为被除数，右侧的操作数为除数，运算的结果为整除后的余数，余数的符号与被除数的符号相同。例如：

15%6=3 , 15%(−6)=3 , (−15)%6=−3

如表 3-2 所示，算术运算符的优先级是*、/和%高于+、−。其中，*、/和%具有相同的优先级；+、−具有相同的优先级。同一优先级的运算符进行混合运算时，除了单目的取负值运算符，其他运算符按从左向右顺序进行计算，即结合性是从左向右。

表 3-2 算术运算符的优先级与结合性

运算符	类型	优先级	结合性
−	单目	高	从右向左
*、/、%	双目	↓	从左向右
+、−	双目	低	从左向右

用算术运算符将运算对象连接起来的式子称为算术表达式。在一些复杂的表达式中，常需一些复杂的数学函数运算，通常需要调用 C 语言提供的标准数学函数进行计算。常用的标准数学函数详见附录 D。例如，一元二次方程的求根公式

$$x = \frac{-b \pm \sqrt{b^2 - 4ac}}{2a}$$

可以写成下面两个算术表达式。

```
(−b+sqrt(b*b−4*a*c))/(2*a)
(−b−sqrt(b*b−4*a*c))/(2*a)
```

该例中，sqrt 为计算平方根的数学库函数。在使用标准数学函数时，需要在程序的开头加上编译预处理命令，如下所示。

```
#include <math.h>
```

C 语言中的表达式与数学中的表达式在书写形式上有很大区别，常见的错误如下。

(1) 将乘号*省略，或者写成×。

例如：将表达式 $4ac$ 直接写成 $4ac$，或者写成 $4 \times a \times c$，都是错误的，应该写成 4*a*c。

(2) 表达式未以线性形式写出，即分子、分母、指数、下标等未写在同一行上。例如，$\frac{1}{2} + \frac{x}{y}$ 的代数表达式是 C 语言编译器无法识别的，只能写成：

```
1.0/2+x/y
```

而写成 1/2+x/y 时，虽然语法正确，但结果比正确结果少 0.5。

(3) 使用方括号"["和"]"及大括号"{"和"}"限定表达式运算顺序。例如，将 $(−b+sqrt(b*b−4*a*c))/(2*a)$ 写成 $[−b+sqrt(b*b−4*a*c)]/(2*a)$ 是不正确的。

(4) 表达式中使用了 C 语言不允许的标识符。

例如：将 $2\pi r$ 写成 2*π*r 是错误的，应该写成 2*3.14159*r，或者先定义符号常量 PI：

```
#define PI 3.14159
```

则代数式也可写为：

```
2*PI*r
```

3.2 赋值运算符

赋值运算符的含义是将一个数据赋给一个变量,其书写形式与数学中的等号(=)相同。

1. 简单赋值运算符

简单赋值运算符("=")是一个双目运算符,具有右结合性,其格式如下。

变量名=表达式

【注意】

(1) "="右边为任何合法的表达式,也可以是另一个赋值表达式,即"="可以连用。例如:

a=b=c=d=3;

(2) 赋值号的左边只能是变量,而不允许是算术表达式或常量。例如:

45+x=100

是错误的,因为赋值号的左边出现了算术表达式。再如:

45=x+y

也是错误的,因为赋值号的左边为常量。

2. 复合赋值运算符

在简单赋值运算符("=")的前面加上一个双目运算符后,就构成了复合赋值运算符。算术运算的复合赋值运算符共有 5 个,即+=、-=、*=、/=、%=;位运算的复合赋值运算符共有 5 个,即&=、|=、^=、<<=、>>=。复合赋值运算符的书写简洁,产生的代码短,运行速度快,其格式如下。

变量名 复合赋值运算符 表达式

例如:a+=3 等价于 a=a+3;x*=y+8 等价于 x=x*(y+8)。

【注意】

(1) 当复合运算符右侧是一个表达式时,由 C 语言编译系统给该表达式自动加括号,即先计算该表达式的值,再进行复合赋值运算。

(2) 赋值运算符按照"自右而左"的结合顺序。例如,已知 a=12,则表达式 a+=a-=a*a;的求解步骤如下。

① 求"a-=a*a",即 a=a-a*a=12-12*12=-132。

② 求"a+=-132",即 a=a+(-132)=-132-132=-264。

故最后 a 的值为-264。

3.3 增 1、减 1 运算符

C 语言提供两种非常有用的运算符，即增 1 运算符++和减 1 运算符--。增 1 和减 1 运算符都是单目运算符，具有右结合性，因此只需要一个操作数，且操作数只能是变量，不能是常量或表达式。它们既可以作为前缀运算符，也可以作为后缀运算符。假设整型变量 i 的初值为 3，则增 1、减 1 运算符的运算过程如表 3-3 所示。

表 3-3　增 1、减 1 运算符的运算过程

表达式	计算过程	执行该语句后 res 的值	执行该语句后 i 的值
res=i++;	res=i; i=i+1;	3	4
res=i--;	res=i; i=i-1;	3	2
res=++i;	i=i+1; res=i;	4	4
res=--i;	i=i-1; res=i;	2	2

i++和++i 是有区别的。前者是在使用变量 i 之后，再自身加 1；后者是在使用变量 i 之前先自身加 1。

【注意】

(1) 增 1、减 1 运算符只能运用于简单变量。常量和表达式是不能做这两种运算的，如 8++、(m+n)++都是错误的。

(2) ++和--的结合方向是"自右至左"。例如：

```
int i=3;
printf("%d\n",-i++);
```

程序输出的结果为-3。取负号运算符-和增 1 运算符++的优先级相同，这时就要根据它们的结合性确定运算的顺序，单目运算符的结合方向是从右向左，即按自右向左的顺序计算。所以，i 先做后缀++运算，再执行取负号运算。执行完 printf 语句后，表达式-i++的值为-3，i 的值为 4。

(3) 良好的程序设计风格提倡在一行语句中，一个变量最多只出现一次增 1 或减 1 运算。因为过多的增 1 或减 1 混合运算，会导致程序的可读性变差。同时，相同的表达式用不同的编译程序编译时，采用从左到右编译和从右到左编译，可能产生不同的运算结果。

例如，下面的语句中使用了很多复杂的表达式，这些用法在不同的编译环境下会产生不同的结果，即使它的用法正确，实践中也未必用得到。因此，用这种方式编写程序属于不良的程序设计风格，建议不要采用。

```
(i++)+(i++)+(i++);
printf("%d,%d\n",i,i++);
```

【练一练 3-1】如果 int i=2,则表达式 n=i++的值为_____,n 为_____,i 为_____。

3.4 关系运算符

关系运算实质上就是比较运算。C 语言中的关系运算符共有 6 种,如表 3-4 所示。其中,前 4 个的优先级相同,后 2 个的优先级相同,且前 4 个的优先级高于后 2 个。

表 3-4 关系运算符

运算符	运算	含义
<	x<y	小于
<=	x<=y	小于等于
>	x>y	大于
>=	x>=y	大于等于
==	x==y	等于
!=	x!=y	不等于

用关系运算符将两个操作数连接起来组成的表达式称为关系表达式。关系表达式通常用于表达一个判定条件的真与假。一个条件判断的结果只有两种可能:成立或不成立,如果比较后关系式成立,则称为"真",用非 0 表示;如果比较后关系式不成立,则称为"假",用 0 表示。

"计算关系表达式的值"与"判断关系表达式值的真假"的差别是什么呢?在计算关系表达式的值时,若关系表达式中的关系成立,则关系运算结果为 1,表示逻辑真;反之,关系运算结果为 0,表示逻辑假。即计算关系表达式的值时,关系成立(真)用 1 表示,而关系不成立(假)用 0 表示。而判断关系表达式的值是真还是为假时,只要表达式的值为非 0,就表示关系成立(真);反之,为 0 则表示关系不成立(假)。

例如,a=3,b=2,c=1,计算下面的关系表达式。

(a>b)==c

首先计算关系表达式 a>b,因为 3>2 成立(为真),所以结果用 1 表示;其次计算关系表达式 1==c,因为 1==1 成立(为真),所以结果用 1 表示。

【注意】

(1) "=="和"="是两种完全不同的运算符,前者为关系运算符中的等于运算符,后者为赋值运算符。

(2) 数学中的表达式与 C 语言中的关系表达式的含义不尽相同。

例如:已知 a=3,b=2,c=1,a>b>c 在数学中表达式的含义是"a 大于 b,同时 b 又大于 c"。作为关系表达式,a>b>c 的含义与数学表达式不同,先计算关系表达式 a>b,因 3>2 成立(为真),结果用 1 表示;然后再计算关系表达式 1>c,因 1>1 不成立(为假),所以结果用 0 表示。因此,最终表达式结果为 0(为假)。

3.5　逻辑运算符

C 语言提供了 3 种逻辑运算符，如表 3-5 所示。

表 3-5　逻辑运算符

运算符	类型	运算	含义	优先级	优先级
!	单目	!x	逻辑非	高	从右向左
&&	双目	x&&y	逻辑与	↓	从左向右
‖	双目	x‖y	逻辑或	低	从左向右

运算符!是单目运算符，在逻辑运算符中的优先级最高，其次是&&，最后是‖。

用逻辑运算符连接操作数组成的表达式称为逻辑表达式。逻辑表达式的值只有真和假两个值，用 1 表示真，用 0 表示假。表 3-6 汇总了所有可能的逻辑运算。

表 3-6　逻辑运算

x	y	!x	x&&y	x‖y
0	0	1	0	0
0	1	1	0	1
1	0	0	0	1
1	1	0	1	1

逻辑非运算的特点是：如果操作数为真，结果就为假；如果操作数为假，结果就为真。逻辑与运算的特点是：只有两个操作数都为真，结果才为真；只要有一个操作数为假，结果就为假。逻辑或运算的特点是：只要有一个操作数为真，结果就为真；只有两个操作数都为假，结果才为假。所以，当需要表示条件"……，同时……"时，可以用逻辑与运算符连接这两个条件。当需要表示条件"……，或者……"时，可以用逻辑或运算符连接这两个条件。

例如，数学表达式 a>b>c，即 a 大于 b，同时 b 又大于 c，可以写为：

(a>b) && (b>c)

再如，判断字符型变量 ch 是英文字母的条件可以写为：

((ch>='A') && (ch<='Z')) ‖ ((ch>='a') && (ch<='z'))

【注意】

(1) 对于逻辑与运算，如果第一个操作对象被判定为"假"，系统将不再判定或求解第二个操作对象。例如：

8<3 && 6>5

先计算 8<3，结果为"假"，系统将不再计算 6>5，整个表达式的结果为"假"。

(2) 对于逻辑或运算，如果第一个操作对象被判定为"真"，系统将不再判定或求解第二个操作对象。例如：

> 8>3 || 6>5

先计算 8>3,结果为"真",系统将不再计算 6>5,整个表达式的结果为"真"。

(3) 熟练地掌握 C 语言的算术运算符、关系运算符和逻辑运算符后,可以巧妙地用一个表达式表示实际应用中的一个复杂条件。例如,判断某一年 year 是否是闰年的条件是满足下列两个条件之一。

① 能被 4 整除,但不能被 100 整除。

② 能被 400 整除。

例如,2012 年是闰年,因为它可被 4 整除,但不可被 100 整除。2000 也是闰年,因为它可被 400 整除。另外,2100 和 2200 都不是闰年。

给定的年份可以用 int 类型的变量 year 表示。模运算符%可用于确定一个整数是否可被另一个整数整除。如果 year 可被 4 整除,那么模运算 year%4 的结果为 0;如果 year 不可被 100 整除,那么模运算 year%100 的结果不为 0。因此,确定闰年的条件①可以用关系运算符==和!=,以及逻辑与运算符&&表示,如下所示。

> (year%4 == 0) && (year%100 != 0)

如果给定的年份满足条件①,那么上面的表达式的值是 1(真)。此表达式中的括号只是为了表达更为清晰。模运算%的优先级比关系运算符高,而关系运算符==和!=的优先级又比逻辑运算符&&高。所以,上述表达式也可以写成如下没有括号的形式。

> year%4 == 0 && year%100 != 0

如果一个年份满足条件②,即刚好能被 400 整除,则它是闰年,那么关系表达式:

> year%400 == 0

的值是 1。如果条件①或条件②满足,那么下面表达式的值是 1(真)。

> ((year%4 == 0) && (year%100!= 0)) || (year%400 == 0)

【练一练 3-2】下列能正确表示逻辑关系"a≥5 或 a≤2"的表达式是(   )。

    A. a≥5 || a≤2   B. a>=5&&a<=2   C. a>=5 || a<=2   D. a>=5||a<2

3.6　条件运算符

条件运算符是 C 语言中唯一的一个三目运算符。条件表达式格式如下。

> 表达式 1?表达式 2:表达式 3

在条件表达式中,第一个和第二个表达式用一个"?"分隔,第二个和第三个表达式用一个冒号":"分隔。条件表达式的执行过程如下。

(1) 求第一个表达式的值。

(2) 当第一个表达式的值不为 0 时,求第二个表达式的值;当第一个表达式的值为 0 时,求第三个表达式的值。

(3) 条件表达式的结果是上步所求的第二个或第三个表达式的值。例如:x>y?100:500,如果 x>y 成立，则条件表达式的值为 100；否则条件表达式的值为 500。

条件表达式常用来求两个变量中的最大值(如 max=a>b?a:b)或求两个变量中的最小值(如 min=a<b?a:b)。

3.7 强制类型转换运算符

使用强制类型转换运算符，可把表达式的结果硬性转换为一个用户指定的类型值。它是一个单目运算符，形式如下。

(类型)表达式

例如：

(int)9.3

是将 double 类型的常量强制转换为 int 类型的常量，结果值为 9。再如：

(double)x

将变量 x 转换为 double 类型。再如：

(int)(x+y)

将表达式 x+y 的值转换为 int 类型。

【注意】

(1) 如果将(int)(x+y)写成(int)x+y，含义是不一样的，后者是将 x 进行了强制类型转换，再与 y 相加。

(2) 已知

```
int i=2,j=3;
double d;
```

则以下表达式的值分别为：

```
2/3                /*值为 0*/
d=i/j              /*值为 0.000000*/
d=2.0/3            /*值为 0.666667*/
d=(double)2/3      /*值为 0.666667*/
d=(double)i/j      /*值为 0.666667*/
```

两个整数常量或变量相除时，其结果是一个整数，小数部分被舍弃。强制类型转换表达式(double)2 和(double)i 的结果都是 double 类型实数 2.0。

3.8 逗号运算符

逗号运算符"，"也称为顺序求值运算符。用逗号运算符连接起来的式子称为逗号表达式，格式如下。

表达式 1,表达式 2,…,表达式 n

逗号表达式按照从左到右的顺序逐个求解，而整个逗号表达式的值就是表达式 n 的值。例如：a=1,++a,a+10;，首先求解逗号表达式中表达式 1，a 的值被赋值为 1。其次，求解表达式 2，执行后，表达式 2 的++a 的值为 2，a 的值也为 2。最后，求解表达式 3，a+10 的值为 12。所以，整个逗号表达式的结果为表达式 3 的结果，即 12。

下面再来分析如下两个表达式。

(1) x = a = 3，6*a

(2) x = (a = 3，6*a)

表达式(1)是逗号表达式，变量 x 和变量 a 的值都是 3，因此逗号表达式的值为 18。在表达式(2)中，括号改变了表达式的求值顺序，使该表达式成为一个赋值表达式，赋值表达式的右侧为一个逗号表达式，因此，先计算逗号表达式(a=3，6*a)的值为 18，然后再将其值赋给变量 x，于是变量 a 的值是 3，变量 x 的值是 18。

3.9 位运算符

位运算符只可以用在具有整数值的数据类型上，如表 3-7 所示。

表 3-7   位运算符

运算符	运算	类型	优先级	含义
～	～x	单目	从上到下优先级 从高到低 <<和>>的优先级相同	按位取反
<<	x<<y	双目		按位左移
>>	x>>y	双目		按位右移
&	x&y	双目		按位与
^	x^y	双目		按位异或
|	x|y	双目		按位或

1. 按位与运算

对参与运算的两个操作数各对应的二进制位做按位与运算。只有对应的两个二进制位均为 1 时，结果位才为 1，否则为 0。例如：

18&6=2

假设参与运算的两个操作数长度为 16 位，其运算过程如下。

```
    0000000000010010
&   0000000000000110
    --------------------
    0000000000000010
```

【说明】

(1) 按位与运算常用来对某一数据的指定位清 0。例如，将 16 位数 X 的高 8 位清 0，可做

X&255 运算(255 的 16 位二进制数为 0000000011111111)。

(2) 按位与运算常用来获取某一数据的指定位。例如，将 16 位数 X 的低 8 位取出来，可做 X&255 运算。

(3) 按位与运算常用来测试指定的位为 1 或为 0。例如，测试 16 位数 X 的最右侧 1 位是否为 1，可做 X&01 运算(01 的二进制数为 0000000000000001)。

2. 按位或运算

对参与运算的两个操作数各对应的二进制位做按位或运算。只要对应的两个二进制位中有一个为 1 时，结果位就为 1，否则为 0，如下。

18|6=22

假设参与运算的两个操作数长度为 16 位，其运算过程如下。

```
     0000000000010010
|    0000000000000110
     --------------------
     0000000000010110
```

【说明】

按位或运算常用来将某一数据的指定位设置为 1，其余位不变。例如，将 16 位数 X 的高 8 位不变，低 8 位设置为 1，可做 X|255 运算(255 的 16 位二进制数为 0000000011111111)。

3. 按位异或运算

对参与运算的两个操作数各对应的二进制位做按位异或运算，只要对应的两个二进制位相异，结果就为 1，否则为 0，如下。

18^6=20

假设参与运算的两个操作数长度为 16 位，其运算过程如下。

```
     0000000000010010
^    0000000000000110
     --------------------
     0000000000010100
```

【说明】

按位异或运算通常用来对某一数据的指定位取反。方法就是让该数据与某一常数相异或，这一常数应满足：取反的位设置为 1，其余位设置为 0。例如，将 16 位数 X=2 的高 8 位不变，低 8 位取反，可做 X^255 运算(255 的 16 位二进制数为 0000000011111111)。

```
     0000000000000010
^    0000000011111111
     --------------------
     0000000011111101
```

4. 按位取反运算

对参与运算的数据的各二进制位按位取反，如下。

~18=-19

假设参与运算的两个操作数长度为16位，其运算过程如下。

```
~   0000000000010010
    -------------------------
    1111111111101101
```

5. 按位左移运算

将"<<"号左边的操作数的各二进制位全部左移若干位(由"左移位数"指定)，高位(左边)丢弃，低位(右边)补0。

(1) 若被移出的高位数中不包含1，将操作数左移n位相当于该数乘以2^n，如3<<2=3*2^2=12。

(2) 若被移出的高位数中包含1，则不再具有乘以2^n的关系。例如：

A =64

假设参与运算的第一个操作数长度为8位，则：

- A 的二进制形式为 01000000，即 64。
- A<<1 后的值为 10000000，即 128。
- A<<2 后的值为 00000000，即 0。

6. 按位右移运算

将">>"号左边的操作数的各二进制位全部右移若干位(由"右移位数"指定)，低位(右边)丢弃，高位(左边)补0。

(1) 若被移出的低位数中不包含 1，将操作数右移 n 位相当于该数除以 2^n，如 60>>2=60/(2^2)=15。

(2) 若被移出的低位数中包含 1，则不再具有除以 2^n 的关系。例如：

A =62

假设参与运算的第一个操作数长度为8位，则：

- A 的二进制形式为 00111110，即 62。
- A>>1 后的值为 00011111，即 31。
- A>>2 后的值为 00001111，即 15。

【注意】

对于有符号操作数，在右移时，符号位将随同移动。当操作数为正数时，符号位为 0，最高位补0；当操作数为负数时，符号位为1，最高位是补 0 还是补 1 取决于编译系统的规定。补0 时称为"逻辑右移"，补 1 时称为"算术右移"。例如，假设参与运算的第一个操作数长度为16 位，则：

X	1001011111101101(n 的值)
X>>1	0100101111110110(逻辑右移，高位补 0)
X>>1	1100101111110110(算术右移，高位补 1)

3.10　sizeof 运算符

sizeof 运算符也称为取长度运算符，是单目运算符，用于计算操作数的字节大小。sizeof 运算符可应用于任何数据类型，以确定该特定数据类型在内存存储时所需要的字节数，格式如下。

```
sizeof(操作数)
```

其中操作数可以是一个数据类型、一个变量或一个表达式，如程序 3-1 所示。

【程序 3-1】

```
/*程序 3-1：sizeof 运算符*/
#include <stdio.h>
int main()
{
    int i,j,k,l,m;
    i=sizeof(int);
    j=sizeof(float);
    k=sizeof(char);
    l=sizeof(double);
    m=sizeof(long int);
    printf("%d,%d,%d,%d,%d\n",i,j,k,l,m);
    return 0;
}
```

程序运行后将在屏幕上输出如下信息。

```
4,4,1,8,4
```

上述结果会因机器不同而有所不同。

3.11　类型转换

在 C 语言中，除了使用强制类型转换运算符得到期望的类型转换结果，还允许在赋值或表达式中自动进行类型转换。

1. 赋值中的类型转换

在一个赋值语句中，如果赋值运算符左侧变量的类型和右侧表达式的类型不一致，那么赋值时将发生自动类型转换。类型转换的原则是，将右侧表达式的值转换为左侧变量的类型。例如，有如下变量定义语句：

```
unsigned char ch;
int n;
float f;
double d;
```

(1) 执行语句：

```
ch = n;
```

整型变量 n 的高位字节将被舍掉，如果 n 的值在 0~255 范围内，则这样赋值后，不会丢失信息；如果 n 的值不在 0~255 范围内，则这样赋值后就会丢失高位字节的信息，只保留 n 的低 8 位信息。因此，对于 16 位的系统环境，丢失的是 n 的高 8 位信息；对于 32 位的系统环境，丢失的是 n 的高 24 位信息。

(2) 执行语句：

```
n=f;
```

n 只接收 f 的整数部分，相当于取整运算。

(3) 执行语句：

```
f = n;
d=f;
```

数据的精度并不能增加，这类转换只是改变数据值的表示形式而已。

从上述例子可以看出，C 语言支持类型自动转换机制，虽然这样能给程序员带来方便(如取整运算)，但更多的情况可能是给程序带来隐藏的错误和麻烦。例如，对变量赋值时，必须清楚其类型的变化。一般而言，将取值范围小的类型转换为取值范围大的类型是安全的，而反之是不安全的，因为可能会发生信息丢失、类型溢出等错误。表 3-8 中列出了赋值中常见的类型转换结果。

表 3-8 赋值中常见的类型转换结果

源类型 (=右侧变量类型)	目标类型 (=左侧变量类型)	可能丢失的信息
short	unsigned char	高 8 位
int(16 位)	unsigned char	高 8 位
int(32 位)	unsigned char	高 24 位
long	unsigned char	高 24 位
int(16 位)	short	无
int(32 位)	short	高 16 位
long	int(16 位)	高 16 位
long	int(32 位)	无
float	int	小数部分
double	float	精度，结果舍入
long double	double	精度，结果舍入

2. 表达式中的类型转换

在进行表达式运算时，如果表达式中混有不同类型的常量及变量，则要先转换为同一类型，然后再进行运算。当 C 编译程序将所有操作数都转换为占内存字节数最大的操作数类型时，为类型提升。表达式中的类型自动转换规则如图 3-1 所示。

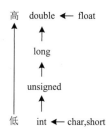

图 3-1　表达式中的类型自动转换规则

图中箭头的方向表示不同类型数据混合运算时的类型自动转换方向。例如，int 类型与 double 类型数据进行运算时，先将 int 类型转换为 double 类型，再对 double 类型数据进行运算，最后的运算结果也为 double 类型。再例如，已知

```
int i;
float f;
```

考虑下面表达式值的类型：

```
10+'a'+i*f
```

这个表达式的运算过程是：第一步，计算 i*f，先将 int 类型变量 i、float 类型变量 f 转换为 double 类型数据，然后做乘法运算，结果为 double 类型。第二步，计算 10+'a'，将 char 类型常量'a'转换为 int 类型数据 97('a'的 ASCII 码值为 97)，运算结果为 int 类型值 107。第三步，计算 107+i*f，将 int 类型数据 107 转换为 double 类型数据，然后做加法运算，最后运算的结果为 double 类型。

3.12　运算符的优先级和结合性

在 C 语言中，要想正确使用一种运算符，必须清楚这种运算符的优先级和结合性。当一个表达式中出现不同类型的运算符时，首先按照它们的优先级顺序运算，即先对优先级高的运算符进行计算，再对优先级低的运算符进行计算。当两类运算符的优先级相同时，要根据运算符的结合性确定运算顺序，有两种结合方向：一种是左结合，即从左向右计算；一种是右结合，即从右向左计算。例如，计算表达式 x+y-z 时，应先计算 x+y，再执行-z 的运算，这就是自左向右的结合性。再例如，计算表达式 x=y=z 时，应先执行 y=z，再执行 x=(y=z)的运算，这就是自右向左的结合性。

一些常用运算符的优先级和结合性如表 3-9 所示，所有运算符的优先级和结合性详见附录 B。

表 3-9　常用运算符的优先级和结合性

优先级顺序	运算符种类	附加说明	结合方向
1	单目运算符	逻辑非!、按位取反~、求负-、++、--、强制类型转换()	从右向左
2	算术运算符	*、/、%的优先级高于+、-	从左向右

(续表)

优先级顺序	运算符种类	附加说明	结合方向
3	关系运算符	<、<=、>、>=的优先级高于==、!=	从左向右
4	逻辑运算符	除了逻辑非，&&的优先级高于||	从左向右
5	赋值运算符	=、+=、-=、*=、/=、%=、&=、^=、|=、<<=、>>=	从右向左
6	逗号运算符	,	从左向右

程序 3-2 是算术、关系、逻辑、赋值等运算符的混合使用举例。

【程序 3-2】

```
/*程序 3-2：运算符的混合使用*/
#include <stdio.h>
int main()
{
    int a,b,c,d;
    a=11<22&&33||44>88<66-!99;
    b=!(11<22&&33)||44>!(88<66-!99);
    c=11<22%3&&33||44!=88<66-!99;
    d=11<22%3&&33||44!=88<66-!99==0;
    printf("a=%d,b=%d,c=%d,d=%d\n",a,b,c,d);
    return 0;
}
```

程序运行后将在屏幕上输出如下信息。

a=1,b=1,c=1,d=0

3.13 基本输入输出函数

C 语言中的输入/输出操作是通过调用标准库函数来实现的。使用这些标准输入/输出函数时，将输入/输出函数的头文件 stdio.h 包含到源文件中，即在程序的开始位置加上如下一行编译预处理命令即可。

#include <stdio.h>

3.13.1 字符输入输出函数

1. 字符输出函数 putchar()

putchar()函数的格式如下。

putchar(ch);

函数的功能是把函数参数 ch 输出到屏幕当前光标位置。其中 ch 可以是字符型或整型变量或常量，也可以是转义字符。程序 3-3 显示了 putchar()函数的功能。

【程序 3-3】

```
/*程序 3-3：putchar()函数的功能*/
#include <stdio.h>
int main()
{
    char a='s';
    int i=115;

    putchar(a);        /*输出字符 s*/
    putchar('\n');     /*换行*/

    putchar('s');      /*输出字符 s*/
    putchar('\n');     /*换行*/

    putchar(i);        /*ASCII 码值 115 对应的字符是 s，输出字符 s*/
    putchar('\n');     /*换行*/

    putchar(115);      /*输出字符 s*/
    putchar(10);       /*换行*/

    return 0;
}
```

程序运行后将在屏幕上输出如下信息。

```
s
s
s
s
```

【注意】

(1) 一个 putchar()函数只能输出一个字符。

(2) 函数参数 ch 若是整型变量或整型常量，要求其值范围在 0～255。如果 ch 的值为大于 255 的数据，如运行以下语句

```
putchar(353);
```

由于 353 超出了字符型数据的存储范围，编译器会将 353 转换为 353-256=97，则上述的语句等价于：

```
putchar(97);
```

执行以上语句后，输出字符 a。

2. 字符输入函数 getchar()

getchar()函数的格式如下。

```
getchar();
```

函数的功能是从键盘输入一个字符。该函数没有参数，但括号不能省略。程序 3-4 介绍了 getchar()函数的功能。

【程序 3-4】

```
/*程序 3-4：getchar()函数的功能*/
#include <stdio.h>
int main()
{
    char a,b,c;
    a=getchar();  /*接收用户从键盘上输入的一个字符，赋值给变量 a*/
    b=getchar();
    c=getchar() ;
    putchar(a);
    putchar(b);
    putchar(c);
    putchar('\n');

    return 0;
}
```

程序运行时输入：

sun↙

屏幕上输出如下信息：

sun

当程序运行输入 sun 时，字符 's' 送到字符变量 a 中，字符 'u' 送到字符变量 b 中，字符 'n' 送到字符变量 c 中，所以，执行三个 putchar()函数后输出 sun。如果程序运行时输入：

s u n↙

则屏幕上输出如下信息。

s u

当程序运行输入 s u n 时，字符 's' 送到字符变量 a 中，空格' 送到字符变量 b 中，字符 'u' 送到字符变量 c 中，所以，执行三个 putchar()函数后输出 s u。

【注意】

一个 getchar()函数只能接收一个字符。

【练一练 3-3】当输入 ad 时，下面程序的运行结果为＿＿＿＿＿＿＿。

```
#include <stdio.h>
int main()
{
    char c;
    getchar();
    c=getchar();
    putchar(c);
    return 0;
}
```

3.13.2 格式化输入输出函数

1. 格式化输出函数 printf()

格式化输出函数 printf()的格式如下。

```
printf("格式控制",输出值参数表);
```

其中，"格式控制"是用英文双引号括起来的字符串，也称为转换控制字符串"输出值参数表"中可以有多个输出值。"格式控制"包括以下两种信息。

(1) 格式转换说明符：由%和格式字符组成，如表 3-10 所示。

表 3-10 函数 printf()的格式转换说明符

格式转换说明符	用法
%d 或%i	输出带符号的十进制整数，正数的符号省略
%u	输出无符号的十进制整数
%o	输出无符号的八进制整数，不输出前导符 0
%x	输出无符号的十六进制整数(小写)，不输出前导符 0x
%X	输出无符号的十六进制整数(大写)，不输出前导符 0X
%c	输出一个字符
%s	输出字符串
%f	以十进制小数形式输出单精度或双精度实数，默认输出 6 位小数。float 类型实数的有效位数一般为 7 位，double 类型实数的有效位数一般为 16 位
%e 或%E	以指数形式输出实数，要求小数点前必须有且仅有一位非零数字
%g 或%G	自动选取 f 或 e 格式中输出宽度较小的一种使用，且不输出无意义的 0
%p	输出指针，即变量的地址
%%	输出百分号%

(2) 普通字符：即需要原样输出的字符。

例如：

```
int i;
char c;
printf("%d, %c\n",i,c);
```

"%d, %c\n"为格式控制部分，其中的"，"是普通字符，按原样输出，"\n"也是普通字符，转义后执行"换行"操作。输出值参数表中有两个输出参数，分别为 i 和 c，其中，输出值参数 i 对应于%d，即带符号十进制整数形式输出，输出参数 c 对应于%c，即字符形式输出。

格式转换说明符用于指定各输出值参数的输出格式。输出值参数表中的各参数数据类型应与格式转换说明符相匹配。原则上，输出值参数表中的各个参数的个数和类型应与格式转换说明符中指定的数据个数和类型一致，且从左到右一一对应。

在函数 printf()的格式转换说明符中，在%和格式字符之间的位置，还可以根据需要插入修饰符，用于对输出格式进行微调整。例如，指定输出数据的最小域宽、精度(小数点后显示的小数位数)、左对齐等。printf()函数格式转换说明符中的修饰符如表 3-11 所示，其中 w 和 n 均为整数。

表 3-11　printf()函数格式转换说明符中的修饰符

修饰符	含义
最小域宽 w (正整数)	指定输出项输出时所占的列数。当输出的数据宽度小于 w 时，在域内向右靠齐，左边多余位补空格；当输出的数据宽度大于 w 时，按实际宽度全部输出，如%8d
显示精度.n (大于或等于 0 的整数)	精度修饰符位于最小域宽修饰符之后，由一个圆点及其后的整数构成。 对于浮点数，用于指定输出的浮点数的小数位数。对于字符串，用于指定从字符串左侧开始截取的子串字符个数，如%6.2f、%6.9s
+w	w 为输出宽度，不足 w 时，左补空格。输出值为正时冠以"+"号，为负时冠以"−"号，如%+5d
0w	w 为输出宽度，不足 w 时，左补零，如%05d
−w	w 为输出宽度，不足 w 时，右补空格，如%-5d
#	八进制整数输出时加前导符 0，十六进制整数输出时加前导符 0x，如%#o、%#x
h	修饰格式字符 d, i, o, x 时，用于输出 short 类型数据
l	修饰格式字符 d, i, o, x, u 时，用于输出 long 类型数据
L	修饰格式字符 f, e, g 时，用于输出 long double 类型数据

格式化输出函数 printf()示例程序如表 3-12 所示。

表 3-12　格式化输出函数 printf()示例程序

序号	输出语句	输出结果
1	printf("%d",100);	100 (按实际需要宽度输出)
2	printf("%4d",100);	□100 (输出右对齐，左边补空格)
3	printf("%7d",−3721);	□□−3721
4	printf("%04d",100);	0100 (输出右对齐，左边补 0)
5	printf("%-4d",100);	100□ (输出左对齐)
6	printf("%-9d",−3721);	−3721□□□□
7	printf("%o",10);	12
8	printf("%#o",10);	012
9	printf("%x",10);	a
10	printf("%#x",10);	0xa

(续表)

序号	输出语句	输出结果
11	printf("%f",123.456);	123.456000 (按实际需要宽度输出)
12	printf("%12f",123.456);	□□123.456000
13	printf("%8.2f",123.456);	□□123.46
14	printf("%.2f",123.456);	123.46
15	printf("%-8.2f",123.456);	123.46□□
16	printf("%7.5d",123);	□□00123
17	printf("%.5s","abcdefg");	abcde (截去超过的部分)
18	printf("%5s","abcdefg");	abcdefg (宽度不够，按实际宽度输出)
19	printf("%5.3s","Beijing");	□□Bei
20	printf("%e",123.456);	1.234560e+002
21	printf("%10.1e",123.456);	□□□1.2e+002
22	printf("%g",123.456);	123.456 (%f 比%e 格式输出宽度小)

注：□表示空格。

【说明】

表 3-12 示例 15 中，实数 123.456 以%-8.2f 格式输出，小数点后数据四舍五入保留两位小数，同时，输出宽度为 8，左对齐输出，故最终输出的结果为 123.46□□。

表 3-12 示例 19 中，以%5.3s 格式输出字符串 Beijing，3 表示只截取该字符串的前 3 个字符，即 Bei，5 表示输出的宽度为 5，输出时右对齐，故输出的结果为□□Bei。

表 3-12 示例 22 中，123.456 以%f 格式输出结果为 123.456000，共 10 列；以%e 格式输出结果为 1.234560e+002，共 13 列。因%f 格式比%e 格式输出宽度小，故选择%f 格式输出，同时，输出时去掉无意义的 0，最终输出的结果为 123.456。

【注意】

用 Visual C++在汇编级跟踪可知，调用函数 printf()时，float 类型的参数都是先转化为 double 类型后再传递，所以%f 可以输出 double 和 float 两种类型的数据，不必用%lf 输出 double 类型数据。

【练一练 3-4】以下程序的运行结果为＿＿＿＿＿＿＿＿。(用□表示空格)

```
#include <stdio.h>
int main()
{
    printf("%2d\n",375);
    printf("%4d\n",46);
    printf("%#x\n",13);
```

```
    printf("%5.2f\n",4.726);
    printf("%.5s\n","program");
    return 0;
}
```

2. 格式化输入函数 scanf()

格式化输入函数 scanf()的格式如下。

```
scanf("格式控制",参数地址表);
```

其中，"格式控制"是用英文双引号括起来的字符串，也称为转换控制字符串，其包括以下两种信息。

(1) 格式转换说明符：由%和格式字符组成，如表 3-13 所示。

(2) 普通字符：即需要原样输入的字符。

表 3-13　函数 scanf()的格式转换说明符

格式转换说明符	用法
%d 或%i	输入十进制整数
%o	输入八进制整数
%x	输入十六进制整数
%c	输入一个字符，空白字符(包括空格、回车、制表符)也作为有效字符输入
%s	输入字符串，遇到第一个空白字符(包括空格、回车、制表符)时结束
%f	以小数形式输入实数
%e	以指数形式输入实数
%%	输入一个百分号%

"参数地址表"是由若干变量的地址组成的列表，这些参数之间用逗号分隔。scanf()函数功能是按"格式控制"中规定的格式，在键盘上输入各参数地址对应的数据，当输入为普通字符时要原样输入。例如：

```
int i;
char c;
scanf("%d, %c",&i,&c);
```

"%d, %c"为格式控制部分，其中的"，"是普通字符，需按原样输入。参数地址表中有两个地址，分别为 i 的地址&i 和 c 的地址&c。用户输入的第一个数据以整型形式存放到地址为&i 的整型变量 i 中，用户输入的第二个数据以字符型形式存放到地址为&c 的字符变量 c 中。

与函数 printf()相似，在函数 scanf()中，%和格式字符之间也可插入格式修饰符，如表 3-14 所示。

表 3-14 scanf()函数格式转换说明符中的修饰符

修饰符	含义
域宽 w (正整数)	指定输入数据的宽度(列数)，系统自动按此宽度截取所需数据
忽略输入修饰符*	对应的输入项在读入后不赋给相应的变量
h	修饰格式字符 d, i, o, x 时，用于输入 short 类型数据
l	修饰格式字符 d, i, o, x, u 时，用于输入 long 类型数据；修饰格式字符 f, e 时，用于输入 double 类型数据
L	修饰格式字符 f, e 时，用于输入 long double 类型数据

注：函数 scanf()没有精度.n 格式修饰符，即用函数 scanf()输入实型数据时不能规定精度。

下面举例说明函数 scanf()的功能和用法，如程序 3-5 所示。

【程序 3-5】

```
/*程序 3-5：函数 scanf()的使用*/
#include <stdio.h>
int main()
{
    int a;
    char c;
    scanf("%d",&a);
    scanf("%c",&c);
    printf("a=%d\n",a);
    printf("c=%c\n",c);
        return 0;
}
```

程序运行时输入：

10a↙

屏幕上输出如下信息：

a=10
c=a

当程序运行输入 10a 时，整型数据 10 送到地址为&a 的整型变量 a 中，字符 a 送到地址为&c 的字符型变量 c 中，所以，输出结果如上。如果程序运行时输入：

10 a↙

则屏幕上输出如下信息：

a=10
c=

当程序运行输入 10 a 时，整型数据 10 送到地址为&a 的整型变量 a 中，空格字符" "送到地址为&c 的字符型变量 c 中，所以，输出结果如上。

【注意】

(1) 在输入多个整型数据或实型数据时，如果相邻两个格式转换说明符之间不指定分隔符(如逗号、冒号等)，则相应的两个输入数据之间可以用一个或若干空格、Enter 键(✓)或制表符(Tab)作为间隔，但在输入多个字符型数据时，数据之间的分隔符作为有效的输入字符，如程序3-6 所示。

【程序 3-6】

```
/*程序 3-6：多个整型数据的连续输入*/
#include<stdio.h>
int main()
{
    int a,b,c;
    scanf("%d%d%d",&a,&b,&c);
    printf("%d,%d,%d\n",a,b,c);
    return 0;
}
```

程序运行时输入：

3 4 5✓

屏幕上输出如下信息：

3,4,5

程序输入时，三个整数之间除了可以用空格间隔，也可以用 Enter 键、制表符或它们的混合形式间隔。程序 3-6 运行时还可采用如下形式输入：

3 4
5✓

或

3
4
5✓

或

3   4
5✓

(2) 输入格式中，除格式转换说明符之外的普通字符应原样输入，如程序 3-7 所示。

【程序 3-7】

```
/*程序 3-7: 输入格式中普通字符需原样输入*/
#include<stdio.h>
int main()
{
    int a,b;
    scanf("%d,%d",&a,&b);
    printf("a=%d,b=%d\n",a,b);
    return 0;
}
```

程序运行时输入：

3,4↙

屏幕上输出如下信息：

a=3,b=4

若程序 3-7 中的输入语句改写为：

scanf("a=%d,b=%d",&a,&b);

则程序运行时输入的格式应为：

a=3,b=4↙

(3) 函数 scanf()的格式修饰符*表示对应的输入项在读入后不赋给相应的变量，如程序 3-8 所示。

【程序 3-8】

```
/*程序 3-8: 函数 scanf()的格式修饰符*的应用*/
#include<stdio.h>
int main()
{
    int a,b;
    scanf("%2d%*2d%2d",&a,&b);
    printf("a=%d,b=%d\n",a,b);
    return 0;
}
```

程序运行时输入：

123456↙

屏幕上输出如下信息:

a=12,b=56

在程序 3-8 中的语句 scanf("%2d%*2d%2d",&a,&b);中,格式转换说明符%2d 中的 2 为域宽修饰符,表示从输入数据中按指定宽度 2 来截取所需数据;格式转换说明符%*2d 中的*为忽略输入修饰符,表示对应的输入项在读入后不赋值给相应的变量。因此,当输入 123456 时,第一个%2d 将截取输入串中的 12 送入变量 a 中;%*2d 将忽略输入串中的 34 不赋值给任何变量;第二个%2d 将截取输入串中的 56 送入变量 b 中,故最终 a 的值为 12,b 的值为 56。

(4) 在用函数 scanf()输入数据时,遇到以下几种情况都认为数据输入已结束。

● 遇空格符、Enter 键、制表符(Tab)。

● 遇宽度。

● 遇非法输入。例如,程序 3-8 运行时,如果输入 12345a✓,则程序的运行结果如下。

a=12,b=5

当输入 12345a 时,第一个%2d 将截取输入串中的 12 送入变量 a 中;%*2d 将忽略输入串中的 34,不赋值给任何变量;第二个%2d 将截取 2 个宽度的数据,第 1 个数据是 5,第 2 个数据是非法字符 a,于是就只将输入串中的 5 送入变量 b 中。

(5) scanf()函数中的"格式控制"后面应当是变量地址,而不应是变量名。例如:

```
int a,b;
scanf("%d, %d", a, b);
```

其中,语句 scanf()不正确,应将"a, b"改为"&a, &b"。

(6) 输入实型数据时不能规定精度。例如:

```
scanf("%7.2f", &a);
```

是不合法的。不能企图用这样的 scanf()函数,通过输入数据 123.45321,而使 a 的值为 123.45。

(7) 由于函数 scanf()不做参数类型匹配检查,因此,当输入数据类型与格式字符不符时,编译程序并不提示出错信息,却不能正确读入数据,如程序 3-9 所示。

【程序 3-9】

```
/*程序3-9:输入数据类型与格式字符不匹配*/
#include<stdio.h>
int main()
{
    int a,b;
    printf("Input a:");
    scanf("%d",&a);
    printf("a=%d\n",a);
    printf("Input b:");
    scanf("%d",&b);
    printf("b=%d\n",b);
    return 0;
}
```

程序运行时输入:

3.4✓

屏幕上输出如下信息:

Input a:3.4
a=3
Input b:b=-858993460

程序运行时,用户从键盘输入 3.4。第一个语句 scanf()读入了整数 3,后面的圆点视为非法字符导致输入结束。由于该非法字符仍然保存在输入缓冲区中,因此,第二个语句 scanf()从输入缓冲区中读到的数据仍然是该非法字符,所以没等用户输入数据,就输出了变量 b 中的随机值,这与没执行第二个 scanf()语句的效果是一样的。

(8) 用%c 格式读入字符时,空格字符、回车符都被视为有效字符输入,使用时要注意,如程序 3-10 所示。

【程序 3-10】

```c
/*程序 3-10: */
#include<stdio.h>
int main()
{
    char a,b;
    printf("Input a:\n");
    scanf("%c",&a);
    printf("Input b:\n");
    scanf("%c",&b);
    printf("a=%c,b=%c\n",a,b);
    return 0;
}
```

程序运行时输入:

Input a:
x✓
Input b:
y✓

屏幕上输出如下信息:

a=x,b=✓

程序运行时先输入 x,按下回车键后,再输入 y,然后再按下回车键,结束数据输入。用户输入的 x 送到了字符变量 a 中,而字符变量 b 中接收到的不是用户输入的 y,而是一个回车符,这是什么原因呢?实际上,当输入数据 x 时,x 被函数 scanf()用%c 格式正确地读给了变量 a,其后输入的回车符(按下 Enter 键)却被函数 scanf()用%c 格式读给了变量 b,故变量 b 无法得到后来用户输入的 y。

如果希望变量 a 中接收用户输入 x,变量 b 中接收用户输入 y,则有以下三种方法改写程序 3-10。

方法 1：用%1s 的格式读入字符，如程序 3-11 所示。

【程序 3-11】

```
/*程序 3-11：用%1s 的格式读入字符*/
#include<stdio.h>
int main()
{
    char a,b;
    printf("Input a:\n");
    scanf("%1s",&a);
    printf("Input b:\n");
    scanf("%1s",&b);
    printf("a=%c,b=%c\n",a,b);
    return 0;
}
```

程序运行时输入：

```
Input a:
x↙
Input b:
y↙
```

屏幕上输出如下信息：

```
a=x,b=y
```

%1s 中，s 前面的符号是数字 1，不是字母 L 的小写。用%1s 格式表示读入单个字符，由于%1s 完全忽略空格和回车符，因此可以避免回车符被作为单个字符读入的问题。

方法 2：用函数 getchar()将前面数据输入时存于缓冲区中的回车符读入，避免被后面的字符型变量作为有效字符读入，如程序 3-12 所示。

【程序 3-12】

```
/*程序 3-12：函数 getchar()可将前面数据输入时存于缓冲区中的回车符读入*/
#include<stdio.h>
int main()
{
    char a,b;
    printf("Input a:\n");
    scanf("%c",&a);
    /*将存于缓冲区中的回车符读入，避免被后面的变量作为有效字符读入*/
    getchar();
    printf("Input b:\n");
    scanf("%c",&b);
    printf("a=%c,b=%c\n",a,b);
    return 0;
}
```

程序运行时输入：

```
Input a:
x↙
Input b:
y↙
```

屏幕上输出如下信息：

```
a=x,b=y
```

程序 3-12 中的函数 getchar()接收了用户输入 x↙ 时存入缓冲区中的回车符，避免该回车符被后面的变量 b 作为有效字符接收。

方法 3：在%c 前面加一个空格，将前面数据输入时存于缓冲区中的回车符读入，避免被后面的字符型变量作为有效字符输入，如程序 3-13 所示。

【程序 3-13】

```
/*程序 3-13：在%c 前面加一个空格，将前面数据输入时存丁缓冲区中的回车符读入*/
#include<stdio.h>
int main()
{
    char a,b;
    printf("Input a:\n");
    scanf(" %c",&a);
    printf(" Input b:\n");
    scanf(" %c",&b);
    printf("a=%c,b=%c\n",a,b);
    return 0;
}
```

程序运行时输入：

```
Input a:
x↙
Input b:
y↙
```

屏幕上输出如下信息：

```
a=x,b=y
```

程序 3-13 语句 scanf(" %c",&b);中的%c 前面有一个空格，该空格将前面用户输入 x↙ 时存于缓冲区中的回车符读入，避免被后面的字符型变量 b 作为有效字符读入。

课后习题 3

一、选择题

1. 设有语句 int a=3;，执行语句 printf("%d",-a++); 后，输出的结果是( )，变量 a 的值是( )。

    A. 3   B. 4   C. -3   D. -12

2. 设有语句 int a=3;，执行语句 a+=a-=a*a;后，变量 a 的值是( )。

    A. 3   B. 0   C. 9   D. -12

3. 假设所有变量均为整型，则表达式(a=2,b=5,b++,a+b)的值为( )。

    A. 8   B. 7   C. 5   D. 6

4. 设 int c=6 和 int a,a=3+(c+=c++,c+8,++c)，则 a 的值为( )。

    A. 15   B. 16   C. 17   D. 25

5. 设 a、b、c 为 int 型变量，且 a=3，b=4，c=5，则下面表达式值为 0 的是( )。

    A. 'a'&&'b'   B. a<=b   C. a||b+c&&b-c   D. !((a<b)&&!c||1)

6. 若有代数式 $\dfrac{3ae}{bc}$，则下列 C 语言表达式不正确的是( )。

    A. a/b/c*e*3   B. 3*a*e/b/c   C. 3*a*e/b*c   D. a*e/c/b*3

7. 表达式 12/5*sqrt(4.0)/8 值的数据类型是( )。

    A. int   B. float   C. double   D. 不确定

8. 已知 ch 是字符型变量，下面赋值语句正确的是( )。

    A. ch='123'   B. ch='\xff'   C. ch='\08'   D. "\"

9. 设 c 是字符型常量，其值为 A，a 为整型常量，其值为 97，对应的字符是 a，执行语句 putchar(c);putchar(a);后，输出的结果是( )。

    A. Aa   B. A97   C. A9   D. aA

10. 有定义语句 int a,b;，若要通过语句 scanf("%d,%d",&a,&b);使变量 a 得到数值 6，变量 b 得到数值 5，则下面输入形式中错误的是( )。(注：□代表空格)

    A. 6,5↙   B. 6,□□5↙   C. 6□5↙   D. 6,□5↙

11. 以下 C 程序的运行结果是( )。(注：□代表空格)

```c
#include <stdio.h>
int main()
{
    long y=-43456;
    printf("y=%-8ld\n",y);
    printf("y=%-08ld\n",y);
    printf("y=%08ld\n",y);
    printf("y=%+8ld\n",y);
    return 0;
}
```

  A. y=□□-43456
    y=-□□43456
    y=-0043456
    y=-43456

  B. y=-43456
    y=-43456
    y=-0043456
    y=+□-43456

  C. y=-43456
    y=-43456
    y=-0043456
    y=□□-43456

  D. □□-43456
    y=-0043456
    y=00043456
    y=+43456

12. 已有如下定义和输入语句，若要求 a1、a2、c1、c2 的值分别为 10、20、A、B，当从第一列开始输入数据时，正确的数据输入方式是( )。(注：□表示空格)

```
int a1,a2;
char c1,c2;
scanf("%d%c%d%c",&a1,&c1,&a2,&c2);
```

  A. 10A□20B✓
            B. 10□A□20□B✓
  C. 10□A20B✓
            D. 10A20□B✓

13. 有输入语句 scanf("a=%d,b=%d,c=%d",&a,&b,&c);，为使变量 a 的值为 1，b 的值为 3，c 的值为 2，则从键盘输入数据的正确形式是( )。

  A. 132✓
            B. 1,3,2✓
  C. a=1□b=3□c=2✓
       D. a=1,b=3,c=2✓

14. 以下程序的输出结果是( )。

```
#include <stdio.h>
int main()
{
    int a=2,b=5;
    printf("a=%%d,b=%%d\n",a,b);
    return 0;
}
```

  A. a=%2,b=%5
          B. a=2,b=5
  C. a=%%d,b=%%d
        D. a=%d,b=%d

15. 已知 a、b 为 int 类型，有输入语句 scanf("%2d,%*3d,%2d",&a,&b);，如果输入信息：12，345，67，则 a、b 的值为( )。

  A. a 为 12，b 为 345
       B. a 为 12，b 为 67
  C. a 为 34，b 为 67
        D. 编译出错

16. 若定义 x 为 double 型变量，则能正确输入 x 值的语句是( )。

  A. scanf("%f",x);
          B. scanf("%f",&x);
  C. scanf("%lf",&x);
        D. scanf("%5.1f",&x);

17. 对于 printf()函数，在用 m.n 形式指定宽度时，以下说法错误的是(　　)。(注：□表示空格)

  A. 语句 printf("\n%5s", "abcdefghij");的输出是 abcdefghij

  B. 语句 printf("\n%.5s", "abcdefghij");的输出是 abcde

  C. 语句 printf("\n%7.5s", "abcdefghij");的输出是 □□abcde

  D. 语句 printf("\n%5s", "abcdefghij");的输出是 abcde

二、填空题

1. 若有定义语句 int m=5,y=2;，则执行表达式 y+=y-=m*=y 后的 y 值是_____。

2. 若 x 和 a 均是 int 型变量，则执行表达式(1)后的 x 的值为_____，执行表达式(2)后的 x 值为_____。

(1) x=(a=4,6*2);

(2) x=a=4,6*2;

3. 假设 m 是一个三位数，分别用变量 a、b 和 c 表示其百位、十位和个位，则依次用含有 m 的表达式来表示 a、b 和 c 的表达式是 a=_____，b=_____，c=_____。

4. 下列程序输出的结果是_____。

```
#include <stdio.h>
int main()
{
    int x=12;
    double a=3.1415926;
    printf("%6d##\n",x);
    printf("%-6d##\n",x);
    printf("%14.10lf##\n",a);
    printf("%-14.10lf##\n",a);
    return 0;
}
```

5. 有以下程序：

```
#include <stdio.h>
int main()
{
    int k=0;
    char c1='a',c2='b';
    scanf("%d%c%c",&k,&c1,&c2);
    printf("%d,%c,%c\n",k,c1,c2);
    return 0;
}
```

若运行时从键盘输入 55AB↙，则输出的结果是_____。

三、编程题

1. 编程实现：从键盘输入圆的半径，计算圆的面积和周长。

2. 编程实现：从键盘输入长方体的长、宽和高，计算长方体的表面积和体积。

3. 编程实现：从键盘输入 3 个顶点的坐标$(x1,y1)$、$(x2,y2)$、$(x3,y3)$，假设可以构成三角形，计算三角形的面积。

第 4 章

控 制 结 构

到目前为止我们所编写的程序相对简单，都由顺序执行的一系列动作组成。但是，复杂的问题可能要求根据某个条件的真假而执行不同的动作，或者对一个动作重复执行若干次。编写这样的程序就需要算法。

4.1 算法及其描述方法

著名的计算机科学家沃思(N.Wirth)曾提出过一个经典公式：

数据结构+算法=程序

这个公式说明一个程序应由以下两个部分组成。

(1) 对数据的描述，即数据结构(data structure)。

(2) 对操作的描述，即操作步骤，也就是算法(algorithm)。

这就好比厨师做菜肴，需要有菜谱，一般应包括以下两项。

(1) 原材料，指出应使用哪些原料。

(2) 操作步骤，指出如何使用这些原材料按规定的步骤加工成所需的菜肴。面对同样的原材料可以加工出不同风味的菜肴。

4.1.1 算法的概念

算法，就是为解决一个具体问题而采取的确定的、有限的操作步骤。为了有效地进行解题，不仅需要保证算法正确，还要考虑算法的质量，选择合适的算法。

计算机算法可分为两大类别：数值算法和非数值算法。数值运算的目的是求数值解，如用辗转相除法求两个数的最大公约数等。非数值运算主要用于解决需要用分析推理、逻辑推理才能解决的问题，如查找、分类等算法。目前，计算机在非数值运算方面的应用远超过在数值运算方面的应用。

一个算法应具有如下特性。

(1) 有穷性。算法包含的操作步骤应该是有限的，每一步都应在合理的时间内完成。

(2) 确定性。算法中的每个步骤都应该是确定的，不允许有歧义性。

(3) 有效性。算法中的每个步骤都应是能有效执行的，且能得到确定的结果。例如，对一个负数开平方根，是一个无效的步骤。

(4) 没有输入或有多个输入。有些算法不需要从外界输入数据，如计算 5!，而有些算法则需要输入数据。

(5) 有一个或多个输出。没有任何输出的算法没有任何意义。

4.1.2 算法的描述方法

常用的算法描述方法有自然语言、程序流程图、N-S 图、伪码等。

1. 自然语言

自然语言就是人们日常生活中使用的语言。用自然语言描述算法时，可使用汉语、英语和数学符号等，比较符合人们日常的思维习惯，通俗易懂，但描述的文字冗长，在表达上容易出现疏漏，引起理解上的歧义，描述选择或循环等较复杂算法时不方便，所以一般适用于算法简单的情况。

例如，计算 n!，要先分析此问题，并设计解决问题的算法：由于 $n! =1 \times 2 \times 3 \times 4 \times \cdots \times n$，因此计算 n! 可用 n 次乘法运算实现，每次在原有结果基础上乘上一个数，而这个数是从 1 变化到 n 的，将这一思路用自然语言描述为如下算法。

step 1　输入 n 的值。

step 2　如果 n<0，则输出"输入错误"提示信息，转去执行 step 4。

step 3　如果 n≥0，则：

(1) 给存放结果的变量 res 置初值 1。

(2) 给代表乘数的变量 i 置初值 1。

(3) 进行累乘运算 res=res*i。

(4) 乘数变量增 1，得到下一个乘数的值，i=i+1。

(5) 如果 i≤n，则重复执行(3)和(4)，否则执行(6)。

(6) 输出 n! 的结果 res。

step 4　程序结束。

2. 程序流程图

程序流程图是用一些图框表示各种操作，用图形表示算法，直观形象，易于理解。美国国家标准化协会(American national standard institute，ANSI)规定了一些常用的流程图符号，如图 4-1 所示。例如，椭圆形状用于表示程序的开始和结束。计算或初始化所在的步骤包含在矩形中，输入或输出步骤在一个平行四边形内，菱形表示的是一个判定表达式。连接符号可用来表示流程图从一页到另一页或从一个判定菱形到另一页的继续。当流程到达页末或为了表达清晰需要跳转到另一地方时，就可以画一个流程图连接符号，将它连接到图中的符号上。

尽管程序流程图历史悠久，应用广泛，算法直观形象，各种操作一目了然，但占用篇幅较大，且由于允许使用流程线，使用者可以使流程任意转向，不受约束，造成程序结构的混乱，难以阅读和修改，可靠性和可维护性差。

上例中计算 n!的算法用程序流程图表示，如图 4-2 所示。

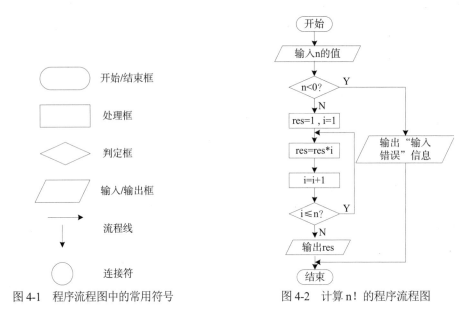

图4-1 程序流程图中的常用符号　　　　图4-2 计算n! 的程序流程图

3. N-S 图

N-S 图由美国学者 I.Nassi 和 B.Schneiderman 于 1973 年提出，并以这两位学者名字的首字母命名。N-S 图不允许使用带箭头的流程线，从而避免了算法流程的任意转向，既形象直观，又比较节省篇幅。计算 n! 的 N-S 图如图 4-3 所示。

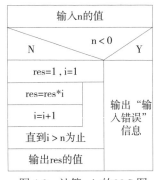

图4-3 计算 n! 的 N-S 图

4. 伪码

伪码是指介于自然语言和计算机语言之间的一种代码，是帮助程序员制定算法的智能化语言，它不能在计算机上运行，但是使用起来比较灵活，无固定格式和规范，只要写出来自己或别人能看懂即可。由于伪码与计算机语言比较接近，因此易于转换为计算机程序。用伪码表示的计算 n! 的算法如下。

```
input n
if n<0
    print "input error"
    goto end
else
    res=1
```

```
      i=1
loop:   res=res*i
      i=i+1
      if(i<=n) goto loop
      print res
end:
```

4.2 顺序结构

顺序结构(sequential structure)是最简单的 C 语言程序结构，其特点是完全按照语句出现的先后顺序执行程序。顺序结构可以独立使用，构成一个简单的完整程序，而大多数情况下，顺序结构都是作为程序的一部分，与其他结构一起构成一个复杂程序。用程序流程图表示顺序结构如图 4-4(a)所示，用 N-S 图表示顺序结构如图 4-4(b)所示，表示先执行 A 操作，再执行 B 操作。

(a) 程序流程图   (b) N-S 图

图 4-4　顺序结构

顺序结构虽然简单，但也蕴含一定的算法，并且有一定的规律可循，顺序结构的基本程序框架主要由输入、计算和输出三大部分组成。下面看几个顺序结构编程的例子。

【**程序 4-1**】输入三角形的三边长，求三角形的面积。为简单起见，设输入的三角形的三边 a、b 和 c 能构成三角形，根据海伦公式，求三角形面积的公式为：area=$\sqrt{s\times(s-a)\times(s-b)\times(s-c)}$，其中 $s=(a+b+c)/2$。

这个例子的算法分析如下。

step 1　定义程序中用到的变量。

```
float a,b,c;
float s,area;
```

step 2　输入三角形的三条边 a、b 和 c，假设输入的三边 a、b 和 c 能构成三角形。

step 3　计算 s 和 area 的值。

```
s=(a+b+c)/2;
area=sqrt(s*(s-a)*(s-b)*(s-c));
```

step 4　输出三角形的面积。

根据以上的算法分析和描述，现编写程序 4-1 如下。

```
/*程序 4-1：输入三角形的三边长，求三角形的面积*/
#include <stdio.h>
#include <math.h>
```

```
int main()
{
    float a,b,c,s,area;
    printf("请输入三角形的三条边: \n");
    scanf("%f,%f,%f",&a,&b,&c);/*输入三角形的三条边，用","间隔*/
    s=(a+b+c)/2;
    area=sqrt(s*(s-a)*(s-b)*(s-c));
    printf("a=%7.2f,b=%7.2f,c=%7.2f\n",a,b,c);
    printf("area=%7.2f\n",area);
    return 0;
}
```

程序运行时输入:

3,4,5✓

屏幕上输出如下信息:

```
a=   3.00,b=   4.00,c=   5.00
area=   6.00
```

【思考】

上例中如果先计算 s 和 area 的值，再输入三角形的三条边 a、b 和 c 会出现什么问题呢？

【程序 4-2】交换数据。对输入的两个变量 a、b 的值进行交换并输出。

在开始编程前，请先思考一个问题：假如现有两个 500ml 的瓶子 a 和 b，a 瓶中装醋，b 瓶中装酱油，请问如何交换这两个瓶子中的液体？是直接将 a 瓶中的液体倒进 b 瓶，b 瓶中的液体倒进 a 瓶吗？显然这样是无法实现 a 瓶和 b 瓶中的液体交换的。解决方法是再取一个 500ml 的空瓶 c。首先将 a 瓶中的醋倒入 c 瓶，此时 a 瓶空了，c 瓶中装入了醋；接着将 b 瓶中的酱油倒入 a 瓶，此时 b 瓶空了，a 瓶中装入了酱油；最后将 c 瓶中的醋倒入 b 瓶，此时 c 瓶空了，b 瓶中装入了醋。于是借助空瓶 c，成功实现了 a 瓶中的醋和 b 瓶中的酱油的交换。两个变量 a 和 b 的交换亦是如此，可以引入第三个变量 c，实现变量 a 和变量 b 中值的交换。算法分析如下：

step 1 定义程序中用到的变量。

```
int a,b,c;
```

step 2 输入要交换的两个变量 a 和 b。

step 3 借助第三个变量 c 实现 a 和 b 的交换。

```
c=a;   a=b;   b=c;
```

step 4 输出交换后的 a 和 b。

根据以上的算法分析和描述，现编写程序 4-2 如下。

```
/*程序4-2：对输入的两个变量a、b的值进行交换并输出*/
#include <stdio.h>
int main()
{
    int a,b,c;
    scanf("%d%d",&a,&b);
```

```
    printf("Before swap a=%d,b=%d\n",a,b);
    c=a;
    a=b;
    b=c;
    printf("After swap a=%d,b=%d\n",a,b);
    return 0;
}
```

程序运行时输入：

3 4✓

屏幕上输出如下信息：

Before swap a=3,b=4
After swap a=4,b=3

【练一练 4-1】输入一个华氏温度 f，输出对应的摄氏温度 c。华氏温度转换成摄氏温度的公式为：$c = \dfrac{5}{9}(f - 32)$，请填空完成程序。

```
#include <stdio.h>
int main()
{
    float f,c;
    scanf("%f",&f);
    c=_____;
    printf("%f",c);
    return 0;
}
```

4.3 选择结构

在顺序结构程序中，程序的流程是按照语句出现的先后顺序执行的，不能跳转。这样，一旦发生特殊情况(如发现输入数据不合法等)，就无法进行特殊处理，而且在实际问题中，有很多时候需要根据不同的判断条件执行不同的操作步骤，这就是本节要讲的选择结构(selection structure)，也称为分支结构，下列问题都属于这种选择结构。

(1) 如果输入的三角形三边不能构成三角形，则输出"输入错误"信息；若能构成三角形，则计算三角形的面积并输出。

(2) 计算一元二次方程 $ax^2+bx+c=0$ 的根，如果 $b^2-4ac>0$，则有两个不等的实根；如果 $b^2-4ac=0$，则有两个相等的实根；如果 $b^2-4ac<0$，则有两个复数根。

(3) 计算分段函数的值：

$$y=\begin{cases} -1 & (x<0) \\ 0 & (x=0) \\ 1 & (x>0) \end{cases}$$

对于类似这些需要分情况处理的问题，可由 C 语言的选择结构完成：单分支、双分支的选择结构在 C 语言中可用条件语句 if 语句实现；多分支的选择结构可用嵌套的 if 语句实现，也可用 switch 语句实现。下面我们对选择结构进行详细介绍。

4.3.1 if 语句

if 语句用于判定所给定的条件是否满足，程序根据判定的结果决定所执行的操作。C 语言提供如下三种基本形式的 if 语句。

1. if 形式

if 形式语句如下。

```
if(表达式)
    语句
```

功能：如果"表达式"为真，则执行"语句"，否则不执行"语句"。这种不带 else 子句的 if 语句适用于解决单分支选择问题，其程序流程图如图 4-5(a)所示，N-S 图如图 4-5(b)所示。

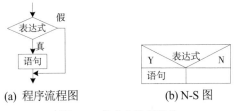

(a) 程序流程图　　　　　(b) N-S 图

图 4-5　单分支选择结构

例如：

```
if (a>b)   max=a;
```

以上语句的含义是：如果 a>b，则将变量 a 的值赋值给变量 max。

初学者在使用 if 语句时常犯的错误之一是将

```
if( i ==5 )
```

写成

```
if( i =5 )
```

而后者的条件表达式结果为 5。因此，对这条 if 语句而言，条件总是为真。

2. if-else 形式

if-else 形式语句如下。

```
if(表达式)
    语句 1
else
    语句 2
```

功能：如果"表达式"为真，则执行"语句 1"，否则执行"语句 2"。这种带有 else 子句的 if 语句适用于解决双分支选择问题，其程序流程图如图 4-6(a)所示，N-S 图如图 4-6(b)所示。

(a) 程序流程图　　　　　　　　　　　(b) N-S 图

图 4-6　双分支选择结构

例如：

```
if (a>b)    max=a;
else        max=b;
```

以上语句的含义是：如果 a>b，则将变量 a 的值赋值给变量 max；否则将变量 b 的值赋值给变量 max。通常，可以采用以上语句实现求两个变量的最大值。请大家思考：如果要求两个变量的最小值，如何修改以上语句？

3. else-if 形式

else-if 形式语句如下。

```
if(表达式 1)
    语句 1
else if(表达式 2)
    语句 2
…
else if(表达式 n)
    语句 n
else
    语句 n+1
```

功能：如果"表达式 1"的值为真，则执行"语句 1"，如果"表达式 2"的值为真，则执行"语句 2"，……，如果 if 后的所有表达式均不为真，则执行"语句 n+1"，这种形式的 if 语句可用于解决多分支选择问题。从语义的角度看，else-if 语句的语法是前面 if-else 语句的延伸。else 与它之前最近出现的尚未配对的 if 相匹配。上面语句的书写形式可以重新排列如下。

```
if(表达式 1)
    语句 1
else
    if(表达式 2)
        语句 2
    …
    else
    if(表达式 n)
        语句 n
    else
        语句 n+1
```

n=3 时的程序流程图如图 4-7(a)所示，N-S 图如图 4-7(b)所示。

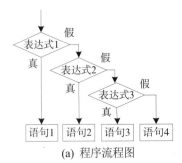
(a) 程序流程图

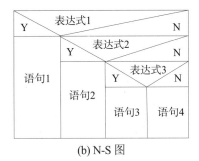
(b) N-S 图

图 4-7　多分支选择结构

【程序 4-3】某商店规定按照用户购物款，给出相应的折扣率，具体如下。

(1) 购物款大于 1000 元，购物为 7 折。

(2) 购物款大于 800 元，小于或等于 1000 元，购物为 8 折。

(3) 购物款大于 500 元，小于或等于 800 元，购物为 9 折。

(4) 购物款小于或等于 500 元，购物无折扣。

请设计程序，根据用户购物款，计算用户实际支付的金额。

算法 1：用不带 else 子句的 if 语句编程，算法流程图如图 4-8 所示。

```
/*程序 4-3：算法 1*/
#include <stdio.h>
int main()
{
    int cost;              /*购物款*/
    float rate;            /*折扣率*/

    printf("请输入用户的购物款：\n");
    scanf("%d",&cost);     /*输入用户的购物款 cost*/
    if (cost>1000)
        rate=0.7;
    if (cost>800 && cost<=1000)
        rate=0.8;
    if (cost>500 && cost<=800)
            rate=0.9;
    if(cost<=500)
        rate=1.0;

    printf("用户支付的实际金额是：%.2f\n",cost*rate);
    return 0;
}
```

算法 2：用带 else 子句的 if 语句编程，算法流程图如图 4-9 所示。

```
/*程序 4-3：算法 2*/
#include <stdio.h>
int main()
{
    int cost;              /*购物款*/
    float rate;            /*折扣率*/
```

```
    printf("请输入用户的购物款：\n");
    scanf("%d",&cost);    /*输入用户的购物款 cost*/
    if (cost>1000)
        rate=0.7;
    else if (cost>800)
        rate=0.8;
    else if (cost>500)
        rate=0.9;
    else
        rate=1.0;

    printf("用户支付的实际金额是：%.2f\n",cost*rate);
    return 0;
}
```

程序运行结果如下。

```
请输入用户的购物款：
700✓
用户支付的实际金额是：630.00
```

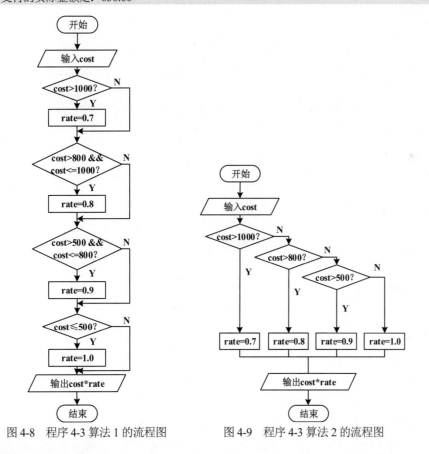

图 4-8　程序 4-3 算法 1 的流程图　　　图 4-9　程序 4-3 算法 2 的流程图

【注意】

(1) else 子句不能作为语句单独使用，需与 if 配对使用。

(2) if 语句如果在满足条件时执行一组(多条)语句，则必须把这组语句用大括号括起来组成一个复合语句块。例如：

```
if(a>b)
{
    a++;
    b++;
}
else
{
    a=0;
    b=1;
}
```

(3) 在 if 语句的表达式中，一定要避免判断实数与零值的等值比较，因为无论是 float 还是 double 变量，都有精度限制，应使用>=、<=来替代==、!=。例如：

```
float x;
if(x==0)              /*错误，不能直接把实数与零值进行等值比较*/
……
```

上述代码可修改为：

```
#define  EPS  1E-7      /*声明符号常量 EPS 为 10⁻⁷*/
float x;
if(fabs(x)<EPS)          /*表达式的含义为|x|<10⁻⁷，即实数 x 为零 */
……
```

(4) 如果 if 语句中的执行语句又是一个 if 语句，就构成了 if 语句的嵌套。if 语句中出现嵌套的 if 语句时，else 总是与它之前最近出现的尚未配对的 if 相匹配，而与书写的缩进格式无关。例如：

```
if (a>b)
    if (b>0)
        printf("a>b>0\n");
    else
        printf("a>b,b<=0\n");
else if (a>0)
    printf("b>=a>0\n");
    else if (a==0)
        printf("b>=a=0\n");
    else
        printf("b>=a,a<0\n");
```

因此，上例中 if 与 else 的配对原则是：第一个 else 与第二个 if 配对；第二个 else 与第一个 if 配对；第三个 else 与第三个 if 配对；第四个 else 与第四个 if 配对。

如果内嵌的 if 语句没有 else 分支，即不是完整的 if-else 形式，则极易发生 else 配对错误，为了避免这类逻辑错误的发生，有两个有效的办法：一是将 if 子句中内嵌的 if 语句用一对大花括号括起来，在上例程序中适当添加大花括号，在没有更改 else 与 if 的配对关系的情况下，使

else 与 if 的配对看起来更清晰，如下面代码所示；二是尽量采用在 else 子句中内嵌 if 语句的形式编程，即 if 语句中第 3 种基本形式中的 else-if 形式。

```
if (a>b)
{
    if (b>0)
        printf("a>b>0\n");
    else
        printf("a>b,b<=0\n");
}
else if (a>0)
    printf("b>=a>0\n");
else if (a==0)
    printf("b>=a=0\n");
else
    printf("b>=a,a<0\n");
```

【程序 4-4】编程设计一个简单的猜数游戏：先由计算机"想"一个数请人猜，如果人猜对了，则计算机给出提示 Right！，否则提示 Wrong！，并告诉人所猜的数是大了还是小了。

本例程序设计中的难点是如何让计算机"想"一个数。"想"反映了一种随机性，可用随机函数 rand()产生计算机"想"这个数。随机函数 rand()产生一个 0～RAND_MAX 范围内的整数，RAND_MAX 为头文件 stdlib.h 中定义的符号常量，因此使用该函数时需要包含头文件 stdlib.h。ANSI 标准规定 RAND_MAX 的值不得大于双字节整数的最大值 32767，因此算法设计如下。

step 1 通过调用随机函数任意生成一个数 magic。

step 2 输入人猜的数 guess。

step 3 如果 guess 大于 magic，则给出提示 Wrong！Too high！。

step 4 如果 guess 小于 magic，则给出提示 Wrong！Too low！。

step 5 如果 guess 等于 magic，则给出提示 Right！，并输出 guess 值。

算法流程图如图 4-10 所示。

程序如下。

```
/*程序 4-4：设计一个简单的猜数游戏*/
#include <stdio.h>
#include <stdlib.h>
int main()
{
    int magic;              /*定义计算机"想"的数*/
    int guess;              /*定义人猜的数*/

    magic=rand();           /*调用随机函数任意生成一个数 magic*/
    printf("Please guess a magic number:");
    scanf("%d",&guess);

    if(guess>magic)         /*如果 guess 大于 magic*/
```

```
    printf("Wrong!Too high!\n");
  else if(guess<magic)      /*如果 guess 小于 magic*/
    printf("Wrong!Too low!\n");
  else                      /*如果 guess 等于 magic*/
  {
    printf("Right!\n");
    printf("The number is:%d\n",magic);
  }
  return 0;
}
```

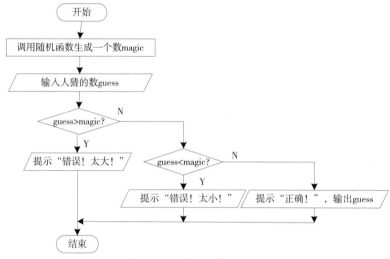

图 4-10　程序 4-4 算法流程图

程序测试 3 次的运行结果如下:

① Please guess a magic number:25↙
　 Wrong!Too low!
② Please guess a magic number:60↙
　 Wrong!Too high!
③ Please guess a magic number:41↙
　 Right!
　 The number is:41

【注意】

(1)　如果希望计算机能够产生指定范围在 MIN_NUM～MAX_NUM 的随机数,则可采用下面的方法。

①　调用随机函数 rand()任意生成一个随机数。

magic = rand();

② 将该随机数限制在 MIN_NUM～MAX_NUM 范围内。

```
magic = magic % (MAX_NUM-MIN_NUM+1) + MIN_NUM;
```

例如，如果希望计算机生成 1～100 范围内的随机数，则产生这个范围随机数的代码如下。

```
magic = rand();
magic = magic%100+1;
```

以上两条语句可合并为如下一条语句。

```
magic = rand() % 100 + 1;
```

(2) 执行几遍程序后，我们也许会发现，每次运行程序时，计算机所"想"的数(即随机函数产生的随机数 magic)都是一样的，这是什么原因呢？事实上，用函数 rand() 所产生的随机数只是伪随机数，反复调用函数 rand() 所产生的一系列数似乎是随机的，但每次执行程序时所产生的序列是重复的。解决的办法是使程序每次执行时产生不同的随机数序列，产生这种随机数的过程称为"随机化"，它是通过调用标准库函数 srand() 为函数 rand() 设置随机数种子实现的。修改程序 4-4，如程序 4-5 所示。

【程序 4-5】

```
/*程序 4-5：猜数游戏中设置随机数种子*/
#include <stdio.h>
#include <stdlib.h>
int main()
{
    int magic;                  /*定义计算机"想"的数*/
    int guess;                  /*定义人猜的数*/
    unsigned int seed;          /*定义一个无符号整型变量*/

    printf("Please enter seed:");   /*提示输入随机数种子*/
    scanf("%u",&seed);          /*输入函数 srand() 所需要的参数随机数种子 seed*/
    srand(seed);                /*调用函数 srand() 为函数 rand() 设置随机数种子*/

    magic = rand()%100+1;       /*生成一个 1～100 范围内的随机数*/
    printf("Please guess a magic number:");
    scanf("%d",&guess);

    if(guess>magic)             /*如果 guess 大于 magic*/
        printf("Wrong!Too high!\n");
    else if(guess<magic)        /*如果 guess 小于 magic*/
        printf("Wrong!Too low!\n");
    else                        /*如果 guess 等于 magic*/
    {
        printf("Right!\n");
        printf("The number is:%d\n",magic);
    }
    return 0;
}
```

程序测试 5 次的运行结果如下：

① Please enter seed:1↙

　　Please guess a magic number:42↙

　　Right

　　The number is:42

② Please enter seed:8↙

　　Please guess a magic number:42↙

　　Wrong!Too low!

③ Please enter seed:8↙

　　Please guess a magic number:65↙

　　Right

　　The number is:65

④ Please enter seed:20↙

　　Please guess a magic number:45↙

　　Wrong!Too high!

⑤ Please enter seed:20↙

　　Please guess a magic number:4↙

　　Right

　　The number is:4

执行几遍程序，观察其运行结果可以发现，只要提供的随机数种子不同，每次执行程序就会产生不同的随机数序列。如果不想每次都通过输入随机数种子完成随机化，那么可以使用计算机读取其时钟值，并把该值自动设置为随机数种子，也就是使用如下语句。

```
srand(time(NULL));
```

使用函数 time()时，需要 include 包含头文件 time.h，它返回以秒计算的当前时间值，该值被转换为无符号整数，并用作随机数发生器的种子，因函数 time()能为程序员提供代表时间的字符串，所以使用 NULL 作为 time()的参数，使其不具有此功能。修改后的程序如程序 4-6 所示。

【程序 4-6】

```
/*程序 4-6*/
#include <stdio.h>
#include <stdlib.h>
#include <time.h>                /*包含函数 time()的声明*/
int main()
{
    int magic;                  /*定义计算机"想"的数*/
    int guess;                  /*定义人猜的数*/

    srand(time(NULL));          /*调用函数 srand()为函数 rand()设置随机数种子*/
    magic = rand()%100+1;       /*生成一个 1～100 范围内的随机数*/
    printf("Please guess a magic number:");
    scanf("%d",&guess);

    if(guess>magic)             /*如果 guess 大于 magic*/
        printf("Wrong!Too high!\n");
```

```
    else if(guess<magic)          /*如果 guess 小于 magic*/
        printf("Wrong!Too low!\n");
    else                          /*如果 guess 等于 magic*/
    {
        printf("Right!\n");
        printf("The number is:%d\n",magic);
    }
    return 0;
}
```

程序执行后运行结果如下：

```
Please guess a magic number:20✓
Wrong!Too high!
```

【练一练4-2】以下程序的运行结果为_____。

```
#include <stdio.h>
int main()
{
    int a=1,b=2,c=3;
    if(c=a)
        printf("%d\n",c);
    else
        printf("%d\n",b);
    return 0;
}
```

4.3.2   switch 语句

当问题需要讨论的情况较多(3 个或 3 个以上)时，通常使用 switch 语句。switch 语句就像多路开关一样，使程序控制流程形成多个分支，根据一个表达式可能产生不同的结果值，选择其中一个或几个分支语句去执行。因此，switch 语句常用于各类分类统计、菜单等程序的设计，其一般形式如下。

```
switch(表达式)
{
case  常量表达式 1:
    语句序列 1;
case  常量表达式 2:
    语句序列 2;
...
case 常量表达式 n:
    语句序列 n;
default:
    语句序列 n+1;
}
```

功能：计算 switch 后面"表达式"的值，并逐个与其后的"常量表达式"进行比较。当"表达式"的值与某个"常量表达式"的值相等时，即执行其后的语句，然后不再进行判断，继续执行后面所有 case 后的语句。如果"表达式"的值与所有 case 后的"常量表达式"均不相同，则执行 default 后的语句。

switch 后圆括号内"表达式"的值应该是整型、字符型或枚举类型。每个 case 后的"常量表达式"的类型必须与其匹配。

【程序 4-7】根据用户输入的整数，输出星期一至星期天。

```
/*程序 4-7*/
#include <stdio.h>
int main()
{
  int a;
  scanf("%d",&a);
  switch(a)
  {
    case 1:
      printf("Monday\n");
    case 2:
      printf("Tuesday\n");
    case 3:
      printf("Wednesday\n");
    case 4:
      printf("Thursday\n");
    case 5:
      printf("Friday\n");

    case 6:
      printf("Saturday\n");
    case 7:
      printf("Sunday\n");
    default:
      printf("error\n");
  }
  return 0;
}
```

程序执行后运行结果如下：

```
3↙
Wednesday
Thursday
Friday
Saturday
Sunday
error
```

在 switch 语句中，"case 常量表达式"相当于一个语句标号，表达式的值和某标号相等则转向该标号执行，但不能在执行完该标号的语句后自动跳出整个 switch 语句，所以会出现执行后面 case 语句的情况，这与前面介绍的 if 语句完全不同。程序 4-7 中，如果输入的 a 值为 3，则会执行"case 3"及其以后的所有语句。因此，只有 switch 语句和 break 语句配合才能形成真正意义上的多分支，也就是说，执行完某个分支后，一般都要 break 语句跳出 switch 结构，若没有任何一个"case 常量表达式"的值与 switch 后"表达式"的值相匹配，则执行 default 后面"语句序列 n+1"，故在程序 4-7 中的每个 case 分支及 default 分支之后增加 break 语句，如程序 4-8 所示。程序 4-8 的程序流程图如图 4-11(a)所示，N-S 图如图 4-11(b)所示。

【程序 4-8】

```c
/*程序 4-8*/
#include <stdio.h>
int main()
{
    int a;
    scanf("%d",&a);
    switch(a)
    {
      case 1:
        printf("Monday\n");
        break;
      case 2:
        printf("Tuesday\n");
        break;
      case 3:
        printf("Wednesday\n");
        break;
      case 4:
        printf("Thursday\n");
        break;
      case 5:
        printf("Friday\n");
        break;
      case 6:
        printf("Saturday\n");
        break;
      case 7:
        printf("Sunday\n");
        break;
      default:
        printf("error\n");
        break;
    }
    return 0;
}
```

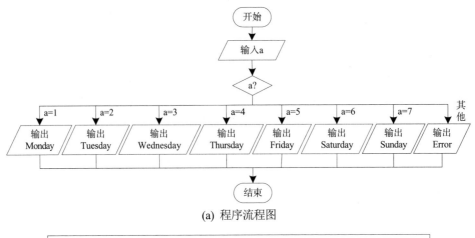

(a) 程序流程图

(b) N-S 图

图 4-11　程序 4-8 的结构图

程序执行后运行结果如下：

```
3↙
Wednesday
```

程序 4-8 中，如果输入的 a 值为 3，则会执行 "case 3" 对应分支的所有语句，遇到 break 语句时即跳出 switch 结构，故程序 4-8 只会输出 Wednesday，其余的分支语句不会再去执行。

【注意】

(1) 每个 case 子句或 default 子句中，允许有多条语句，可以不用大括号{}括起来。这与前面讲到的 if 语句不同，if 语句如果在满足条件时执行多条语句，则必须把这组语句用大括号{}括起来组成一个复合语句块。

(2) 同一个 switch 语句中，任两个 case 常量表达式在计算后的值不应该相同。

(3) 每个 case 子句和 default 子句出现的次序发生改变时，不影响程序的运行结果；但从执行效率角度考虑，一般将发生频率高的情况放在前面。

(4) default 子句可以省略不用，此时当 switch 后"表达式"的值与所有 case 后的"常量表达式"的值不匹配时，退出 switch 语句，继续执行后续程序。

(5) 若 case 子句后执行的语句序列默认不写，则表示与它后续 case 子句执行相同的语句序列。例如：

```
switch(a)
{
    case 1:
    printf("Monday\n");
    break;
```

```
        case 2:
        printf("Tuesday\n");
        break;
        case 3:
        printf("Wednesday\n");
        break;
        case 4:
        printf("Thursday\n");
        break;
        case 5:
        printf("Friday\n");
        break;
        case 6:           /*语句序列默认*/
        case 7:
        printf("Weekend\n");
        break;
        default:
        printf("error\n");
        break;
    }
```

上例中 case 后"常量表达式"的值为 6 时，执行的语句序列默认不写，表示与它后续 case 子句(即后续"常量表达式"的值为 7 时)执行相同的语句序列。因此，case 后"常量表达式"的值为 6 或 7，均会执行输出 Weekend，并退出 switch 语句。

(6) 各个 case 之后是常量表达式，一定不要试图使用条件表达式或逻辑表达式。例如，下列用法是错误的。

```
case 6||7:           /*错误！case 后不能为逻辑表达式*/
    printf("Weekend\n");
    break;
```

再如程序 4-9 所示的 case 的错误用法。

【程序 4-9】

```
/*程序 4-9*/
#include <stdio.h>
int main()
{
    int score;
    scanf("%d",&score);
    switch(score)
    {
    case score>=60:        /*错误！case 后不能为条件表达式*/
        printf("及格\n");
        break;
        case score<60:       /*错误！case 后不能为条件表达式*/
        printf("不及格\n");
        break;
    }
    return 0;
}
```

【**程序 4-10**】根据输入的百分制成绩 score，转换为相应的五分制成绩 grade，并输出。转换标准如下。

$$
grade = \begin{cases}
A & 90 \leqslant score \leqslant 100 \\
B & 80 \leqslant score < 90 \\
C & 70 \leqslant score < 80 \\
D & 60 \leqslant score < 70 \\
E & 0 \leqslant score < 60
\end{cases}
$$

这是一个多分支选择问题，可用以下两种方法实现。

算法 1：用嵌套的 if 语句编写程序。

```c
/*程序 4-10：算法 1——用嵌套的 if 语句编写程序*/
#include <stdio.h>
int main()
{
  int score;
  printf("Please input score:");
  scanf("%d",&score);

  if(score<0 || score>100)        /*检查成绩是否在 1～100 范围内*/
    printf("Input error!\n");
  else if(score>=90)
    printf("%d--A\n",score);
  else if(score>=80)
    printf("%d--B\n",score);
  else if(score>=70)
    printf("%d--C\n",score);
  else if(score>=60)
    printf("%d--D\n",score);
  else
    printf("%d--E\n",score);
  return 0;
}
```

算法 2：用 switch 语句编写程序。

```c
/*程序 4-10：算法 2——用 switch 语句编写程序*/
#include <stdio.h>
int main()
{
  int score;
  printf("Please input score:");
  scanf("%d",&score);

  switch(score/10)
  {
  case 10:
  case 9:
    printf("%d--A\n",score);
```

```
        break;
    case 8:
        printf("%d--B\n",score);
        break;
    case 7:
        printf("%d--C\n",score);
        break;
    case 6:
        printf("%d--D\n",score);
        break;
    case 5:
    case 4:
    case 3:
    case 2:
    case 1:
    case 0:
        printf("%d--E\n",score);
        break;
    default:
        printf("Input error!\n");          /*处理成绩不在 1~100 范围内的情况*/
    }
    return 0;
}
```

程序 4 次测试的运行结果如下：

① Please input score:-10↙
  Input error!
② Please input score:100↙
  100--A
③ Please input score:75↙
  75--C
④ Please input score:45↙
  45--E

【注意】

(1) 程序 4-10 的算法 2 程序中，switch 语句后的"表达式"为 score/10，采用这种用 score 与 10 整除的方式，将结果取值压缩到有限的取值范围内，便可以与后续的几个 case 子句中的"常量表达式"匹配。如果不做此处理，switch 语句后的"表达式"若设为 score，那么后续的 case 子句中的"常量表达式"要穷举 0~100 范围内的所有分数，程序的编写将会变得异常烦琐，显然是不可取的。

(2) 程序 4-10 的算法 2 程序中，当用户输入 101~109 范围内的数据时，程序就会输出 A，这显然是错误的。请大家思考，应该如何修改程序呢？

【程序 4-11】编程实现一个简单的计算器程序，从键盘接收用户的输入。

操作数 1 运算符 操作数 2

运算符为加(+)、减(-)、乘(*)、除(/)。计算表达式的值，并输出结果。

程序 4-11 的 N-S 图如图 4-12 所示。

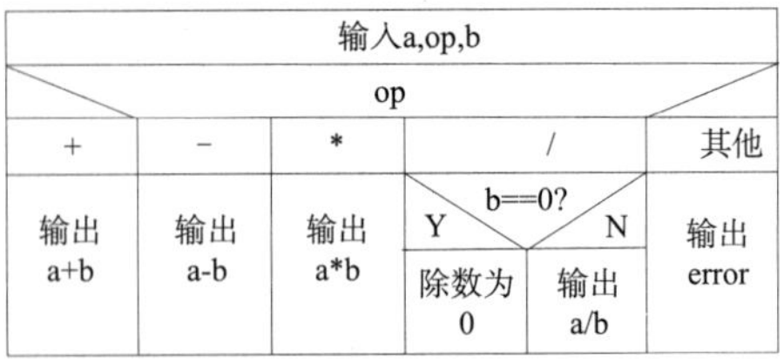

输入a,op,b					
op					
+	−	*	/		其他
输出 a+b	输出 a-b	输出 a*b	b==0?		输出 error
			Y	N	
			除数为 0	输出 a/b	

图 4-12　程序 4-11 的 N-S 图

程序如下:

```c
/*程序 4-11：编程实现一个简单的计算器程序*/
#include <stdio.h>
#include <math.h>
#define EPS 1E-5
int main()
{
    float a,b;                      /*定义两个操作数*/
    char op;                        /*定义运算符*/
    printf("input expression: a+(-,*,/)b \n");
    scanf("%f%c%f",&a,&op,&b);      /*输入运算表达式*/
    switch(op)
    {
    case '+':                       /*处理加法*/
        printf("%.2f\n",a+b);
        break;
    case '-':                       /*处理减法*/
        printf("%.2f\n",a-b);
        break;
    case '*':                       /*处理乘法*/
        printf("%.2f\n",a*b);
        break;
    case '/':                       /*处理除法*/
        if(fabs(b)<EPS)             /*除数 b 为 0*/
            printf("Division by zero!\n");
        else
            printf("%.2f\n",a/b);
        break;
    default:
        printf("Input error!\n");
    }
    return 0;
}
```

程序 6 次测试的运行结果如下:

① input expression: a+(-,*,/)b
5.3+3.4↙
8.70
② input expression: a+(-,*,/)b
5.3-3.4↙
1.90

③ input expression: a+(-,*,/)b
5.3*3.4↙
18.02
④ input expression: a+(-,*,/)b
5.3/3.4↙
1.56
⑤ input expression: a+(-,*,/)b
5.3/0↙
Division by zero!
⑥ input expression: a+(-,*,/)b
5.3#3.4↙
input error!

【注意】

(1) fabs 为 C 语言的库函数,功能是求浮点数的绝对值。如果使用该库函数,需要包含 math.h 头文件。

(2) 上例中操作数进行除法运算时,"判断除数是否为 0"的判定表达式不能写成 if(b==0),因为操作数 b 为 float 类型变量,不能直接与 0 进行等于"=="比较。该例中的处理方式是:如果|b|<10^{-5},则认为 b 趋近于 0,因此,"判断除数是否为 0"的判定表达式写为 fabs(b)<EPS,其中 EPS 是符号常量,即 10^{-5}。

【练一练4-3】 以下程序的运行结果为＿＿＿＿＿＿＿。

```c
#include <stdio.h>
int main()
{
  int x=1,y=0;
  switch(x)
  {
  case 1:
    switch(y)
    {
      case 0: printf("1\n"); break;
      case 1: printf("2\n"); break;
    }
  case 2: printf("3\n");
  }
  return 0;
}
```

4.4 循环结构

在程序 4-4 中,我们设计了一个简单的猜数游戏,该程序每执行一次,只允许我们猜一次,猜错后,若想再猜一次,则只能再运行一次程序。那么能否在不退出程序运行的情况下,让用户连续猜许多次直到猜对为止呢?

在程序 4-11 中，我们设计了一个简单的计算器程序，每执行一次程序，用户只能选择一种运算符做一次运算，若要再做其他的运算，则必须重新运行一次程序。那么能否在不退出程序运行的情况下，让用户可以做多次运算，直到用户想停止时按一个键(如 Y 或 N)，程序才结束呢？

答案是肯定的，可以用本节讲到的循环语句实现。实际应用中的许多问题，都会涉及重复执行的操作步骤和相应的算法。例如：

(1) 计算 1+2+3+…+100 这样一个循环累加的问题，每次循环累加一个自然数，总共需要 100 次循环，即累加 100 个数，从而得到这个自然数列之和。

(2) 计算 n!=1×2×3×…×n 这样一个循环累乘问题，每次循环累乘一个自然数，总共需要 n 次循环，即累乘 n 个数，从而得到 n 的阶乘。

(3) 利用公式 $\dfrac{\pi}{4}=1-\dfrac{1}{3}+\dfrac{1}{5}-\dfrac{1}{7}+\cdots$ 求 π 的近似值，直到最后一项的绝对值小于 10^{-5} 为止。这是一个事先不知道循环次数的问题，需根据给定条件来判断循环是否终止。

(4) 以二维表形式输出九九乘法表，这是需要双重循环才能解决的问题，用外层循环控制行的输出，用内层循环控制列的输出。

以上问题均需采用循环结构实现，有些循环的次数是已知的，有些循环的次数是未知的。循环语句不只在数学运算这类问题中发挥重要作用，联合使用条件语句和循环语句还可以设计出许多复杂、趣味的程序。

顺序结构、选择结构和循环结构是进行结构化程序设计的三种基本结构，任何复杂的问题都可用这三种基本结构编程实现。

在给定条件成立时，反复执行某程序段，直到条件不成立为止，这就是循环结构。给定的条件称为"循环条件"，反复执行的程序段称为"循环体"，在循环中用于控制执行次数的变量称为"循环变量"。C 语言提供了 while、do…while 和 for 语句三种循环控制语句，下面详细介绍。

4.4.1　while 语句

while 语句的一般形式如下。

```
while(表达式)
    循环体语句
```

功能：计算"表达式"的值，当值为非 0(即为真)时，表示条件成立，则执行"循环体语句"，直到"表达式"的值为 0(即为假)时结束循环的执行。如果"循环体语句"是由两条或两条以上的语句组成，则需要将"循环体语句"用一对花括号{}括起来，因此执行 while 语句时，要先判断后执行。while 语句的程序流程图如图 4-13(a)所示，N-S 图如图 4-13(b)所示。

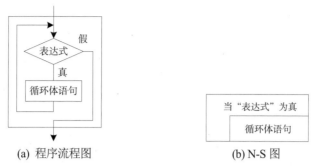

(a) 程序流程图   (b) N-S 图

图 4-13   while 语句执行图

【程序 4-12】求 1+2+3+…+100，即 $\sum_{n=1}^{100} n$。

问题分析：对此问题可以有不同的求解方法，有人用心算把它化为 50 组头尾两数之和，即 (1+100)+(2+99)+(3+98)+…+(49+52)+(50+51)，每个括号内的值都是 101，一共有 50 对括号，所以总和是 50×101，很容易得出结果为 5050，这是适宜心算的算法。

用计算机解题时是不会按上面的方法自动分组的，必须事先由人们设计计算的方法。计算机的最大特点是运行速度快，所以适宜用最"笨"的办法处理一些简单的问题，就是采用一个一个数累加的方法，即从 1 加到 100，对于人来说，这是一个笨办法，但对于计算机来说却是好办法。用程序流程图和 N-S 图表示从 1 加到 100 的算法，如图 4-14(a)和图 4-14(b)所示，其思路是：变量 sum 存放累加的值，变量 i 是准备加到 sum 的数值，让 i 从 1 变到 100，先后累加到 sum 中。

算法分析：

step 1   sum=0；i=1。

step 2   判断 i≤100 条件是否为真。如果 i≤100 的值为真，则执行循环体语句 sum=sum+i; i++;，然后重复执行 step 2；如果 i≤100 的值为假，则转去执行 step 3。

step 3   循环结构结束，输出 sum 的值。

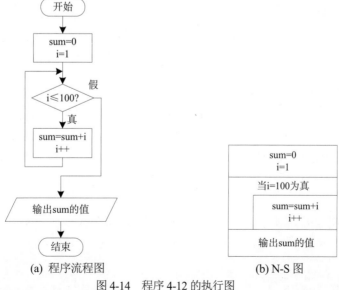

(a) 程序流程图   (b) N-S 图

图 4-14   程序 4-12 的执行图

按照上述具体步骤执行的过程如下。

(1) 开始时使 sum 的值为 0，被加数 i 第一次取值为 1，然后进入循环结构。

(2) 判断 i≤100 条件是否满足，由于 i<100，因此 i≤100 的值为真，应执行其下面矩形框的操作。

(3) 执行 sum=sum+i，此时 sum 的值变为 1，然后使 i 的值加 1，i 的值变为 2，这是为下一次加 2 做准备。流程返回菱形框。

(4) 再次检查 i≤100 条件是否满足，由于 i 的值为 2，i<100，因此 i≤100 的值仍为真，应执行其下面矩形框中的操作。

(5) 执行 sum=sum+i，由于 sum 的值已变为 1，i 的值已变为 2，因此执行 sum=sum+i 后 sum 的值变为 3。再使 i 的值加 1，i 的值变为 3。流程再返回菱形框。

(6) 再次检查 i≤100 条件是否满足……，如此反复执行矩形框中的操作，直到 i 的值变成 100 后，将 i 加到 sum 中，然后 i 再加 1 变成 101。当再次返回菱形框检查 i≤100 条件时，由于 i 已是 101，大于 100，不满足条件 i≤100，故不再执行矩形框中的操作，循环结构结束。

程序如下：

```
/*程序 4-12*/
#include <stdio.h>
int main()
{
    int sum=0,i=1;     /*sum 用来存放累加和，初值为 0*/
    while(i<=100)
    {
        sum=sum+i;     /*把 i 的值累加到变量 sum 中*/
        i++;           /*使 i 的值加 1*/
    }
    printf("%d\n",sum);
    return 0;
}
```

程序运行结果如下：

5050

【注意】

(1) 上例中循环体包含两条语句，必须用花括号{}括起来，以复合语句形式出现。如果不加花括号，则 while 语句的范围只到 while 后面第一个分号处，即只到 sum=sum+i;。

(2) 在循环体中应有使循环趋向于结束的语句，例如，上例中循环结束的条件是 i>100，因此在循环体中应该有使 i 增值以最终导致 i>100 的语句，现用 i++;来达到此目的。如果无此语句，则 i 的值始终不改变，循环永不结束。

【思考】

如果把上例改为求 1 到 100 之间所有偶数之和，则程序应如何修改？

【练一练 4-4】如果输入 Ab!cD?fG*，则下面程序的运行结果为_____。

```
#include <stdio.h>
int main()
{
    char c;
    while((c=getchar())!='*')
    {
        if(c>='A'&&c<='Z')
            putchar(c);
        else if(c>='a'&&c<='z')
            putchar(c-32);
    }
    return 0;
}
```

4.4.2 do…while 语句

do…while 语句的一般形式如下。

```
do
{
    循环体语句
}while(表达式);
```

功能：执行"循环体语句"，然后判断 while 后"表达式"的值，当"表达式"的值为非 0(即为真)时，则重复执行"循环体语句"，直到"表达式"的值为 0(即为假)时结束循环的执行。如果"循环体语句"由两条或两条以上的语句组成，则需要将"循环体语句"用一对花括号{}括起来。与 while 语句不同的是，do…while 语句是先执行后判断，不管"表达式"的值如何，循环体语句至少会执行一次。do…while 语句的程序流程图如图 4-15(a)所示，N-S 图如图 4-15(b)所示。

(a) 程序流程图   (b) N-S 图

图 4-15 do…while 语句的执行图

【程序 4-13】用 do…while 循环求 1+2+3+…+100，即 $\sum_{n=1}^{100} n$ 。

画出程序流程图和 N-S 图，如图 4-16(a)和图 4-16(b)所示。

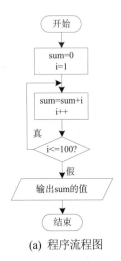
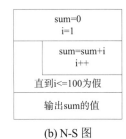

(a) 程序流程图   (b) N-S 图

图 4-16　程序 4-13 的执行图

程序如下:

```
/*程序 4-13*/
#include <stdio.h>
int main()
{
    int sum=0,i=1;        /*sum 用来存放累加和,初值为 0*/
    do                     /*在循环开始时不检查条件,先执行一次循环体*/
    {
        sum=sum+i;         /*把 i 的值累加到变量 sum 中*/
        i++;               /*使 i 的值加 1*/
    }while(i<=100);
    printf("%d\n",sum);
    return 0;
}
```

程序运行结果如下:

```
5050
```

可以看到,其结果与程序 4-12 完全一样。

凡是能用 while 循环处理的情况,都能用 do…while 循环处理。在一般情况下,用 while 语句和用 do…while 语句处理同一问题时,若两者的循环体部分是一样的,则它们的结果也一样,如程序 4-12 和程序 4-13 中的循环体是相同的,得到的结果也是相同的。但是,如果 while 后面的表达式一开始就为“假”,即便两种循环的循环体相同,最终计算的结果也是不同的。请看下面的程序 4-14 和程序 4-15。

【程序 4-14】

```
/*程序 4-14*/
#include <stdio.h>
int main ( )
{
    int sum=0,i;
```

```
    scanf("%d",&i);
    while (i<=2)
    {
        sum=sum+i;
        i++;
    }
    printf("sum=%d\n",sum);
    return 0;
}
```

程序运行结果如下：

```
3✓
sum=0
```

当输入的 i 值为 3 时，不满足 while 循环语句的条件 i<=2，故 while 循环体一次也不做，直接执行 while 循环后面的语句，输出 sum 的值，所以输出 sum 的初值 0。

【程序 4-15】

```
/*程序 4-15*/
#include <stdio.h>
int main()
{
    int sum=0,i;
    scanf("%d",&i);
    do
    {
        sum=sum+i;
        i++;
    }while (i<=2);
    printf("sum=%d\n",sum);
    return 0;
}
```

程序运行结果如下：

```
3✓
sum=3
```

当输入的 i 值为 3 时，先执行一次循环体部分，将 i 的值累加到 sum 上，并对 i 加 1，然后再判断 do…while 的循环条件 i<=2，该循环条件不成立，故结束循环，执行 do…while 循环后面的语句，输出 sum 的值，所以输出 sum 的值为 3。

从程序 4-14 和程序 4-15 可以看出：对于 while 循环语句和 do…while 循环语句来说，while 语句循环体部分有可能一次也不执行，而 do…while 语句的循环体部分至少会执行一次。因此我们可以得出结论：当两种循环具有相同的循环体时，若 while 语句后面的表达式的第一次的值为"真"，则两种循环得到的结果相同；否则，两者结果不同。

【练一练 4-5】下面程序的运行结果为_____。

```
#include <stdio.h>
int main()
```

```
{
    int m,n=3762;
    do{
        m=n%10;
        n/=10;
        printf("%d",m);
    }while(n);
    return 0;
}
```

4.4.3 for 语句

for 语句的使用方式非常灵活,在 C 语言程序中使用频率很高,其一般形式如下。

for(表达式 1;表达式 2;表达式 3)
    循环体语句

功能如下。

(1) 计算"表达式 1"的值,并转向步骤(2)。通常"表达式 1"的作用是初始化循环控制变量,即为循环变量赋初值。

(2) 计算"表达式 2"的值。若"表达式 2"的值为真,则执行一次循环体语句,并转向步骤(3);若"表达式 2"的值为假,则结束循环。通常"表达式 2"的作用是给出循环重复执行的判定条件。

(3) 计算"表达式 3"的值,转回重复执行步骤(2)。通常"表达式 3"的作用是给循环控制变量增值。

for 语句的程序流程图如图 4-17(a)所示,N-S 图如图 4-17(b)所示。

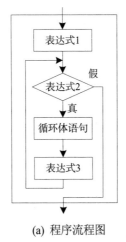

(a) 程序流程图   (b) N-S 图

图 4-17 for 语句的执行图

for 语句最简单的应用形式也就是最易理解的形式如下。

for(循环变量赋初值; 循环条件; 循环变量增值)
    循环体语句

例如：程序 4-12 中求 1 到 100 之间所有数之和的部分源代码如下。

```
int i=1;
while(i<=100)
{
    sum=sum+i;        /*把 i 的值累加到变量 sum 中*/
    i++;              /*使 i 的值加 1*/
}
```

可改写为：

```
for(i=1; i<=100; i++)
    sum=sum+i;       /*把 i 的值累加到变量 sum 中*/
```

显然，用 for 语句更简单、方便。

有关 for 语句的用法有如下几点应注意。

(1) for 语句中的"表达式 1"可以省略，但表达式 1 后面的分号不能省略。例如：

```
for(i=1; i<=100; i++)
    sum=sum+i;       /*把 i 的值累加到变量 sum 中*/
```

可改写为

```
i=1;
for(; i<=100; i++)
    sum=sum+i;       /*把 i 的值累加到变量 sum 中*/
```

(2) 如果 for 语句中的"表达式 2"省略，则表示"表达式 2"恒为"真"，即不判断循环条件，循环会无休止地进行下去。例如：

```
for(i=1; ; i++)
    sum=sum+i;       /*把 i 的值累加到变量 sum 中*/
```

等价于

```
int i=1;             /*i 赋初值*/
while(1)
{
    sum=sum+i;       /*把 i 的值累加到变量 sum 中*/
    i++;             /*使 i 的值加 1*/
}
```

(3) for 语句中的"表达式 3"可以省略，但此时编程人员应另外设法保证循环能正常结束。例如：

```
for(i=1; i<=100; i++)
    sum=sum+i;       /*把 i 的值累加到变量 sum 中*/
```

等价于

```
for(i=1; i<=100;)
{
    sum=sum+i;       /*把 i 的值累加到变量 sum 中*/
    i++;             /*使 i 的值加 1*/
}
```

通过改写，将 for 语句的"表达式 3"，即 i++;，放到了 for 语句的循环体内部，同样也有效地保证了循环的正常结束。

(4) for 语句中的"表达式 1"和"表达式 3"可以同时省略，只保留"表达式 2"，即只给出"循环条件"。例如：

```
for(i=1; i<=100; i++)
    sum=sum+i;      /*把 i 的值累加到变量 sum 中*/
```

等价于

```
i=1;                /*i 赋初值*/
for( ; i<=100 ; )
{
    sum=sum+i;      /*把 i 的值累加到变量 sum 中*/
    i++;            /*使 i 的值加 1*/
}
```

(5) 如果 for 语句中的三个表达式均省略，即

```
for( ; ; )语句
```

等价于

```
while(1)    语句
```

此时不对循环变量赋初值，没有循环条件的判定，循环变量不增值，该循环会无休止地执行下去。

由以上 for 的使用说明可以看出，for 语句相当灵活，形式多种多样，因此，我们在使用过程中要仔细、耐心、认真，避免出现不必要的错误。

在使用循环解决的问题中，可以分为循环次数已知和循环次数未知两种情况。因为 while 语句、do…while 语句和 for 语句在多数情况下是等价的，所以原则上使用任一种循环语句的编程都一样，但习惯上，循环次数事先已知的问题用 for 语句编写，循环次数事先未知的问题用 while 语句和 do…while 语句编写。

【练一练 4-6】计算 2+4+6+8+…+98+100。请填空完成下面程序。

```
#include <stdio.h>
int main()
{
    int i, _____;
    for(i=2;i<=100;i+=2)
        sum+=i;
    return 0;
}
```

下面来看几个有关三种循环控制语句的程序应用举例。

4.4.4 三种循环控制语句的应用举例

在程序 4-6 中，我们设计了一个简单的猜数游戏，该程序每执行一次，只允许我们猜一次，猜错后若想再猜一次，只能再运行一次程序。如果希望在不退出程序运行的情况下，让用户连

续猜许多次直到猜对为止，则可以使用循环结构实现。

【程序 4-16】先由计算机"想"一个 1～100 范围内的数请猜数者猜，如果猜数者猜对了，则结束游戏；否则计算机给出提示，告诉猜数者所猜的数是太大还是太小，直到猜数者猜对为止。计算机记录猜数者猜的次数，以此来反映猜数者"猜"数的水平。

算法分析：

step 1　通过调用随机函数任意"想"一个数 magic。

step 2　将记录猜数者猜数次数的计数器变量 count 初始化为 0。

step 3　输入猜数者猜的数 guess。

step 4　计数器变量 count 增 1。

step 5　如果 guess＞magic，则给出"错误！太大！"的提示信息；如果 guess＜magic，则给出"错误！太小！"的提示信息。

step 6　如果 guess≠magic，则重复执行 step 3 到 step 5，直到 guess 等于 magic 为止，给出"正确！"的提示信息后转去执行 step 7。

step 7　输出猜数者猜的次数 count。

算法流程图如图 4-18 所示。

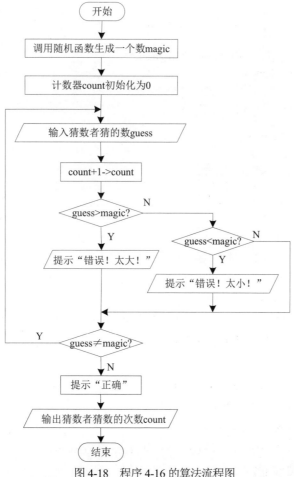

图 4-18　程序 4-16 的算法流程图

程序如下：

```
/*程序 4-16*/
#include <stdio.h>
#include <stdlib.h>
#include <time.h>              /*包含函数 time()的声明 */
int main()
{
    int magic;                /*定义计算机"想"的数*/
    int guess;                /*定义猜数者猜的数*/
    int count;                /*定义记录猜数者猜数次数的计数器*/

    srand(time(NULL));        /*调用函数 srand()为函数 rand()设置随机数种子*/
    magic = rand()%100+1;     /*生成一个 1～100 的随机数*/
    count=0;                  /*计数器初始化为 0*/

    do
    {
        printf("Please guess a magic number:");
        scanf("%d",&guess);
        count++;
        if(guess>magic)       /*如果 guess 大于 magic*/
            printf("Wrong!Too high!\n");
        else if(guess<magic)  /*如果 guess 小于 magic*/
            printf("Wrong!Too low!\n");
    }while(guess!=magic);     /*直到 guess==magic 时退出循环*/

    printf("Right!\n");
    printf("counter= %d\n",count);
    return 0;
}
```

【程序 4-17】利用公式 $\dfrac{\pi}{4} = 1 - \dfrac{1}{3} + \dfrac{1}{5} - \dfrac{1}{7} + \cdots$ 求 π 的近似值，直到最后一项的绝对值小于 10^{-5} 为止，要求统计总共累加了多少项。

问题分析：这是一个累加求和问题，循环次数是预先未知的。累加项的规律为：累加项 element 由分子和分母两部分组成，element=sign/n，分子 sign 按+1、-1 的规律交替出现，可用语句 sign=-sign;实现，sign 的初值为 1.0，分母 n 按 1、3、5、…变化，可用语句 n=n+2;实现，n 的初值为 1。统计累加项数需要设置一个计数器变量 count(初值为 0)，在循环累加的过程中每累加一项就对 count 加 1。循环结束的条件是：最后一项累加项 element 的绝对值小于 10^{-5}。

算法分析：

step 1 定义累加项变量 element，累加项的分子变量 sign，累加项的分母变量 n，求和变量 sum，循环计数器 count，对定义的以上变量进行初始化。

step 2 计算累加项 element=sign/n。

step 3 把累加项累加到求和变量 sum 上，即 sum+=element。

step 4 循环计数器变量加 1，即 count++。

step 5　求下一项累加项的分子，即 sign=-sign。

step 6　求下一项累加项的分母，n+=2。

step 7　判断循环条件|element|≥10^{-5} 是否成立。如果条件成立，则转到 step 2，重复执行步骤 step 2～step 6；如果条件不成立，则结束循环，转到 step 8。

step 8　输出 π 的值和累加项的个数。

算法 1：用 do…while 语句编程，程序的算法 N-S 图如图 4-19 所示。

```
/*程序 4-17：算法 1*/
#include <stdio.h>
#include <math.h>
int main()
{
  /*定义累加项变量 element，累加项的分子变量 sign，累加项的分母变量 n，π 值变量 pi,
    求和变量 sum，循环计数器 count*/
  double sign=1.0,element,sum=0,pi;
  int n=1,count=0,

  do
  {
    element=sign/n;           /*求累加项的值*/
    sum+=element;             /*将累加项累加到求和变量 sum 上*/
    count++;                  /*计数器变量 count 加 1*/
    sign=-sign;               /*求下一个累加项的分子*/
    n+=2;                     /*求下一个累加项的分母*/
  }while(fabs(element)>=1E-5); /*循环条件*/
  pi=sum*4;

  printf("pi=%lf\ncount=%d\n",pi,count);
  return 0;
}
```

图 4-19　程序 4-17 算法 1 的 N-S 图

程序运行结果如下：

```
pi=3.141613
count=50001
```

算法2： 用 while 语句编程。

```
/*程序 4-17: 算法 2*/
#include <stdio.h>
#include <math.h>
int main()
{
    /*定义累加项变量 element，累加项的分子变量 sign，累加项的分母变量 n，π 值变量 pi，
求和变量 sum，循环计数器 count*/
    double sign=1.0,element,sum=0,pi;
    int n=1,count=0;
    element=1.0;                    /*因要先判断后执行，故累加项赋初值*/

    while(fabs(element)>=1E-5)     /*循环条件*/
    {
        element=sign/n;            /*求累加项的值*/
        sum+=element;              /*将累加项累加到求和变量 sum 上*/
        count++;                   /*计数器变量 count 加 1*/
        sign=-sign;                /*求下一个累加项的分子*/
        n+=2;                      /*求下一个累加项的分母*/
    }
    pi=sum*4;

    printf("pi=%lf\ncount=%d\n",pi,count);
    return 0;
}
```

算法3： 用 for 语句编程。

```
/*程序 4-17: 算法 3*/
#include <stdio.h>
#include <math.h>
int main()
{
    /*定义累加项变量 element，累加项的分子变量 sign，累加项的分母变量 n，π 值变量 pi，
    求和变量 sum，循环计数器 count*/
    double sign=1.0,element,sum=0,pi;
    int n=1,count=0;
    element=1.0;                    /*因要先判断后执行，故累加项赋初值*/

    for(;fabs(element)>=1E-5;)     /*循环条件*/
    {
        element=sign/n;            /*求累加项的值*/
        sum+=element;              /*将累加项累加到求和变量 sum 上*/
        count++;                   /*计数器变量 count 加 1*/
        sign=-sign;                /*求下一个累加项的分子*/
        n+=2;                      /*求下一个累加项的分母*/
```

```
        }
      pi=sum*4;

      printf("pi=%lf\ncount=%d\n",pi,count);
      return 0;
    }
```

【说明】

在算法 1 中，do…while 语句是先执行后判断，所以累加项 element 不必在循环体开始前赋初值，而算法 2 和算法 3 中，while 和 for 语句都是先判断后执行，所以在循环体开始前，要为累加项 element 赋初值。

【程序 4-18】 求 Fibonacci 数列 1,1,2,3,5,8,...的前 40 个数，该数列的特点如下。

$F_1=1$ (n=1)

$F_2=1$ (n=2)

$F_n=F_{n-1}+F_{n-2}$ (n≥3)

程序的算法 N-S 图如图 4-20 所示。

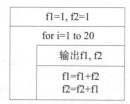

图 4-20 程序 4-18 的 N-S 图

```
/*程序 4-18*/
#include <stdio.h>
int main()
{
  long int f1=1,f2=1;int i;
  for(i=1;i<=20;i++)
  {
    printf("%12ld%12ld",f1,f2);
    if(i%2==0)
       printf("\n");
    f1=f1+f2;
    f2=f2+f1;
  }
  return 0;
}
```

程序运行结果如下：

1	1	2	3
5	8	13	21
34	55	89	144
233	377	610	987
1597	2584	4181	6765
10946	17711	28657	46368

75025	121393	196418	317811
514229	832040	1346269	2178309
3524578	5702887	9227465	14930352
24157817	39088169	63245986	102334155

【说明】

(1) 程序中变量 f1 和 f2 用了长整型,在 printf()函数中输出格式符用%12ld,而不是用%12d。对于 16 位机 int 型变量最大值为 32767,在输出第 23 个数之后,输出的整数已超过 32767,只有用长整型变量才能容纳。但对于 32 位机 int 型变量最大值为 2 147 483 647,输出的第 40 个数仍在 int 型变量可存储的最大值范围内,故可将 f1 和 f2 定义为 int 型。

(2) if 语句的作用是使输出 4 个数后换行。i 是循环变量,当 i 为偶数时换行,而 i 每增值 1,就要计算和输出 2 个数(f1,f2),因此 i 每隔 2 个数换一次行,相当于每输出 4 个数后换行输出。

从前面的几个程序可以看出:对于循环次数已知的情况,用 for 语句编程更加简练,而对于循环次数未知的情况,用 while 或 do…while 语句编程更加合适。

4.4.5　循环的嵌套

一个循环体内又包含另一个完整的循环结构,称为循环的嵌套。内嵌的循环中还可以嵌套循环,这就是多层循环。while、do…while 和 for 三种循环语句可以相互嵌套,例如,下面 9 种都是合法的形式。

(1) while()
   {
     …
     while()
     {…}
     …
   }
	(2) while()
	   {
	     …
	     do
	     {…}while();
	     …
	   }
		(3) while()
		   {
		     …
		     for(;;)
		     {…}
		     …
		   }

(4) do
   {
     …
     while()
     {…}
     …
   }while();
	(5) do
	   {
	     …
	     do
	     {…} while();
	     …
	   }while();
		(6) do
		   {
		     …
		     for(;;)
		     {…}
		     …
		   }while();

(7) for(;;)
   {
     …
     while()
     {…}
     …
   }
	(8) for(;;)
	   {
	     …
	     do
	     {…}while();
	     …
	   }
		(9) for(;;)
		   {
		     …
		     for(;;)
		     {…}
		     …
		   }

循环的嵌套(即多重循环)常用于解决图形输出、矩阵运算、报表输出这类问题。

【**程序 4-19**】输出如下图形。

```
    *
    **
    ***
    ****
    *****
```

算法分析：首先，我们来寻找这个图形的规律，第 1 行输出 1 个"*"，第 2 行输出 2 个"*"，第 3 行输出 3 个"*"，第 4 行输出 4 个"*"，第 5 行输出 5 个"*"，因此，可以推理出第 i 行输出 i 个"*"(i=1,2,3,4,5)。其次，我们发现整个图形要输出 5 行，所以，可以使用外层循环来控制输出的行数，使用内层循环控制每行输出的"*"个数。需要注意的是，内层循环的循环次数等于外层循环的循环变量的值。

算法 1：for 循环语句内嵌套 for 循环语句，程序的 N-S 图如图 4-21 所示。

图 4-21 程序 4-19 的 N-S 图

```
/*程序 4-19：算法 1*/
#include <stdio.h>
int main()
{
    int i,j;
    for (i=1;i<=5;i++)          /*外层循环控制行*/
    {
        for (j=1;j<=i;j++)      /*内层循环控制列*/
            printf("*");
        printf("\n");           /*控制换行*/
    }
    return 0;
}
```

算法 2：while 循环语句内嵌套 for 循环语句。

```
/*程序 4-19：算法 2*/
#include <stdio.h>
int main()
{
    int i,j;
    i=1;
    while(i<=5)                 /*外层循环控制行*/
    {
        for (j=1;j<=i;j++)      /*内层循环控制列*/
```

```
        printf("*");
      i++;                    /*外层循环控制变量增1*/
      printf("\n");           /*控制换行*/
    }
  return 0;
}
```

算法3: while 循环语句内嵌套 do…while 循环语句。

```
/*程序4-19: 算法3*/
#include <stdio.h>
int main()
{
  int i,j;
  i=1;
  while(i<=5)              /*外层循环控制行*/
  {
    j=1;
    do
    {
      printf("*");
      j++;                /*内层循环控制变量增1*/
    }while(j<=i);         /*内层循环控制列*/
    i++;                  /*外层循环控制变量增1*/
    printf("\n");         /*控制换行*/
  }
  return 0;
}
```

【说明】

以上3种循环嵌套形式都可以实现图形的输出,但显然第一种算法的实现更加简洁明了。这也再次说明,对于循环次数已知的循环,建议使用 for 循环语句;而对于循环次数未知的循环,建议使用 while 循环语句或 do…while 循环语句。

以下是关于循环嵌套的几点说明。

(1) 在嵌套的各层循环体中,应使用复合语句保证逻辑上的正确性。

(2) 循环嵌套的内层和外层的循环控制变量不应同名,以免造成混乱。

(3) 循环嵌套最好采用右缩进格式书写,以保证层次的清晰性。

(4) 循环嵌套不能交叉,一个循环体内必须完整地包含另一个循环。

【程序4-20】输出九九乘法表。

```
1*1= 1
2*1= 2   2*2= 4
3*1= 3   3*2= 6   3*3= 9
4*1= 4   4*2= 8   4*3=12   4*4=16
5*1= 5   5*2=10   5*3=15   5*4=20   5*5=25
6*1= 6   6*2=12   6*3=18   6*4=24   6*5=30   6*6=36
7*1= 7   7*2=14   7*3=21   7*4=28   7*5=35   7*6=42   7*7=49
```

8*1= 8　8*2=16　8*3=24　8*4=32　8*5=40　8*6=48　8*7=56　8*8=64

9*1= 9　9*2=18　9*3=27　9*4=36　9*5=45　9*6=54　9*7=63　9*8=72　9*9=81

问题分析：找出输出九九乘法表的规律，第 1 行输出 1 列，第 2 行输出 2 列，……，第 9 行输出 9 列，即第 i 行输出 i 列(i=1,2,…,9)，总共需要输出 9 行。输出的每一项，如 2*1=2 中，被乘数 2 是行号，乘数 1 是列号，结果 2 为行号乘以列号的结果。所以，我们可以使用外层循环变量 i 控制输出的行数，使用内层循环变量 j 控制每行输出的项数，输出的每一项由行号 i 乘以列号 j 的结果组成。需要注意的是，内层循环的循环次数等于外层循环的循环变量的值。程序的 N-S 图如图 4-22 所示。

图 4-22　程序 4-20 的 N-S 图

```c
/*程序4-20*/
#include <stdio.h>
int main()
{
    int i,j;
    for (i=1;i<=9;i++)        /*外层循环控制行*/
    {
        for(j=1;j<=i;j++)       /*内层循环控制列*/
            printf("%d*%d=%2d   ",i,j,i*j);
        printf("\n");           /*控制换行*/
    }
    return 0;
}
```

【说明】

输出九九乘法表中的每一项语句 printf("%d*%d=%2d   ",i,j,i*j);，被乘数和乘数均为 1 位整数，故输出的格式均为%d，而对于被乘数乘以乘数的结果来说，为 1～2 位整数，为了让最终输出的格式是列对齐的，故输出的格式为%2d。

【练一练 4-7】当输入 4 时，打印输出如下的三角形，请填空完成程序。

1

22

333

4444

```c
#include <stdio.h>
int main()
{
    int n,i,j;
    scanf("%d",&n);
    for(i=1;i<= _____;i++)
    {
        for(j=1;j<= _____;j++)
            printf("%d", _____);
```

```
  printf("\n");
  return 0;
}
```

4.4.6 提前结束循环

在执行循环语句时，正常情况下只要满足给定的循环条件，就应当一次一次地执行循环体，直到不满足给定的循环条件为止。但是有些情况下，需要提前结束循环。

1. break 语句

break 语句在 C 语言中主要用在两处：第一，前面介绍过 switch 语句的 case 分支中如果添加 break 语句，可以使流程跳出 switch 结构；第二，在循环结构中添加 break 语句，可以使流程跳出循环体，提前结束循环。break 语句不能用于 switch 语句和循环语句之外的任何其他语句中。

【程序 4-21】 输入一个班全体学生的成绩，已知该班学生的人数不超过 30 人，当输入的学生成绩是负数时，就表示本班成绩输入结束，求全班学生的平均成绩。

问题分析：如果该班学生的人数确定为 30 人，问题就比较简单，只需要一个 for 语句控制即可。

```
for(i=1;i<=30;i++)
…
```

但是现在班级学生人数不确定，所以没办法告诉计算机本班学生的人数，使程序统计出该班的平均成绩。从题目已知，当输入的成绩是负数时，便结束本班学生成绩的输入，提前结束循环，因此，用 break 语句可处理此问题。程序如下：

```
/*程序 4-21*/
#include <stdio.h>
int main()
{
  float score,sum=0,ave;
  int i,n=0;                   /*n 变量存放学生人数*/

  for(i=1;i<=30;i++)           /*学生人数最多 30 人*/
  {
    scanf("%f",&score);        /*输入学生成绩*/
    if(score<0)                /*如果成绩为负数*/
      break;                   /*跳出循环*/
    sum+=score;                /*将成绩累加到 sum 上*/
  }
  n=i-1;                       /*学生人数为 i-1*/
  ave=sum/n;                   /*学生平均成绩*/
  printf("学生平均成绩为: %.2f\n",ave);
  return 0;
}
```

程序运行结果如下：

```
45✓
63✓
78✓
-1✓
学生平均成绩为：62.00
```

【说明】

(1) 题目中设定班级学生的人数不超过 30 人，即班级中学生的人数最少 1 人，最多 30 人，故 for 循环中控制循环的变量 i 初值为 1，循环条件是 i≤30。

(2) 如果一个班有 30 个学生，则输入 30 个学生的成绩并累计总分后自动结束 for 循环，不必再输入负数作为结束标志。在 for 循环结束后 i 的值等于 31，由于执行完 30 次循环后，i 再加 1，变成 31，此时才终止循环，因此学生数 n 应该等于 i-1。

(3) 如果一个班少于 30 个学生，则在输入全班学生的成绩后，输入一个负数，此时程序就跳过循环体其余的语句，即不执行 sum+=score;，也即输入的负数不进行累加。同时，也不再继续执行其余的几次循环，直接跳到 for 循环结构下面的语句 n=i-1;继续执行。注意此时 i 的值，假如已输入了 3 个有效分数(大于 0 的分数)，则在第 4 次循环输入一个负数时，i 的值是 4，而学生数 n 应该是 i-1，即 3 个学生。

2. continue 语句

continue 语句的作用为结束本次循环，即跳过循环体中下面尚未执行的语句，接着进行下一次是否执行循环的判断。

continue 语句与 break 语句的区别是：continue 语句只结束本次循环，而不是终止整个循环的执行；而 break 语句则是结束整个循环过程，不再判断执行循环的条件是否成立。

有以下两个循环结构：

```
①while(表达式 1)
    {
    …
    if(表达式 2)
        break;
    …
    }
②while(表达式 1)
    {
    …
    if(表达式 2)
        continue;
    …
    }
```

程序段①的流程图如图 4-23 所示，程序段②的流程图如图 4-24 所示。注意，图 4-23 和图 4-24 中当"表达式 2"为"真"时流程的转向。

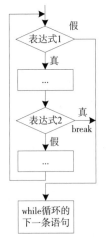

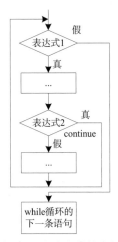

图 4-23　程序段①的流程图　　　　图 4-24　程序段②的流程图

【程序 4-22】输入一个班全体学生的成绩,输出不及格学生的成绩,并求及格学生的平均成绩。

问题分析:在进行循环时,检查学生的成绩,输出其中不及格的成绩,然后跳过后面"总成绩累加"和"统计及格学生人数"的语句。用 continue 语句即可处理此问题。

```c
/*程序4-22*/
#include <stdio.h>
#define N 5
int main()
{
  float score,sum=0,ave;
  int i,n=0;                        /*n 变量存放及格学生人数*/

  for(i=1;i<=N;i++)                 /*假设有 N 个学生*/
  {
    scanf("%f",&score);            /*输入学生成绩*/
    if(score<60)                   /*如果成绩不及格*/
    {
      printf("不及格: %.2f\n",score); /*输出不及格学生的成绩*/
      continue;                    /*跳过下面语句,结束本次循环*/
    }
    sum+=score;                    /*将及格的成绩累加到 sum 上*/
    n++;                           /*及格学生人数加 1*/
  }
  ave=sum/n;                       /*及格学生平均分数*/
  printf("及格学生平均成绩为: %.2f\n",ave);
  return 0;
}
```

程序运行结果如下:

```
45↙
不及格: 45.00
63↙
```

78↙
23↙
不及格：23.00
12↙
不及格：12.00
及格学生平均成绩为：70.50

【说明】

为了减少输入量，本程序在开头声明了符号常量 N，设定学生的人数为 5。在输入不及格学生成绩后，输出该成绩，然后跳过循环体中当次循环未执行的后续语句，即不执行当次循环中的 sum+=score;和 n++;语句，但仍然继续执行后面的几次循环。

【练一练 4-8】 下面程序的运行结果为＿＿＿＿＿＿＿＿。

```c
#include <stdio.h>
int main()
{
    int sum=0,item=0;
    while(item<5)
    {
        item++;     sum+=item;
        if(sum==5)     break;
    }
    printf("%d\n",sum);
    return 0;
}
```

4.5 综合应用举例

【程序 4-23】从键盘任意输入一个正整数,编程判断它是否是素数,若是素数,则输出 Yes!；否则，输出 No！。

问题分析：素数是指除了能被 1 和它本身整除，不能被其他任何整数整除的数(1 不是素数)。例如，13 就是一个素数，除了 1 和 13，它不能被 2～12 范围内的任何整数整除。根据素数的定义，可得到判断素数的方法：把 m 作为被除数，把 i=2～(m-1)依次作为除数，判断被除数 m 与除数 i 相除的结果，若都除不尽，即余数都不为 0，则说明 m 是素数，反之，只要有一次能除尽，即余数为 0，则说明 m 存在一个 1 和它本身之外的另一个因子，它不是素数。

其实以上方法可以简化，m 不必被 2～(m-1)范围内的每个整数除，只需要被 2～$\sqrt{m}$ 范围内的每个整数除即可。如果 m 不能被 2～$\sqrt{m}$ 范围内的任一整数整除，则 m 必定是素数。例如，判断 13 是否为素数，只需使 13 被 2～$\sqrt{13}$ 范围内的每个整数去除，由于都不能整除，因此可以判断 13 是素数。

算法 1：

step 1　从键盘输入一个正整数 m。

step 2　计算 k=$\sqrt{m}$ 。

step 3　i 从 2 变化到 k，依次检查 m%i 的值是否为 0。

step 4 若 m%i 的值为 0，则判定 m 不是素数，并终止对其余 i 值的检验；否则，令 i 做加 1 运算，并继续对其余 i 值进行检验，直到全部检验完毕为止，这时判定 m 是素数。

算法中的关键是：终止对其余 i 值的检验的实现问题，可以用 break 语句实现。算法 1 的程序流程图如图 4-25 所示。

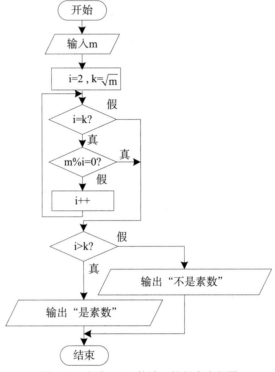

图 4-25　程序 4-23　算法 1 的程序流程图

程序如下：

```
/*程序4-23：算法1*/
#include<math.h>
#include<stdio.h>
int main()
{
  int m,i,k;
  printf("Please enter a number:");
  scanf("%d",&m);
  k=(int)sqrt(m);          /*计算 m 的平方根*/
  for(i=2;i<=k;i++)
    if(m%i==0)             /*若 m%i==0*/
      break;               /*终止对其余 i 值的检验*/
  if(i>k)
    printf("%d 是素数!\n",m);
  else
    printf("%d 不是素数!\n",m);
  return 0;
}
```

给出两个测试数据，程序运行结果如下：

① Please enter a number:13↙

  13 是素数！

② Please enter a number:18↙

  18 不是素数！

从上面程序可以看出，break 语句对循环的控制更加灵活，但使用 break 语句的副作用是它会使循环体本身形成两个出口。由此看来，使用 break 语句跳出循环并不一定是最好的编程选择，应尽量少使用。其实在很多情况下，采用设置标志变量并加强循环测试的方法是完全可以避免使用 break 语句的，请看下面的算法 2。

算法 2：

step 1　标志变量 flag 置为 1。从键盘输入一个正整数 m。

step 2　计算 k=$\sqrt{m}$。

step 3　为循环控制变量 i 赋初值 2。

step 4　如果 i<=k 且 flag 为真，则判断 m%i 的值是否为 0。如果 m%i 的值为 0，则将标志变量 flag 置为 0，然后转去执行 step 5；如果 m%i 的值不为 0，则直接转去执行 step 5。如果 i<=k 和 flag 为真中只要有一个为假就结束循环，然后转去执行 step 6。

step 5　令 i 做加 1 运算，转回执行 step 4。

step 6　如果 flag 为真，则输出"是素数"；否则，输出"不是素数"。

算法 2 的程序流程图如图 4-26 所示。

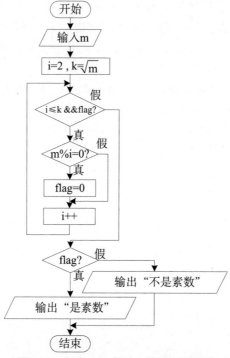

图 4-26　程序 4-23 算法 2 的程序流程图

程序如下：

```
/*程序 4-23：算法 2*/
#include<math.h>
#include<stdio.h>
int main()
{
    int m,i,k,flag=1;           /*定义标志变量 flag*/
    printf("Please enter a number:");
    scanf("%d",&m);
    k=(int)sqrt(m);            /*计算 m 的平方根*/

    /*i<=k 和 flag 中只要有一个为假就结束循环*/
    for(i=2; i<=k && flag; i++)
        if(m%i==0)
            flag=0;              /*标志变量置为 0*/
    if(flag)
        printf("%d 是素数!\n",m);
    else
        printf("%d 不是素数!\n",m);
    return 0;
}
```

【说明】

算法 2 中的关键是设置标志变量 flag 并加强测试，只要存在一个 i，使 m%i 的值为 0，则说明 m 存在非 1 和它本身的其他因子，便将 flag 的值置为 0。另外，加强循环判定条件，循环执行的条件是 i<=k 和 flag 为真两个条件同时成立，只要 i<=k 和 flag 两个条件中有一个为假，便结束循环，然后根据 flag 的真假判断 m 是否为素数。

【程序 4-24】"百钱买百鸡"是我国古代的著名数学题，问题是这样描述的：3 文钱可以买 1 只公鸡，2 文钱可以买一只母鸡，1 文钱可以买 3 只小鸡，如果用 100 文钱买 100 只鸡，那么各有公鸡、母鸡、小鸡多少只？

算法 1：假设 i、j 和 k 分别代表公鸡、母鸡和小鸡的数目，因为 100 文钱最多可以买 33 只公鸡，50 只母鸡和 300 只小鸡，所以 0≤i≤33，0≤j≤50，0≤k≤300。

程序的算法描述如图 4-27 所示。

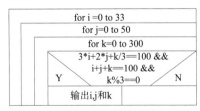

图 4-27 程序 4-24 算法 1 的 N-S 图

程序如下：

```
/*程序 4-24：算法 1*/
#include<stdio.h>
int main()
{
    int i,j,k;
    for (i=0;i<=33;i++)
        for (j=0;j<=50;j++)
            for (k=0;k<=300;k++)
                if (3*i+2*j+k/3==100 && i+j+k==100 && k%3==0)
                    printf("公鸡%2d 只,母鸡%2d 只,小鸡%2d 只\n",i,j,k);
    return 0;
}
```

程序运行结果如下：

```
公鸡 0 只，母鸡 40 只，小鸡 60 只
公鸡 5 只，母鸡 32 只，小鸡 63 只
公鸡 10 只，母鸡 24 只，小鸡 66 只
公鸡 15 只，母鸡 16 只，小鸡 69 只
公鸡 20 只，母鸡 8 只，小鸡 72 只
公鸡 25 只，母鸡 0 只，小鸡 75 只
```

【说明】

(1) 程序中 if 语句的条件是由 3 个条件做与运算构成的，其中判定条件 k%3==0 是因为 1 文钱买 3 只小鸡，那么购买小鸡的只数必须是 3 的倍数，故增加了这个判定条件。

(2) 算法 1 中，i、j 和 k 构成了三重循环，if 语句总共需要被判定的次数是 34×51×301= 521 934 次。由于循环重数增加，所以循环判定次数成级数级增加，如果希望提高程序的执行效率，可以降低循环重数。

算法 2：可将算法 1 中的三重循环降为二重循环，因为公鸡、母鸡和小鸡共 100 只，故小鸡的只数 k=100-i-j。

程序的算法描述如图 4-28 所示。

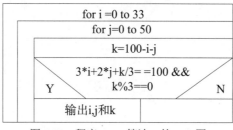

图 4-28 程序 4-24 算法 2 的 N-S 图

程序如下：

```
/*程序 4-24：算法 2*/
#include<stdio.h>
int main()
{
    int i,j,k;
```

```
    for (i=0;i<=33;i++)
        for (j=0;j<=50;j++)
        {
            k=100-i-j;
            if (3*i+2*j+k/3==100 && k%3==0)
                printf("公鸡%2d 只，母鸡%2d 只，小鸡%2d 只\n",i,j,k);
        }
    return 0;
}
```

【说明】

算法 2 中，i 和 j 构成了二重循环，if 语句总共需要被判定的次数是 34×51=1734 次。很显然，与算法 1 相比，循环判定次数大大降低，程序执行的效率提高了。通过这个例子，我们发现，只要不断深入地对一个题目进行分析，利用减少循环嵌套深度、减少循环次数，就可大大提高程序的执行效率。在大型软件开发过程中，程序的执行效率也是衡量程序质量的一个重要指标，所以我们在保证程序正确性的同时，应尽可能提高程序的执行效率。

【程序 4-25】 程序 4-11 的简单计算器程序中，只做一次算术运算程序就结束了，如果要求连续做多次算术运算，那么每次运算结束后，程序都给出提示"是否继续进行算术运算(Y/N 或 y/n)？"，如果用户输入 Y 或 y，则程序继续进行算术运算，否则程序退出运行状态。

程序的算法描述如图 4-29 所示。

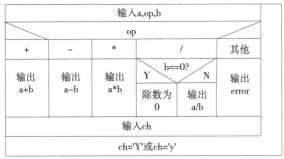

图 4-29　程序 4-25 的 N-S 图

程序如下：

```
/*程序 4-25*/
#include <stdio.h>
#include <math.h>
#define EPS 1E-5
int main()
{
    float a,b;   /*定义两个操作数*/
    char op;     /*定义运算符*/
    char ch;     /*定义是否继续运算的字符变量*/

    do
    {
        printf("input expression: a+(-,*,/)b \n");
        scanf("%f%c%f",&a,&op,&b);  /*输入运算表达式*/
```

```
    switch(op)
    {
    case '+':                        /*处理加法*/
        printf("%.2f\n",a+b);
        break;
    case '-':                        /*处理减法*/
        printf("%.2f\n",a-b);
        break;
    case '*':                        /*处理乘法*/
        printf("%.2f\n",a*b);
        break;
    case '/':                        /*处理除法*/
        if(fabs(b)<EPS)              /*除数 b 为0*/
            printf("Division by zero!\n");
        else
            printf("%.2f\n",a/b);
        break;
    default:
        printf("Input error!\n");
    }

        getchar();                   /*用于接收用户输入的算术表达式中的最后一个字符(回车符)*/
        printf("是否继续进行算术运算(Y/N 或 y/n)? \n");
        ch=getchar();                /*输入是否继续运算的字符*/
    }while( ch=='Y' || ch=='y' );
    return 0;
}
```

程序运行结果如下：

```
input expression: a+(-,*,/)b
3+4↙
7.00
是否继续进行算术运算(Y/N 或 y/n)?
y↙
input expression: a+(-,*,/)b
6*8↙
48.00
是否继续进行算术运算(Y/N 或 y/n)?
n↙
```

【说明】

程序中出现了两次 getchar()函数：第一个 getchar()函数用来接收用户前面输入的算术表达式 "3+4↙" 中的 "↙"(回车符)；第二个 getchar()函数用来接收用户输入的是否继续算术运算的'Y/N'或'y/n'字符，如果用户输入'Y'或'y'字符，则算术运算继续；如果用户输入'N'或'n'字符，则算术运算结束。

课后习题 4

一、选择题

1. 下列能正确表示"当 x 的取值在[1, 10]和[200, 210]范围内为真，否则为假"的表达式的是(　　)。

    A. (x>=1)&&(x<=10)&&(x>=200)&&(x<=210)

    B. (x>=1)||(x<=10)||(x>=200)||(x<=210)

    C. (x>=1)&&(x<=10)||(x>=200)&&(x<=210)

    D. (x>=1)||(x<=10)&&(x>=200)||(x<=210)

2. 下列能正确判断 char 型变量 ch 是否为大写字母的表达式是(　　)。

    A. 'A'<=ch<='Z'　　　　　　　　　　B. ch>='A')&(ch<='Z')

    C. (ch>='A')&&(ch<='Z')　　　　　　D. ('A'<=ch)AND('Z'>=ch)

3. 已知语句"x=43,ch='A',y=0;"，则表达式(x>=y&&ch<'B'&&!y)的值是(　　)。

    A. 0　　　　　　　B. 语法错误　　　C. 1　　　　　　　D. 假

4. 下列 if 语句形式不正确的是(　　)。

    A. if(x>y&&x!=y);　　　　　　　　　B. if(x==y) x+=y;

    C. if(x!=y)　　　　　　　　　　　　D. if(x<y) {x++; y++;}

        scanf("%d",&x)

      else

        scanf("%d",&y);

5. 以下程序的输出结果是(　　)。

```
#include <stdio.h>
int main()
{
    int a=100,x=10,y=20,ok1=5,ok2=0;
    if(x<y)
    if(y!=10)
        if(!ok1)
            a=1;
        else
            if(ok2) a=10;
    a=-1;
    printf("%d\n",a);
    return 0;
}
```

    A. 1　　　　　　　B. 0　　　　　　　C. −1　　　　　　D. 值不确定

6. 以下程序的运行结果是(　　)。

```
#include <stdio.h>
int main()
{
    int k=4,a=3,b=2,c=1;
```

```
    printf("\n%d\n",k<a?k:c<b?c:a);
    return 0;
}
```

A. 4　　　　　　　B. 3　　　　　　　C. 2　　　　　　　D. 1

7. 执行语句 for(i=1;i<4;i++)后，变量 i 的值是(　　)。

A. 3　　　　　　　B. 4　　　　　　　C. 5　　　　　　　D. 不确定

8. 若定义变量 int n=10;，则下列循环的输出结果是(　　)。

```
while(n>7)
{
    n--;
    printf("%3d",n);
}
```

A. 10　9　8　　　B. 9　8　7　　　C. 10　9　8　7　　　D. 9　8　7　6

二、填空题

1. 当 a=3,b=2,c=1 时，表达式 f=a>b>c 的值是_____。

2. 设 y 为 int 型变量，请写出描述"y 是奇数"的表达式_____。

3. 设 x、y、z 均为 int 型变量，请写出描述"x、y 和 z 中有两个为负数"的表达式_____。

4. 若 a=2,b=4，则表达式 !(x=a)||(y=b)&&0 的值是_____。

5. 条件"2<x<3 或 x<-10"的 C 语言表达式是_____。

6. 有 int x,y,z;且 x=3,y=-4,z=5，则表达式 x++ -y+(++z)的值为_____。

7. 以下程序可实现：输入一个小写字母，将字母循环后移 5 个位置后输出，如'a'变成'f'，'w'变成'b'，请填空。

```
#include "stdio.h"
int main()
{
    char c;
    c=getchar();
    if(c>='a'&&c<='u')
        _____①_____;
    else if(c>='v'&&c<='z')
        _____②_____;
    putchar(c);
    return 0;
}
```

8. 以下程序根据输入的三角形的三边判断是否能组成三角形，若可以则输出它的面积和三角形的类型，请填空。

```
#include <math.h>
#include <stdio.h>
int main()
{
    float a,b,c;
    float s,area;
```

```
    scanf("%f %f %f",&a,&b,&c);
    if(_____①_____)
    {
        s=(a+b+c)/2;
        area=sqrt(s*(s-a)*(s-b)*(s-c));
        printf("%f",area);
        if(_____②_____)
                printf("等边三角形");
            else if(_____③_____)
                printf("等腰三角形");
        else if((a*a+b*b==c*c)||(a*a+c*c==b*b)||(b*b+c*c==a*a))
            printf("直角三角形");
        else printf("一般三角形");
    }
    else printf("不能组成三角形");
    return 0;
}
```

9. 若运行时输入"3 5 /<回车>",则以下程序的运行结果是_____。

```
#include <stdio.h>
int main()
{
    float x,y;
    char o;
    double r;
    scanf("%f %f %c",&x,&y,&o);
    switch(o)
    {
    case'+': r=x+y; break;
    case'-': r=x-y; break;
    case'*': r=x*y; break;
    case'/': r=x/y; break;
    }
    printf("%f",r);
    return 0;
}
```

10. 以下程序的功能是:从键盘输入若干学生的成绩,统计并输出最高成绩和最低成绩,当输入负数时结束输入,请填空。

```
int main()
{
    float x,amax,amin;
    scanf("%f",&x);                    /*首先输入一个数,将此数假设为最大数和最小数*/
    if(x<0)
        printf("请输入正确的学生成绩。");
    else
    {
        amax=amin=x;
        while(_____①_____)     /*如果输入负数则结束循环*/
        {
```

```
        scanf("%f",&x);
        if(x<0)        break;
        if(x>amax)                  /*输入的数若大于最大数 amax，则将此数放入 amax*/
                amax=x;
        if(_____②_____)          /*输入的数若小于最小数 amin，则将此数放入 amin*/
                amin=x;
    }
    printf("\namax=%f, amin=%f\n",amax,amin);
  }
  return 0;
}
```

11. 下面程序的功能是输出以下形式的金字塔图案，请补充完整。

```
   *
  ***
 *****
*******
```

```
#include <stdio.h>
int main()
{
    int i,j;
    for(i=1;i<=4;i++)                   /*外层循环控制行*/
    {
        for(j=1;j<=_____①_____;j++)   /*内层循环控制每行输出空格的个数*/
            printf("  ");
        for(j=1;j<=_____②_____;j++)   /*内层循环控制每行输出"*"的个数*/
            printf("*");
        printf("\n");
    }
    return 0;
}
```

12. 下面程序的运行结果是_____。

```
#include <stdio.h>
int main()
{
    int i,j;
    for(i=4;i>=1;i--)
    {
        for(j=1;j<=i;j++) putchar('#');
        for(j=1;j<=4-i;j++) putchar('*');
        putchar('\n');
    }
    return 0;
}
```

13. 下面程序的运行结果是_____。

```
#include <stdio.h>
int main()
{
    int a,y;
    a=10; y=0;
    do{
        a+=2; y+=a;
        if(y>50) break;
    }while(a=14);
    printf("a=%d y=%d\n",a,y);
    return 0;
}
```

三、编程题

1. 编制程序要求输入整数 a 和 b，若 a^2+b^2 大于 100，则输出 a^2+b^2 百位以上的数字，否则输出两数之和。

2. 请编写程序：根据表 4-1 所示的函数关系，对输入的每个 x 值计算出相应的 y 值。

表 4-1　x、y 之间的函数关系表

x	y
x<=0	0
0<x<=10	x
10<x<=20	10
20<x<40	−0.5x+20

3. 编写程序，对于给定的一百分制成绩，输出相应的五分制成绩。设：90 分以上为 A，80～89 分为 B，70～79 分为 C，60～69 分为 D，60 分以下为 E(用 switch 语句实现)。

4. 找出 1～99 范围内满足以下条件的数：该数的平方除以 10 的余数等于该数本身，或者该数的平方除以 100 的余数等于该数本身。

5. 编写程序，如下列图形，要求输入行数。例如，用户输入 6，则输出图形如下。

```
***********
*********
*******
*****
***
*
```

6. 编写程序，按下列的级数求 sin(x) 的值并输出。

$\sin(x)=x-x^3/3!+x^5/5!-x^7/7!+\cdots$

要求：x 的值由键盘输入(弧度)，运算精度保持到最后一项的绝对值小于 10^{-7} 为止。

第5章

数　　组

在实际问题中，我们经常会遇到批量数据的处理问题，如对 100 名学生某门课的考试成绩进行排序或统计求最高分、最低分及平均成绩。如果将每个学生的成绩存放在一个浮点型变量中，那么需要定义 100 个浮点型变量，这样做一方面非常不方便，另一方面变量之间相互独立，不能反映出这些数据之间的内在联系，故应当考虑更简洁和合适的处理方式。因此，C 语言引入了数组这一数据类型，可以用来解决相同类型批量数据的处理问题。

在 C 语言中常根据需要定义数组，并使用循环对数组中的元素进行操作，可以有效地处理大批量的数据，十分方便快捷，大大提高了工作效率。

5.1　一维数组

一维数组是最简单的数组，数组元素只有一个下标。若数组有两个下标，则称为二维数组；若有三个下标，则称为三维数组。一般，我们常用的是一维数组。

5.1.1　一维数组的定义

C 语言中定义数组的方法与定义变量的方法类似，不同的是定义数组是一次定义一批相同类型的变量。定义数组时，需要指定数组的名称及该批变量的类型和个数等信息。

一维数组的定义格式如下。

类型说明符　数组名[表达式]

例如：

int array[5];

定义了含有 5 个整型元素的一维数组。其中，int 说明所有数组元素的数据类型是整型；array 是数组的名称，是一个标识符；分隔符[和]中的 5 指明数组元素的个数。数组中的 5 个元素分别是 array[0]、array [1]、array [2]、array [3]和 array [4]，注意，元素的下标是从 0 开始的，因此，最后一个元素是 array [4]。

另外，需要注意的是，定义数组时方括号中的"表达式"用来表示元素的个数，即数组长度。"表达式"通常为常量表达式，但在 C99 中，"表达式"并不必须为常量表达式。

（1）如果"表达式"是一个整型常量表达式，则可以包含常量或符号常量，它应该大于零。

（2）如果"表达式"不是常量表达式，则将在程序执行中给定一个大于零的值。这种在程序执行时才给定大小的数组称为可变长数组(variable length array，VLA)。

（3）如果"表达式"空缺，那么数组的定义就是不完整的。

5.1.2 一维数组的引用

定义数组后，才能引用数组中的元素，但只能逐个引用数组元素而不能一次引用整个数组中的全部元素。

一维数组的数组元素引用格式如下。

数组名[下标]

例如：

```
int array[5];
array[3]=1;        /*为 array 数组中序号为 3 的元素 array[3]赋值 1*/
```

array 数组的 5 个元素的下标从 0 到 4。

```
array[5]=2;        /*错误，数组元素的下标超出了 0～4 的范围*/
```

下标可以为整型常量，也可以是整型表达式。例如：

```
array[4-1];        /*相当于 array[3]*/
array[4/3];        /*相当于 array[1]*/
array[2*2];        /*相当于 array[4]*/
```

5.1.3 一维数组的初始化

数组一旦定义，编译系统就会为其分配存储空间，但此时各存储单元中的数据值是随机的，所以引用数组元素前要为其赋初值。为数组元素赋值可以通过赋值语句实现，也可以在定义数组时同时给予初值，这就称为数组的初始化。初始化数组的方式有多种，具体如下。

（1）定义数组时对全部数组元素赋初值。例如：

```
int array[5]={0,1,2,3,4};
```

将数组元素的初值依次放在一对大括号内，按顺序赋给相应的数组元素。经过上面的定义和初始化后，array 数组的 5 个元素的值依次为：array[0]=0，array[1]=1，array[2]=2，array[3]=3，array[4]=4。

（2）只给一部分元素赋值。例如：

```
int array[8]={0,1,2,3,4};
```

定义 array 数组有 8 个元素，但大括号内只提供 5 个初值，按顺序给前面 5 个元素赋初值，后面 3 个元素的初值自动设为 0，故该例等价于：

```
int array[8]={0,1,2,3,4,0,0,0};
```

（3）对数组的全部元素赋初值时，数组长度可以默认。例如：

```
int array[5]={0,1,2,3,4};
```

等价于

```
int array[]={0,1,2,3,4};
```

大括号中元素的个数 5，即为数组的长度 5。

(4) C99 中增加了一种新特性——指定初始化项目，此特性允许选择对某些元素进行初始化。例如，要对数组的最后一个元素初始化，按照传统的 C 初始化语法，需要对每个元素都初始化之后，才可以对最后的元素进行初始化。

```
int array[6]={0,0,0,0,0,12};/*传统语法*/
```

而 C99 规定，在初始化列表中使用带有方括号的元素下标可以指定某个特定的元素。例如：

```
int array[6]={[5]=12};     /*把 array[5]初始化为 12*/
```

对于通常的初始化，在初始化一个或多个元素后，未经初始化的元素都将被设置为 0。例如：

```
int day[12]={31,28,[4]=31,30,31,[1]=29};
```

等价于

```
int day[12]={31,29,0,0,31,30,31,0,0,0,0,0};
```

从上例可以看出，指定初始化项目有两个重要特性。第一，如果在一个指定初始化项目后跟有不止一个值，如序列**[4]=31,30,31**，则这些数值将用来对后续的数组元素初始化。也就是说，将数值 31 赋给 **day[4]**后，再将数值 30 和 31 分别赋给 **day[5]**和 **day[6]**。第二，如果多次对一个元素进行初始化，则最后一次有效，如前面将 **day[1]**初始化为 28，而后面指定初始化**[1]=29**覆盖了前面的数值，于是 **day[1]**的数值最终为 29。

【说明】

(1) 对数组的部分元素赋初值时，这些元素只能是从首元素开始的若干连续元素。例如，以下两条语句都是错误的：

```
int array[5]={,1,2};
int array[5]={0, ,2};
```

(2) 如果赋值个数超过数组长度，则会导致语法错误。例如，以下语句是错误的：

```
int array[4]={0,1,2,3,4};
```

5.1.4　一维数组程序举例

【程序 5-1】 求 Fibonacci 数列 1，1，2，3，5，8，…的前 40 个数，该数列的特点如下。

```
F₁=1        (n=1)
F₂=1        (n=2)
Fₙ=Fₙ₋₁+Fₙ₋₂(n≥3)
```

问题分析：建立一个数组，将数列中的第 1 个数放在数组第 1 个(序号为 0)元素中，数列第 2 个数放在数组第 2 个(序号为 1)元素中……根据 Fibonacci 数列的特点得知，数组序号为 i 的元素的值是其前两个元素(数组序号为 i-2 和数组序号为 i-1)的值之和，即：

```
f[i]=f[i-2]+f[i-1];
```

可以用循环来求数组各元素。程序的算法 N-S 图如图 5-1 所示。

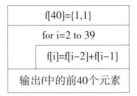

| f[40]={1,1} |
| for i=2 to 39 |
| f[i]=f[i−2]+f[i−1] |
| 输出f中的前40个元素 |

图 5-1 程序 5-1 的 N-S 图

程序如下:

```
/*程序 5-1*/
#include <stdio.h>
int main()
{
    int f[40]={1,1};        /*数组的前两个元素 f[0]和 f[1]的值均为 1*/
    int i;

    for(i=2;i<40;i++)
        f[i]=f[i-2]+f[i-1];
    for(i=0;i<40;i++)
    {
        if(i%4==0)
            printf("\n");        /*每输出 4 个元素，插入一个换行*/
        printf("%12d",f[i]);
    }
    printf("\n");
    return 0;
}
```

程序运行结果如下:

1	1	2	3
5	8	13	21
34	55	89	144
233	377	610	987
1597	2584	4181	6765
10946	17711	28657	46368
75025	121393	196418	317811
514229	832040	1346269	2178309
3524578	5702887	9227465	14930352
24157817	39088169	63245986	102334155

【程序 5-2】输入 5 名学生的英语成绩并打印输出这 5 人中的最高分、最低分及平均成绩。

问题分析：5 名学生的英语成绩可用一个大小为 5 的一维数组存储，这样每个学生的成绩都保存起来，可以随时取出进行各种处理。

(1) 打印最高分就是求数组元素的最大值问题。可先假设第一个学生(数组元素序号为 0)成绩最高，其余学生的成绩都和假设的最高分做比较。若比较的结果是后面学生的成绩高，则将最高分修改为后面学生的成绩，反之，不做任何修改。这样，全部比较完毕后，最高分就求出来了。

(2) 打印最低分就是求数组元素的最小值问题。可先假设第一个学生(数组元素序号为 0)成绩最低，其余学生的成绩都和假设的最低分做比较。若比较的结果是后面学生的成绩低，则将最低分修改为后面学生的成绩，反之，不做任何修改。这样，全部比较完毕后，最低分就求出来了。

(3) 打印平均成绩就是求数组元素的平均值问题。通过循环，将数组中的每个元素累加到一个求和变量 sum 中，循环 5 次后，求得数组中 5 个元素之和，然后用 sum/5 得到数组元素的平均值。这样平均成绩就求出来了。

算法分析：

step 1　定义存放 5 个学生英语成绩的数组 score，最高成绩 max，最低成绩 min，总成绩 sum，平均成绩 ave。

step 2　从键盘输入 5 名学生的英语成绩，存入一维数组 score 中。

step 3　假设第一个学生(数组元素序号为 0)英语成绩最高，即令 max=score[0]；假设第一个学生(数组元素序号为 0)英语成绩最低，即令 min=score[0]。

step 4　通过循环(循环次数为 5)实现求最高成绩、最低成绩和总成绩，即：

```
for(i=0;i<5;i++)
{
    if(score[i]>max)
        max=score[i];
    if(score[i]<min)
        min=score[i];
    sum+=score[i];          /*将第 i+1 个学生成绩累加到 sum 变量中*/
}
```

step 5　求 5 个学生的平均成绩 ave。

step 6　打印输出最高分 max、最低分 min 和平均分 ave。

程序的算法 N-S 图如图 5-2 所示。

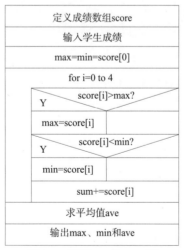

图 5-2　程序 5-2 的 N-S 图

程序如下:

```
/*程序 5-2*/
#include <stdio.h>
#define N 5
int main()
{
    float score[N],max,min,sum=0,ave;
    int i;

    printf("请输入%d 个学生的成绩：\n",N);
    for(i=0;i<N;i++)
        scanf("%f",&score[i]);
    /*假设第一个学生的成绩最高，同时假设第一个学生的成绩最低*/
    max=min=score[0];
    for(i=0;i<N;i++)
    {
        if(score[i]>max)
            max=score[i];
        if(score[i]<min)
            min=score[i];
        sum+=score[i];              /*将第 i+1 个学生成绩累加到 sum 变量中*/
    }
    ave=sum/N;                      /*求学生平均成绩*/
    printf("最高成绩：%.2f\n 最低成绩：%.2f\n 平均成绩：%.2f\n",max,min,ave);
    return 0;
}
```

程序运行结果如下:

```
请输入 5 个学生的成绩：
89  45  90  78  66✓
最高成绩：90.00
最低成绩：45.00
平均成绩：73.60
```

【练一练 5-1】 下面程序的功能是输出数组中最大元素的下标(max 表示最大元素的下标)，请填空完成程序。

```
#include <stdio.h>
int main()
{
    int array[10]={3,7,5,1,8,4,0,2,9,6};
    int i,max=0;
    for(i=0;i<10;i++)
        if(array[i]>array[max])
            _____;
    printf("%d",max);
    return 0;
}
```

【程序5-3】从键盘输入 5 名学生的英语成绩，采用冒泡排序法实现将成绩按照由低到高的顺序排序输出。

问题分析：在计算机领域，排序和查找是两种最基本的操作任务。这类实用程序几乎在所有数据库程序、编译程序、解释程序和操作系统中都有广泛的应用。排序是把一系列数据按升序或降序排列的过程，即是将一个无序的数据序列调整为有序序列的过程，它往往占用 CPU 很多运行的时间。如今，计算机中已产生了许多比较成熟的排序算法，如冒泡法、选择法、插入排序、快速排序等，这里主要介绍冒泡排序法。

使用 90、89、78、66、45 这 5 个数表示 5 名学生的英语成绩，并将这 5 名学生的成绩存放到大小为 5 的 score 数组中。现采用冒泡排序法分析这 5 个数的排序过程，具体如下。

(1) 第 1 次将第 1 个数 90 和第 2 个数 89 比较，由于 90>89，因此将第 1 个数和第 2 个数对调，89 就成了第 1 个数，90 就成了第 2 个数。

(2) 第 2 次将第 2 个数 90 和第 3 个数 78 比较，由于 90>78，因此第 2 个数和第 3 个数对调，78 就成了第 2 个数，90 就成了第 3 个数。

(3) 以此类推，进行 4 次比较，最后得到 89、78、66、45、90 的顺序。可以看到：最大数 90 已"沉底"，成为最下面 1 个数，而小的数"上升"。以上过程从上到下两两比较了 1 趟，经过第 1 趟(共 4 次比较和交换)后，已得到最大数 90"沉底"，如图 5-3 所示。

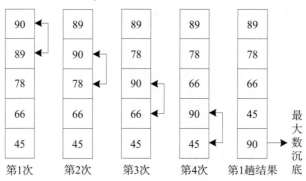

图 5-3　第 1 趟比较交换

(4) 对余下的 4 个数 89、78、66、45 进行第 2 趟比较，经过 3 次比较和交换后，当前 4 个数中最大数 89"沉底"，如图 5-4 所示。

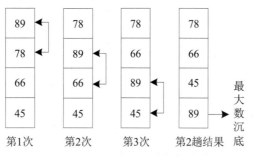

图 5-4　第 2 趟比较交换

(5) 对余下的 3 个数 78、66、45 进行第 3 趟比较，经过 2 次比较和交换后，当前 3 个数中最大数 78 "沉底", 如图 5-5 所示。

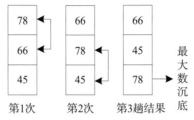

图 5-5   第 3 趟比较交换

(6) 对余下的最后 2 个数 66 与 45 进行第 4 趟比较, 经过 1 次比较和交换后, 当前 2 个数中最大数 66 "沉底", 如图 5-6 所示。

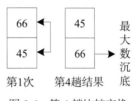

图 5-6   第 4 趟比较交换

(7) 至此, 比较和交换结束, 5 个数也从小到大有序排列: 45、66、78、89、90。我们由前面的过程发现, 每一趟比较都有一个当前数字序列中最大的数 "沉底", 较小的数 "上升", 这就像大石头沉底, 水底的气泡冒出水面一样, 故称为 "冒泡排序法"。

(8) 由前面的过程可知: 对 5 个数需要比较 4 趟, 第 1 趟比较 4 次, 第 2 趟比较 3 次, 第 3 趟比较 2 次, 第 4 趟比较 1 次。由此推理可知: 如果有 n 个数, 则需要比较 n-1 趟, 第 1 趟要进行 n-1 次两两比较, 第 2 趟要进行 n-2 次两两比较, 以此类推, 第 $i(1 \leqslant i \leqslant n-1)$ 趟中要比较 n-i 次。

算法分析:

step 1   定义存放 5 个学生英语成绩的数组 score。

step 2   从键盘输入 5 名学生的英语成绩, 存入一维数组 score 中。

step 3   冒泡排序法实现数组 score 中的元素按照由小到大的顺序排序。

```
for(i=1 ; i<5 ; i++)          /*外层循环变量 i 控制趟数*/
    for(j=0 ; j<5-i ; j++)        /*内层循环变量 j 控制每趟比较的次数*/
    {
        if(score[j]>score[j+1])
        {
            /*交换相邻两个数 score[j]和 score[j+1]的值*/
            temp=score[j];
            score[j]=score[j+1];
            score[j+1]=temp;
        }
    }
```

step 4   输出排序好的 score 数组中的成绩。

程序的算法 N-S 图如图 5-7 所示。

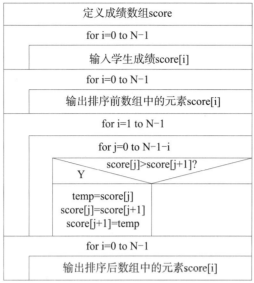

图 5-7　程序 5-3 的 N-S 图

程序如下：

```c
/*程序 5-3*/
#include <stdio.h>
#define N 5
int main()
{
    float score[N],temp;
    int i,j;

    printf("请输入%d 个学生的成绩：\n",N);
    for(i=0;i<N;i++)
        scanf("%f",&score[i]);
    printf("排序前的成绩：\n");
        for(i=0;i<N;i++)
        printf("%7.2f",score[i]);
    printf("\n");
    for(i=1 ; i<N ; i++)            /*外层循环变量 i 控制趟数*/
        for(j=0 ; j<N-i ; j++)     /*内层循环变量 j 控制每趟比较的次数*/
        {
            if(score[j]>score[j+1])
            {
                /*交换相邻两个数 score[j]和 score[j+1]的值*/
                temp=score[j];
                score[j]=score[j+1];
                score[j+1]=temp;
            }                      /*内层 for 循环结束*/
        }                          /*外层 for 循环结束*/
    printf("排序后的成绩：\n");
    for(i=0;i<N;i++)
        printf("%7.2f",score[i]);
```

```
    printf("\n");
    return 0;
}
```

程序运行结果如下:

```
请输入 5 个学生的成绩:
90  89  78  66  45✓
排序前的成绩:
90.00  89.00  78.00  66.00  45.00
排序后的成绩:
45.00  66.00  78.00  89.00  90.00
```

【说明】

(1) 如果某趟排序中不发生数据交换,则说明元素顺序已排好,此时可跳出循环,终止排序,这就是改进的冒泡排序算法,试编程实现。

(2) 如果用冒泡排序法实现对 N 个数按从大到小的顺序排序,则应该怎样改写源程序?

【程序 5-4】从键盘输入 5 名学生的英语成绩,采用选择排序法实现将成绩按照由低到高的顺序排序输出。

问题分析:用 90、89、78、66、45 这 5 个数表示 5 名学生的英语成绩,并将这 5 名学生的成绩存放到大小为 5 的 score 数组中。现采用选择排序法分析这 5 个数的排序过程,如图 5-8 所示。

(1) 假设第 1 个数 90(数组元素下标为 0)最小,把第 1 个数 90 的下标 0 赋值给最小值变量 min。然后,将第 2 个数 89 与 score[min]比较,由于 89< score[min],因此把第 2 个数 89 的下标 1 赋值给 min。接着,将第 3 个数 78 与 score[min]比较,由于 78<score[min],因此把第 3 个数 78 的下标 2 赋值给 min。以此类推,经过 4 次比较,min 中就存放了这 5 个数中的最小值 45 的下标 4。最后,将数组中的第 1 个数(下标为 0)与最小值 45(下标为 min=4)进行交换。以上过程从上到下比较了 1 趟,经过第 1 趟(共 4 次比较和赋值后),数组中的第 1 个数为最小值 45(下标为 0)。

(2) 对余下的 4 个数 89、78、66、90 进行第 2 趟比较,经过 3 次比较后,min 存放当前 4 个数中最小值 66 的下标 3,将数组中的第 2 个数(下标为 1)与最小值 66(下标为 min=3)进行交换。

(3) 对余下的 3 个数 78、89、90 进行第 3 趟比较,经过 2 次比较后,min 存放当前 3 个数中最小值 78 的下标 2,此时由于即将赋值的数组中的第 3 个数(下标为 2)正是 78,故不需要执行交换操作。

(4) 对余下的 2 个数 89、90 进行第 4 趟比较,经过 1 次比较后,min 存放当前 2 个数中最小值 89 的下标 3,此时由于即将赋值的数组中的第 4 个数(下标为 3)正是 89,故不需要执行交换操作。

(5) 至此,比较和赋值结束,5 个数也从小到大有序排列:45、66、78、89、90。我们由前面的过程发现,每一趟比较都有一个当前数字序列中最小的数"置顶"。由前面的过程可知:对 5 个数需要比较 4 趟,第 1 趟比较 4 次,第 2 趟比较 3 次,第 3 趟比较 2 次,第 4 趟比较 1 次。由此推理可知:如果有 n 个数,则需要比较 n-1 趟。第 1 趟要进行 n-1 次两两比较,第 2 趟要进行 n-2 次两两比较,以此类推,第 i(1≤i≤n-1)趟中要比较 n-i 次。

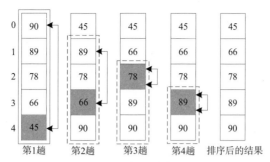

图 5-8　选择排序全过程

算法分析：

step 1　定义存放 5 个学生英语成绩的数组 score。

step 2　从键盘输入 5 名学生的英语成绩，存入一维数组 score 中。

step 3　选择排序法实现数组 score 中的元素按照由小到大的顺序排序。

```
for(i=0 ; i<N-1 ; i++)          /*外层循环变量 i 控制趟数*/
{
        /*寻找该趟中的最小值，将其下标赋值给 min*/
        min=i;
        for(j=i+1 ; j<N ; j++)
                if(score[j]<score[min])
                        min=j;
        /*当该趟首元素不是最小时，将首元素与最小元素互换*/
        if(min!=i)
    {
            temp=score[i];
            score[i]=score[min];
            score[min]=temp;
    }
}
```

step 4　输出排序好的 score 数组中的成绩。

程序的算法 N-S 图如图 5-9 所示。

程序如下：

```
/*程序 5-4*/
#include <stdio.h>
#define N 5
int main()
{
  float score[N],temp;
  int i,j,min;

  printf("请输入%d 个学生的成绩：\n",N);
  for(i=0;i<N;i++)
    scanf("%f",&score[i]);
  printf("排序前的成绩：\n");
  for(i=0;i<N;i++)
    printf("%7.2f",score[i]);
```

```
        printf("\n");
        for(i=0 ; i<N-1 ; i++)            /*外层循环变量 i 控制趟数*/
        {
            /*寻找该趟中的最小值，将其下标赋值给 min*/
            min=i;
                 for(j=i+1 ; j<N ; j++)
                       if(score[j]<score[min])
                             min=j;
                 /*当该趟首元素不是最小时，将首元素与最小元素互换*/
                 if(min!=i)
            {
                       temp=score[i];
                       score[i]=score[min];
                       score[min]=temp;
            }
        }
        printf("排序后的成绩：\n");
        for(i=0;i<N;i++)
        printf("%7.2f",score[i]);
        printf("\n");
        return 0;
}
```

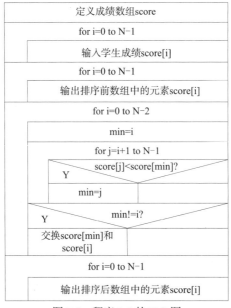

图 5-9　程序 5-4 的 N-S 图

程序运行结果如下：

```
请输入 5 个学生的成绩：
90  89  78  66  45↙
排序前的成绩：
  90.00  89.00  78.00  66.00  45.00
排序后的成绩：
  45.00  66.00  78.00  89.00  90.00
```

5.2　二维数组

二维数组有两个下标，第 1 个称为行下标，第 2 个称为列下标。

5.2.1　二维数组的定义

二维数组的定义格式如下。

> 类型说明符　数组名[表达式 1][表达式 2]

例如：

> float array[3][4];

定义了一个 3×4(3 行 4 列)，共 12 个元素的数组 array。二维数组中元素排列的顺序是按行存放的，即在内存中先顺序存放第 1 行的元素，再存放第 2 行的元素，接着存放第 3 行的元素，以此类推。第 1 个元素为 array[0][0]，最后 1 个元素为 array[2][3]。图 5-10 表示 array 数组的逻辑存储结构。

	第0列	第1列	第2列	第3列
第0行	array[0][0]	array[0][1]	array[0][2]	array[0][3]
第1行	array[1][0]	array[1][1]	array[1][2]	array[1][3]
第2行	array[2][0]	array[2][1]	array[2][2]	array[2][3]

图 5-10　array 数组的逻辑存储结构

C 编译程序为 array 数组开辟如图 5-11 所示的物理连续存储空间，最低地址对应首元素，最高地址对应末尾元素。设 float 类型占 4 个字节，因此 12 个连续元素将占 48 个字节的连续存储单元空间。

地址	元素	位置
0x12ff18	array[0][0]	第0行第0列
0x12ff1c	array[0][1]	第0行第1列
0x12ff20	array[0][2]	第0行第2列
0x12ff24	array[0][3]	第0行第3列
0x12ff28	array[1][0]	第1行第0列
0x12ff2c	array[1][1]	第1行第1列
0x12ff30	array[1][2]	第1行第2列
0x12ff34	array[1][3]	第1行第3列
0x12ff38	array[2][0]	第2行第0列
0x12ff3c	array[2][1]	第2行第1列
0x12ff40	array[2][2]	第2行第2列
0x12ff44	array[2][3]	第2行第3列

图 5-11　array 数组的物理存储结构

C 语言允许使用多维数组，例如：

float array[2][3][4];

定义了一个三维数组 array，它有 2 页、3 行、4 列。本章不再详细介绍多维数组，读者可在二维数组的基础上，进一步学习和掌握多维数组。

5.2.2　二维数组的引用

二维数组的数组元素引用格式如下。

数组名[下标 1][下标 2]

例如：

float array[3][4];
array[2][2]=1.0;　　/*为 array 数组中第 2 行第 2 列的元素赋值 1.0*/

下标可以是整型常量，也可以是整型表达式，如 array[2-1][2*3-5]。

array[3][4]=2.0;　　/*错误，数组元素的下标超出了范围*/

array 数组的行下标范围是 0～2，列下标范围是 0～3。

5.2.3　二维数组的初始化

可以用下面的方法对二维数组初始化。

(1) 分行给二维数组赋初值。例如：

int array[2][3]={{1,2,3},{4,5,6}};

第 1 个大括号内的数据赋给第 0 行的元素，第 2 个大括号内的数据赋给第 1 行的元素。

(2) 可以将所有数据写在一个大括号内，按数组排列的顺序对各元素赋初值。例如：

int array[2][3]={1,2,3,4,5,6};

该效果与(1)相同，但(1)的方法更好，一行对一行，界限清楚。用(2)的方法，如果数据多，容易遗漏，也不易检查。

(3) 可以对部分元素赋初值。例如：

int array[2][3]={{1},{4}};

它的作用是每一行都按顺序从左到右对数组元素赋初值，其余元素值默认为 0，等价于：

int array[2][3]={{1,0,0},{4,0,0}};

(4) 如果对全部元素都赋初值，则定义数组时对第一维的长度可以不指定，但第二维的长度不能省。例如：

int array[2][3]={1,2,3,4,5,6};

等价于：

int array[][3]={1,2,3,4,5,6};

系统会根据数组总个数和第二维的长度算出第一维的长度 2。

(5) 在定义二维数组时，也可以只对部分元素赋初值而省略第一维的长度，但应分行赋初值。例如：

```
int array[][3]={{1,2},{4}};
```

等价于：

```
int array[2][3]={{1,2,0},{4,0,0}};
```

5.2.4　二维数组程序举例

【程序 5-5】将一个二维数组 a 的行和列的元素(即行列转置)存到另一个二维数组 b 中。例如：

$$a=\begin{bmatrix} 1 & 2 & 3 \\ 4 & 5 & 6 \end{bmatrix} \qquad b=\begin{bmatrix} 1 & 4 \\ 2 & 5 \\ 3 & 6 \end{bmatrix}$$

问题分析：将 a 数组中第 i 行第 j 列元素赋值给 b 数组中第 j 列第 i 行元素，如 a[0][0]赋给 b[0][0]、a[0][1]赋给 b[1][0]、a[0][2]赋给 b[2][0]，以此类推，可以用嵌套循环实现外层控制数组 a 的行下标 i 的变化及内层控制数组 a 的列下标 j 的变化。

算法分析：

step 1　变量定义和初始化。定义数组 a[2][3]、数组 b[3][2]、循环控制变量 i 和 j。

step 2　用嵌套循环实现数组 a 的行列转置，并存放到数组 b 中。

外层循环控制数组 a 的行下标变量 i 的取值范围为 0～1。

内层循环控制数组 a 的列下标变量 j 的取值范围为 0～2。

循环体部分：b[j][i]=a[i][j];

step 3　输出数组 a 和数组 b。

程序如下：

```
/*程序 5-5*/
#include <stdio.h>
int main()
{
   int a[2][3]={{1,2,3},{4,5,6}};
   int b[3][2],i,j;
   printf("array a:\n");
   for(i=0;i<=1;i++)            /*外层循环*/
   {
        for(j=0;j<=2;j++)       /*内层循环*/
      {
        printf("%5d",a[i][j]);
        b[j][i]=a[i][j];        /*为 b 数组赋值*/
      }
      printf("\n");
   }
   printf("array b:\n");
   for(i=0;i<=2;i++)
   {
      for(j=0;j<=1;j++)
```

```
        printf("%5d",b[i][j]);
        printf("\n");
    }
    return 0;
}
```

程序运行结果如下：

```
array a:
    1    2    3
    4    5    6
array b:
    1    4
    2    5
    3    6
```

【程序 5-6】 杨辉三角形是$(a+b)^n$展开后各项的系数。首行$(a+b)^0$的系数为 1，次行为 1,1，其余各行中首行和末行元素为 1，其余元素为其左上方元素与正上方元素的和。输出杨辉三角形的前 10 行如下。

```
1
1    1
1    2    1
1    3    3    1
1    4    6    4    1
1    5    10   10   5    1
⋮
```

算法分析：

step 1 定义一个二维数组 arr 存储杨辉三角形的所有数据。

step 2 设置第 1 列的值均为 1。

step 3 设置对角线的值均为 1。

step 4 其余元素的值为正上方元素与左上方元素之和。

step 5 输出杨辉三角形。

程序如下：

```
/*程序 5-6*/
#include<stdio.h>
#define N 10
int main()
{
    int arr[N][N],i,j;
    for(i=0;i<N;i++)
    {
        arr[i][0]=1;        /*设置第一列的值均为 1*/
        arr[i][i]=1;        /*设置对角线的值均为 1*/
        /*其余元素的值为正上方元素与左上方元素之和*/
        for(j=1;j<i;j++)
            arr[i][j]=arr[i-1][j-1]+arr[i-1][j];
```

```
    }
    printf("杨辉三角的前%d 行为:\n",N);
    for(i=0;i<N;i++)
    {
        for(j=0;j<=i;j++)
            printf("%5d",arr[i][j]);
        printf("\n");
    }
    return 0;
}
```

程序运行结果如下:

```
    1
    1    1
    1    2    1
    1    3    3    1
    1    4    6    4    1
    1    5   10   10    5    1
    1    6   15   20   15    6    1
    1    7   21   35   35   21    7    1
    1    8   28   56   70   56   28    8    1
    1    9   36   84  126  126   84   36    9    1
```

【**程序 5-7**】某班人数不超过 30 名学生，已知每个学生有 3 科课程(数学 MT、英语 EL 和 C 语言 CL)的成绩，要求按格式输出学号、各科成绩、总分和平均成绩。

No.	MT	EL	CL	SUM	AVER
1	88	78	85	251	83.7
2	78	64	77	219	73.0
3	62	89	98	249	83.0
⋮					

算法分析:

step 1　输入参加考试的学生人数 n。

step 2　输入每个学生的编号和 3 科课程的成绩。

step 3　求每个学生 3 科成绩的总分 sum 和平均分 aver。

step 4　输出每个学生的编号、3 科成绩、总分和平均分。

程序如下:

```
/*程序 5-7*/
#include <stdio.h>
#define N 30/*最多学生人数*/
int main()
{
    /*学生学号数组 num, 3 科成绩数组 score, 总分数组 sum, 一个班实际学生人数 n, 循环控制
变量 i 和 j*/
    int num[N],score[N][3],sum[N],n,i,j;
    float aver[N];                              /*学生平均分数组*/
```

```
    printf("请输入该班学生人数：\n");              /*输入实际学生人数*/
    scanf("%d",&n);
    printf("请输入学生的学号和 3 科成绩：\n");     /*输入每个学生的学号和 3 科成绩*/

    for(i=0;i<n;i++)
    {
        scanf("%d",&num[i]);
        for(j=0;j<3;j++)
            scanf("%d",&score[i][j]);
    }
    /*求每个学生 3 科成绩的总分 sum 和平均分 aver*/
    for(i=0;i<n;i++)
    {
        sum[i]=0;                                   /*每个学生 3 科课程成绩总分置为 0*/
        for(j=0;j<3;j++)
            sum[i]+=score[i][j];
        aver[i]=(float)sum[i]/3;
    }
    /*按格式输出学生所有信息*/
    printf("  NO\t  MT\t EL\t  CL\t  SUM\t  AVER\n");
    for(i=0;i<n;i++)
    {
        printf("%4d\t",num[i]);                     /*输出学号*/
        for(j=0;j<3;j++)
            printf("%4d\t",score[i][j]);            /*输出 3 科成绩*/
        printf("%5d\t%6.1f\n",sum[i],aver[i]);      /*输出总分和平均分*/
    }
    return 0;
}
```

程序运行结果如下：

```
请输入该班学生人数：
3↙
请输入学生的学号和 3 科成绩：
1  88  78  85↙
2  78  64  77↙
3  62  89  98↙
```

NO	MT	EL	CL	SUM	AVER
1	88	78	85	251	83.7
2	78	64	77	219	73.0
3	62	89	98	249	83.0

【说明】

求学生 3 科成绩平均值的语句 aver[i]=(float)sum[i]/3;中，对 sum[i] 做强制类型转换为 float 是必需的，否则整数与整数相除仍取整，计算的成绩平均值精确度不够。当然，该条语句也可写为 aver[i]=sum[i]/3.0，效果是一样的。

【练一练 5-2】以下程序的运行结果为_____。

```c
#include <stdio.h>
int main()
{
    int a[3][3]={1,3,5,7,9,11,13,15,17};
    int sum=0,i,j;
    for(i=0;i<3;i++)
        for(j=0;j<3;j++)
        {
            a[i][j]=i+j;
            if(i==j)        sum+=a[i][j];
        }
    printf("sum=%d",sum);
    return 0;
}
```

5.3　字符数组与字符串

数组不仅可以存放数值型(整型、浮点型)的数据，还可以存放字符型或其他数据类型(指针型、结构体型)的数据。用来存放字符型数据的数组称为字符数组。字符数组中的每个元素都是字符类型。

字符串是由若干有效字符构成，且以字符'\0' (ASCII 值为 0)作为结束标志的一个字符序列。C语言中只提供字符数据类型，未提供字符串数据类型，因而字符串是借助于字符型一维数组来存取的。一维字符数组可以存放一个字符串，二维字符数组可以存放多个字符串。

5.3.1　字符数组的初始化

对字符数组进行初始化的方式有以下两种。

1. 逐个字符初始化字符数组

字符数组的初始化方式与 5.1.3 节中介绍的一维数组初始化方式是一样的，即把所赋初值依次放在一对花括号内。例如：

```c
char str[6]={ 'H', 'e', 'l', 'l', 'o', '\0'};
```

字符数组 str 赋初值后，其存储结构如图 5-12 所示。

图 5-12　字符数组 str 的存储结构

字符数组 str1 中有 6 个元素，如果省略对一维字符数组大小的声明，例如：

```c
char str1[]={'H', 'e', 'l', 'l', 'o', '\0'};
```

系统会根据初始化元素的个数 6，对字符数组 str1 的大小进行初始化。而对于

```
char str2[]={'H', 'e', 'l', 'l', 'o'};
```

系统默认的 str2 大小为 5。str2 的末尾没有字符串结束标志\0，故 str2 只能视作大小为 5 的字符数组，而不能认为是一个字符串，因为字符串的末尾必须以\0 结束。由此可见，一个一维字符数组不一定是字符串。

2. 用字符串常量初始化字符数组

C 语言中允许直接用字符串常量初始化字符数组，例如：

```
char str[6]={"Hello"};
```

也可省略花括号，直接写成：

```
char str[6]= "Hello";
```

此时字符数组 str 的存储结构与图 5-12 也是一样的。但如果将 str 数组的大小声明为 5，即

```
char str[5]= "Hello";
```

是错误的。因为 Hello 是字符串常量，系统自动在其尾部加入\0，该字符串常量的长度为 6，而字符数组 str 的大小为 5，将会因存储空间不够而无法存放\0，从而使系统无法将 str 作为字符串来处理。

声明一维字符数组时，数组的大小有时可默认，例如：

```
char str[]="Hello";
```

或

```
char str[]={"Hello"};
```

Hello 字符串常量的长度为 6，因此系统默认数组 str 的大小为 6。系统会根据大括号内提供的初始值个数 6，对字符数组 str 的大小进行初始化。

二维字符数组可存放多个字符串。第一维的长度代表要存储的字符串的个数，可以省略；第二维的长度不能默认，应按最长的字符串长度设定。例如：

```
char book[3][8]={ "Math","English","Physics"};
```

或

```
char book[][8]={ "Math","English","Physics"};
```

数组 book 初始化后的结果如图 5-13 所示。

M	a	t	h	\0	\0	\0	\0
E	n	g	l	i	s	h	\0
P	h	y	s	i	c	s	\0

图 5-13　数组 book 初始化后的结果

数组 book 的每一行都有 8 个元素，当初始化字符串长度小于 8 时，系统自动为其后的元素赋初值\0。

5.3.2　字符数组的输入/输出

一维字符数组的输入/输出操作有 3 种方法。

1. 以%c 的格式逐个输入/输出字符

例如：

```
char str[6];
int i;
for(i=0;i<6;i++)
    scanf("%c",&str[i]);        /*字符数组输入*/
for(i=0;i<6;i++)
    printf("%c",str[i]);        /*字符数组输出*/
```

2. 以%s 的格式将字符串作为一个整体输入/输出

例如：

```
char str[6];
scanf("%s",str);    /*字符串输入*/
printf("%s",str);    /*字符串输出*/
```

由于字符数组名表示的就是数组的首地址，所以以%s 的格式输入/输出一个字符串时，字符数组名前面不能再加取地址符号"&"。

以%s 格式输入字符串时，空格、回车键或 Tab 键是字符串输入结束的标志，输入字符串时若遇到这些字符，系统认为字符串读入结束。例如，执行语句

```
char str[13];
scanf("%s",str);
printf("%s",str);
```

后，若从键盘输入

```
Hello World!
```

则输出

```
Hello
```

而不是 Hello World!

由此可知，用 scanf()函数按%s 格式输入字符串时不能带空格，否则，空格后的字符串信息无法被字符数组接收。下面介绍的 gets()函数便可以解决这个问题。

3. 使用字符串处理函数 gets()和 puts()将字符串作为一个整体输入/输出

例如，执行语句

```
char str[13];
gets(str);
puts(str);
```

后，若从键盘输入

```
Hello World!
```

则输出:

Hello World!

(1) 使用 gets()函数将字符串整体输入时,系统自动在末尾添加一个 '\0'。

(2) 当输入的字符串中包含空格、Tab 键等字符信息时,均能正常输入,仅以回车符作为字符串输入结束的标志。

(3) 使用 puts()函数将字符串整体进行输出时,系统一旦遇到 '\0' 便停止输出。

5.3.3 字符串处理函数

在程序中往往需要对字符串做某些操作处理,如把两个字符串连接起来、将一个字符串复制到另一个字符数组中、比较两个字符串的大小等。C 函数库中提供了一些常用的字符串处理函数,如表 5-1 所示,用来实现以上功能,使用方便快捷。在使用这些库函数时,必须在程序的开头包含 string.h 头文件,即

#include <string.h>

表 5-1　常用的字符串处理函数

函数功能	字符串处理函数	功能
字符串连接函数	strcat (字符数组 1, 字符数组 2)	把字符串 2 连接到字符串 1 的后面
字符串复制函数	strcpy (字符数组 1, 字符串 2)	将字符串 2 复制到字符数组 1 中
字符串比较函数	strcmp (字符串 1, 字符串 2)	比较字符串 1 和字符串 2 的大小,分以下 3 种情况。 ① 字符串 1>字符串 2,函数返回值为正整数 ② 字符串 1=字符串 2,函数返回值等于 0 ③ 字符串 1<字符串 2,函数返回值为负整数 字符串比较方法为:对两个字符串从左至右按字符的 ASCII 码值的大小逐个字符相比较,直到出现不同的字符或遇到 '\0' 为止。比较时,当出现第一个不相等的字符时,由两个字符的大小决定所在字符串的大小
测字符串长度函数	strlen(字符数组)	测试字符串的长度,不包括 '\0'
转换为小写字母函数	strlwr(字符串)	将字符串中大写字母转换为小写字母
转换为大写字母函数	strupr(字符串)	将字符串中小写字母转换为大写字母

下面详细介绍各常用的字符串处理函数。

1. strcat(字符串连接函数)

strcat 的一般形式如下。

strcat(字符数组 1,字符数组 2)

　　其作用是连接两个字符数组中的字符串，把字符串 2 接到字符串 1 的后面，将得到的结果放在字符数组 1 中，函数调用后得到一个函数值——字符数组 1 的地址。例如：

```
char str1[13]= "Hello " ;
char str2[7]= "World! ";
printf("%s",strcat(str1,str2));
```

输出：

Hello World!

连接前后的存储状况如图 5-14 所示。

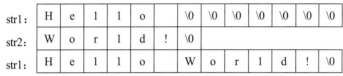

图 5-14　strcat()函数的应用

【说明】

　　(1) 字符数组 1 的长度应足够大，以至于能存放下连接字符数组 2 中的所有字符。设字符串 str1 字符数为 len1(不包括 '\0')，字符串 str2 字符数为 len2(不包括 '\0')，则定义字符数组 str1 的最小长度应为 len1+len2+1。

　　(2) 做字符串连接 strcat 操作时，原字符串 1 后面的 '\0' 取消，然后在新字符串 1 的末尾增加一个 '\0'。

2. strcpy(字符串复制函数)

strcpy 的一般形式如下。

strcpy(字符数组 1,字符串 2)

　　其作用是将字符串 2 复制到字符数组 1 中，函数调用后得到一个函数值——字符数组 1 的地址。例如：

```
char str1[6]= "happy";
char str2[4]= "day";
printf("%s",strcpy(str1,str2));
```

输出：

day

复制前后的存储状况如图 5-15 所示。

str1:	H	a	p	p	y	\0
str2:	d	a	y	\0		
str1:	d	a	y	\0	y	\0

图 5-15　strcpy()函数的应用

【说明】

(1) 字符数组 1 的长度应足够大，以至于能存放下复制的字符串。字符数组 1 的长度不应小于字符串 2 的长度。

(2) 字符串 2 可以是一个字符串常量，例如：

```
char str1[6]= "Happy";
printf("%s",strcpy(str1, "day"));
```

执行效果与图 5-15 相同。

(3) 做字符串复制 strcpy 操作时，字符串 str2 和其后面的 '\0' 一并复制到字符数组 1 中。新字符数组 1 中 '\0' 后面的字符保留原有字符不变,即新字符数组 str1 第一个 '\0' 后的 ' y ' 和 '\0' 保留原字符数组 str1 最后的两个字符不变。

(4) 不能用赋值运算符 "=" 实现将一个字符串常量或字符数组直接赋给一个字符数组。例如：

```
char str1[6],str2[6];
str1="Hello";        /*赋值错误*/
str2=str1;           /*赋值错误*/
```

程序应改写为：

```
char str1[6],str2[6];
strcpy(str1,"Hello");
strcpy(str2,str1);
```

3. strcmp(字符串比较函数)

strcmp 的一般形式如下。

```
strcmp(字符串 1,字符串 2)
```

其作用是比较字符串 1 和字符串 2 的大小，分以下 3 种情况。

(1) 字符串 1>字符串 2，函数返回值为正整数。

(2) 字符串 1=字符串 2，函数返回值等于 0。

(3) 字符串 1<字符串 2，函数返回值为负整数。

字符串比较方法为：对两个字符串从左至右按字符的 ASCII 码值的大小逐个字符相比较，直到出现不同的字符或遇到 '\0' 为止。比较时，当出现第一个不相等的字符时，由两个字符的大小决定所在字符串的大小。例如：

```
char str1[6]= "happy";
char str2[4]= "day";
printf("%d",strcmp(str1,str2));
```

输出为一个正整数。

【说明】

不能直接用关系运算符 ">,>=,<,<=" 实现对两个字符串大小的比较。例如：

```
char str1[6],str2[6];
if(str1<str2) /*赋值错误*/
    ......
```

程序应改写为：

```
char str1[6],str2[6];
if(strcmp(str1,str2)>0)
    ……
```

4. strlen(测字符串长度函数)

strlen 的一般形式如下。

```
strlen(字符数组)
```

其作用是测试字符串的长度(不包括串结束标志 '\0')，函数的返回值是字符串的长度。例如：

```
char str[10]= "happy";
printf("%d",strlen(str));
```

输出的结果是 5，不是 10。

可以直接测试字符串常量的长度，例如：

```
strlen("happy");
```

5. strlwr(转换为小写字母函数)

strlwr 的一般形式如下。

```
strlwr(字符串)
```

其作用是将字符串中的大写字母转换为小写字母。

6. strupr(转换为大写字母函数)

strupr 的一般形式如下。

```
strupr(字符串)
```

其作用是将字符串中的小写字母转换为大写字母。

5.3.4 字符数组和字符串程序举例

【程序 5-8】输入一行字符，统计其中有多少个单词，单词之间用空格分隔。

问题分析： 如果有一行字符 a good day，怎么统计其中的单词个数呢？可以采用空格来统计单词的个数。从第一个字符开始逐个检查字符串中的字符，空格出现的次数决定单词个数的数据，需要注意的是，连续的若干空格算作一个空格；一行开头的空格不统计在内。

算法分析： 定义一个标志变量 word，用来表示是否开始一个新的单词，并将 word 的初值设置为 0。word 等于 0 代表没有开始一个新单词，word 等于 1 代表开始一个新单词。

定义一个单词计数变量 num，用来累计单词数，初值为 0。

(1) 如果当前字符为空格，则表示未出现新单词，将 word 置为 0，num 不加 1。

(2) 如果当前字符为非空格，若：①word 等于 0，则表示之前还没有开始新单词，现在"新的单词开始了"，将 word 置为 1，同时使 num 加 1，表示增加一个单词。②word 等于 1，则表示仍然是原来单词的继续，num 不应加 1。

根据以上分析画出 N-S 图如图 5-16 所示。

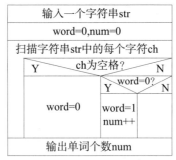

图 5-16　程序 5-8 的 N-S 图

程序如下：

```
/*程序 5-8*/
#include <stdio.h>
int main()
{
    char str[80];
    /*开始时，未出现新单词，故 word=0，单词数 num=0*/
    int word=0,num=0,i;
    char ch;

    gets(str);
    for(i=0;(ch=str[i])!='\0';i++)
    {
        if(ch==' ')         /*当前字符是空格*/
            word=0;
        else                /*当前字符是非空格*/
        {
            if(word==0)     /*未开始新单词*/
            {
                word=1;     /*开始新单词*/
                num++;      /*单词数加 1*/
            }
        }
    }
    printf("单词数是：%d\n",num);
    return 0;
}
```

程序运行结果如下：

```
a good day↙
单词数是：3
```

当输入 a good day 后，word 与 num 值的变化情况如表 5-2 所示。

表 5-2　word 与 num 值的变化情况

当前字符	未开始	a		g	o	o	d		d	a	y
word 值	0	1	0	1	1	1	1	0	1	1	1
num 值	0	1	1	2	2	2	2	2	3	3	3

【程序 5-9】不使用 strcat()函数，编程将两个字符串连接在一起。

问题分析：已知两个字符串 str1 和 str2，不使用 strcat()函数，实现将字符串 str2 连接到字符串 str1 的尾部。实现两个字符串连接的设计思路如下。

(1) 寻找字符串 str1 的尾部。

(2) 将字符串 str2 中的每个字符依次连接到字符串 str1 的尾部。

(3) 在字符串 str1 的尾部添加一个 '\0'.

算法分析：

step 1　定义两个控制循环的变量 i 和 j，均初始化为 0。定义两个字符数组 str1 和 str2，并分别录入字符串 str1 和 str2。

step 2　通过循环结构寻找字符串 str1 的尾部。只要 str1[i]的值不为 '\0'，则执行循环体 i++。当循环结构结束时，i 为字符数组 str1 中 '\0' 的下标。

step 3　通过循环结构实现将字符串 str2 中的每个字符依次连接到字符串 str1 的尾部。只要 str2[j]的值不为 '\0'，则执行循环体：

`{ str1[i]=str2[j];i++; j++;}`

当循环结构结束时，字符串 str2 中的每个字符依次连接到了字符串 str1 的尾部(即从 '\0' 开始的位置)。

step 4　在当前字符串 str1 的尾部添加一个字符串结束的标志 '\0'.

step 5　输出连接后的新字符串 str1。

根据以上算法分析画出 N-S 图，如图 5-17 所示。

程序如下：

```
/*程序 5-9*/
#include<stdio.h>
int main()
{
  char str1[100],str2[100];
  int i=0,j=0;
  printf("请输入字符串 str1:\n");
  gets(str1);
  printf("请输入字符串 str2:\n");
  gets(str2);
  /*寻找字符串 str1 的尾部*/
  while(str1[i]!='\0')
    i++;
  /*将字符串 str2 中的每个字符依次连接到字符串 str1 的尾部*/
  while(str2[j]!='\0')
    {
    str1[i]=str2[j];
```

```
        i++;
        j++;
    }
/*在字符串 str1 的尾部添加一个'\0'*/
str1[i]='\0';
printf("连接后的字符串 str1:\n");
    puts(str1);
return 0;
}
```

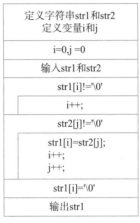

图 5-17　程序 5-9 的 N-S 图

程序运行结果如下:

```
请输入字符串 str1:
good↙
请输入字符串 str1:
bye↙
连接后的字符串 str1:
goodbye
```

【程序 5-10】 删除一个字符串中指定位置上的字符。

问题分析: 若一个字符串 str 为 abcedf,输入待删除的字符序号 m=3,删除后得到的新字符串 str 为 abedf。实现该功能的设计思路如下。

(1) 在一个字符串中找到待删除的指定字符。

(2) 将指定位置后的字符依次向前移动一个位置。

(3) 在字符串的末尾添加一个 '\0'。

算法分析:

step 1　定义待删除字符序号 m、字符数组 str、控制循环变量 k,录入字符串 str 及 m 的值。

step 2　待删除的字符的下标为 m-1,即字符 str[m-1]要被删除,将 k 初始化为 m。

step 3　通过循环结构实现将指定位置后的字符依次向前移动一个位置。只要 k<strlen(str),则指向循环体:

```
{ str[k-1]=str[k];  k++; }
```

即将指定位置后的字符依次向前挪动一个位置。

step 4 在当前字符串 str 的尾部添加一个字符串结束的标志 '\0'。

step 5 输出新字符串 str。

根据以上算法分析画出 N-S 图如图 5-18 所示。

定义字符串str 定义待删除字符序号m 定义控制循环变量k
k=m
输入str和m
k<strlen(str)
str[k-1]=str[k]; k++;
str[k-1]='\0'
输出str

图 5-18 程序 5-10 的 N-S 图

程序如下：

```c
/*程序 5-10*/
#include <stdio.h>
#include <string.h>
#define N 80
int main()
{
    char str[N];
    int m,k;
    printf("输入一个长度小于 80 的字符串：\n");
    gets(str);
    printf("输入要删除字符的位置：\n");
    scanf("%d",&m);
    /*在一个字符串中找到待删除的指定字符*/
    k=m;
    /*将指定位置后的字符依次向前移动一个位置*/
    for(;k<strlen(str);k++)
        str[k-1]=str[k];
    /*在字符串的末尾添加一个'\0'*/
    str[k-1]='\0';
    printf("删除后的新字符串为：\n");
    puts(str);
    return 0;
}
```

程序运行结果如下：

```
输入一个长度小于 80 的字符串：
helloworld↙
输入要删除字符的位置：
5↙
删除后的新字符串为：
hellworld
```

【练一练5-3】下面是删除字符串 str 中所有的数字字符程序，请完成填空。

```c
#include <stdio.h>
int main()
{
    char str[100];
    int n=0,i;
    gets(str);
    for(i=0;_____;i++)
        if(str[i]<'0'||str[i]>'9')
        {
            str[n]=str[i];
            n++;
        }
    str[n]=_____;
    puts(str);
    return 0;
}
```

【程序 5-11】输入任意 3 个字符串，找到并输出其中最小的字符串。

问题分析： 输入的 3 个字符串可以用一个二维字符数组存储，如 char str[3][20]。比较字符串的大小可以通过 strcmp() 函数实现，先假设第 1 个字符串(下标为 0 的字符串)为当前最小字符串，将 0 存放到变量 min 中，然后将当前最小的字符串与后面未参加比较的字符串一一比较，若某一个字符串比当前最小的字符串小，则将此字符串在二维数组中的下标存放到变量 min 中，直到所有字符串都比较完为止。

算法分析：

step 1 定义存放 3 个字符串的二维字符数组 char str[3][20]及存放最小字符串的下标 min。

step 2 输入 3 个字符串。

step 3 假设第 1 个字符串(下标为 0 的字符串)为当前最小字符串，即 min=0。

step 4 依次对 str[i]与 str[min]两个字符串比较大小，如果 str[i]<str[min]，则 min=i。

step 5 输出最小字符串 str[min]。

根据以上算法分析画出 N-S 图如图 5-19 所示。

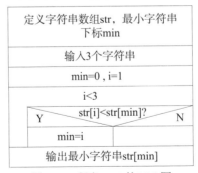

图 5-19　程序 5-11 的 N-S 图

程序如下：

```
/*程序 5-11*/
#include <stdio.h>
#include <string.h>
int main()
{
    char str[3][20];
    int i,min=0;
    printf("请输入 3 个字符串：\n");
    for(i=0;i<3;i++)
        gets(str[i]);          /*输入 3 个字符串*/

    for(i=1;i<3;i++)
        if(strcmp(str[i],str[min])<0)
            min=i;          /*将较小字符串的下标保存到 min 中*/
    printf("最小的字符串是：%s\n",str[min]);
    return 0;
}
```

程序运行结果如下：

```
请输入 3 个字符串：
good bye↙
good night↙
hello↙
最小的字符串是：good bye
```

课后习题 5

一、选择题

1. 下列对一维整型数组 a 的说明正确的是(   )。

    A. int a(10);   B. int n=10,a[n];

    C. int n;   D. #define SIZE 10

       scanf("%d",&n);   int a[SIZE];

       int a[n];

2. 若有定义语句"int a[10]; "，则下面对 a 的引用正确的是(   )。

    A. a[10/2-5]   B. a[10]   C. a[4.5]   D. a(1)

3. 下列对二维数组 a 进行初始化的语句正确的是(   )。

    A. int a[2][]={{1,0,1},{5,2,3}};   B. int a[][3]={{1,2,3},{4,5,6}};

    C. int a[2][4]={{1,2,3},{4,5},{6}};   D. int a[][3]={{1,0,1},{},{1,1}};

4. 若二维数组 a 有 m 列，则计算任一元素 a[i][j]在数组中位置的公式为(   )(假设 a[0][0]位于数组的第一个位置上)。

    A. i*m+j   B. j*m+i   C. i*m+j-1   D. i*m+j+1

5. 以下程序段输出的结果是( )。

```
#include <stdio.h>
int main()
{
    int i,x[3][3]={1,2,3,4,5,6,7,8,9};
    for(i=0;i<3;i++)
    printf("%d",x[i][2-i]);
    return 0;
}
```

    A. 1 5 9   B. 1 4 7   C. 3 5 7   D. 3 6 9

6. 下列对 s 的初始化语句中不正确的是( )。

    A. char s[5]={"abc"};   B. char s[5]={'a', 'b', 'c'};

    C. char s[5]= "";   D. char s[5]= "abcdef";

7. 下面程序段的运行结果是( )。

```
char c[5]={ 'a', 'b', '\0', 'c', '\0'};
printf("%s",c);
```

    A. 'a'   B. 'b'   C. ab   D. ab c

8. 下面程序段的运行结果是( )。

```
char c[]="\t\v\\\0will\n";
printf("%d",strlen(c));
```

    A. 14   B. 3

    C. 9   D. 字符串中有非法字符，输出值不确定

二、填空题

1. 下面程序可求出矩阵 a 的两条对角线上的元素之和，请填空。

```
#include<stdio.h>
int main()
{
    int a[3][3]={1,3,6,7,9,11,14,15,17},sum1=0,sum2=0,i,j;
    for(i=0;i<3;i++)
        for(j=0;j<3;j++)
            if(i==j) sum1=sum1+a[i][j];
    for(i=0;i<3;i++)
        for(____①____;____②____;j--)
            if((i+j)==2) sum2=sum2+a[i][j];
    printf("sum1=%d,sum2=%d\n",sum1,sum2);
    return 0;
}
```

2. 若有以下输入(<CR>代表回车)，则下面程序的运行结果是_____。

```
52<CR>
#include<stdio.h>
int main()
{
```

```
        int a[8]={6,12,18,42,44,52,67,94};
        int low=0,mid,high=7,found,x;
        found=0;
        scanf("%d",&x);
        while((low<=high)&&(found==0))
        {
            mid=(low+high)/2;
            if(x>a[mid]) low=mid+1;
            else if(x<a[mid]) high=mid-1;
            else
            { found=1; break; }
        }
        if(found==1) printf("Search Successful!The index is:%d\n",mid);
        else printf("Can't search!\n");
        return 0;
}
```

3. 下面程序的功能是将字符数组 a 的下标值为偶数的元素由小到大排序，其他元素不变，请填空。

```
#include <stdio.h>
int main()
{
    char a[]="labchmfye",t;
    int i,j;
    for(i=0;i<7;i+=2)
        for(j=i+2;j<9;_____①_____)
            if(_____②_____)
            {    t=a[i]; a[i]=a[j]; a[j]=t; }
    puts(a);
    printf("\n");
    return 0;
}
```

4. 下面程序的运行结果是_____。

```
#include <stdio.h>
int main()
{
    char s[]="ABCCDA";
    int k;
    char c;
    for(k=1;(c=s[k])!='\0';k++)
    {
        switch(c)
        {
        case 'A': putchar('%'); continue;
        case 'B': ++k; break;
        default: putchar('*');
        case 'C': putchar('&'); continue;
        }
        putchar('#');
```

```
    }
    return 0;
}
```

三、编程题

1. 定义一个含有 30 个整型元素的数组,按顺序分别赋予从 2 开始的偶数,然后按顺序每 5 个数求出一个平均值,放在另一个数组中并输出。试编程。

2. 编程求具有 4 行 4 列数据的二维数组的每一列元素之和,并将其放入该列的第 5 行上,输出第 5 行元素。

3. 求二维数组的鞍点,即找一个位置,该位置上的元素同行中最大,同列中最小。

4. 从键盘输入一个字符串,找到其中最大的元素,并在该元素的后面插入字符串"(max)"。例如,输入字符串 MyFriend,输出字符串 My(max)Friend。

5. 从键盘输入两个字符串 a 和 b,要求不用库函数 strcat()把串 b 的前 5 个字符连接到串 a 中;如果 b 的长度小于 5,则把 b 中的所有元素都连接到 a 中。试编程。

6. 当 n 个人围成一圈时,依次从 1 到 n 编号,从编号为 1 的人开始报数,凡报数为 3 的人退出圈子,输出最后留下的人原来的编号。试编程。

7. 某班学生的学习成绩登记表如表 5-3 所示,要求用多个二维数组对学号和成绩信息进行存储,然后求出每个学生的平均分并用一维数组存储,最后按平均分排升序,重新输出学生的成绩。

表 5-3 某班学生的学习成绩登记表

学号	姓名	数学	物理	英语	计算机
99077101	张红	85	90	92	88
99077102	王建	90	95	95	90
99077103	王连	76	78	80	70
99077104	李立	56	36	66	97
99077105	刘虹	78	79	87	89
99077106	丁平	89	79	70	87

程序输出结果如下:

学号	姓名	数学	物理	英语	计算机	平均成绩
99077104	李立	56	36	66	97	63.5
99077103	王连	76	78	80	70	76.0
99077106	丁平	89	79	70	87	81.2
99077105	刘虹	78	79	87	89	83.2
99077101	张红	85	90	92	88	88.5
99077102	王建	90	95	95	90	92.5

第6章

函　　数

前面编写的 C 语言程序都只有一个 main()函数，但我们能想象出几千行代码堆在一个孤零零的 main()函数中的样子吗？以"千行"为数量级的程序，在实际的项目中不算"大"，但已经开始使我们头昏脑涨了。一个庞大的 main()函数会带来如下问题。

(1) 不可能稳定可靠。这么多代码放在一起，互相影响，错综复杂，若一处出现错误，则会影响多处，极难调试。

(2) 不可能精练高效。一段代码如果要多次使用，则把它放在哪里？每个用到的地方都放一份吗？当这些相同的代码需要修改时，岂不是每处都要修改？这样不仅效率低下，而且如果不小心遗漏了某处的修改，将难以查找错误。

(3) 不可能与时俱进。当用户的需求等外界情况改变时，要求程序也必须改变以适应这种不断变化的用户需求，但我们可能已经不清楚应该修改哪里了，这简直就是牵一发而动全身。

(4) 不可能控制进度。编程强调团队合作的重要性，因为面对数万、数十万乃至数百万行代码的项目，若仅凭一人之力完成，开发周期将极为漫长，导致发布时间遥遥无期。

面对上述诸多的不可能，怎么办？答案是：给程序一个好的结构。C 语言为程序的结构提供了有力武器——函数。我们来看下面的例子。

【程序 6-1】输入两个圆的半径，求圆环面积。

算法分析：

step 1 输入第一个圆的半径，并计算第一个圆的面积。

step 2 输入第二个圆的半径，并计算第二个圆的面积。

step 3 计算圆环的面积，并输出。

方法 1：在 main()函数中完成全部功能。

程序如下：

```
/*程序 6-1：方法 1*/
#include<stdio.h>
#define PI 3.14
int main()
{
    float r1,r2,s1,s2,ss;
    printf("please enter radius:");
    scanf("%f",&r1);                    /*输入第一个圆的半径*/
    s1=PI*r1*r1;                        /*求第一个圆的面积*/
```

```
        printf("please enter radius:");
        scanf("%f",&r2);                    /*输入第二个圆的半径*/
        s2=PI*r2*r2;                        /*求第二个圆的面积*/
        /*求圆环的面积*/
        ss=s1-s2;
        if(ss<0) ss=-ss;
        printf("圆环面积=%.2f\n",ss);
        return 0;
}
```

程序运行结果如下：

```
please enter radius:4↙
please enter radius:5↙
圆环面积=28.26
```

上面的程序中，输入并求第一个圆的面积的源代码为：

```
printf("please enter radius:");
scanf("%f",&r1);                    /*输入第一个圆的半径*/
s1=PI*r1*r1;                        /*求第一个圆的面积*/
```

输入并求第二个圆的面积的源代码为：

```
printf("please enter radius:");
scanf("%f",&r2);                    /*输入第二个圆的半径*/
s2=PI*r2*r2;                        /*求第二个圆的面积*/
```

通过观察，我们不难发现，其实这两段用于输入圆的半径并求圆面积的功能和源代码非常类似，但它们却将几乎同样的代码写了两遍，这样的代码显得不够精练高效。于是我们在想是否可以将输入圆的半径并求圆面积的功能单独写成一个模块，即函数，当其他地方需要用到该功能时，就调用该模块或函数，见方法2。

方法2：在main()函数中，调用函数area()输入圆的半径并求圆的面积。

```
/*程序6-1：方法2*/
#include<stdio.h>
#define PI 3.14
/*定义area()函数，函数的功能是：输入圆的半径并求圆的面积*/
float area()
{
    float r;
    printf("please enter radius:");
    scanf("%f",&r);            /*输入圆的半径*/
    return PI*r*r;             /*返回圆的面积*/
}
int main()
{
    float s1,s2,ss;
    /*调用 area()函数输入第一个圆的半径并求圆的面积*/
    s1=area();
    /*调用 area()函数输入第二个圆的半径并求圆的面积*/
    s2=area();
    /*求圆环的面积*/
```

```
        ss=s1-s2;
        if(ss<0)
            ss=-ss;
        printf("圆环面积=%.2f\n",ss);
        return 0;
    }
```

上面的程序中定义了 area()函数，该函数完成一个独立的功能：输入圆的半径并求圆的面积。定义 area()函数的源代码如下：

```
/*定义 area()函数，函数的功能是：输入圆的半径并求圆的面积*/
float area()
{
    float   r;
    printf("please enter radius:");
    scanf("%f",&r);         /*输入圆的半径*/
    return PI*r*r;          /*返回圆的面积*/
}
```

在 main()函数中，通过两次调用 area()函数分别实现输入第一个圆的半径并求圆的面积，输入第二个圆的半径并求圆的面积。

```
/*调用 area()函数输入第一个圆的半径并求圆的面积*/
s1=area();
/*调用 area()函数输入第二个圆的半径并求圆的面积*/
s2=area();
```

这样的代码看起来将更加精练高效。

程序 6-1 还有第三种实现方法，见方法 3。

方法 3：在 main()函数中，调用函数 area()输入圆的半径并求圆的面积，调用函数 area_ring()求圆环面积并输出。

```
/*程序 6-1：方法 3*/
#include<stdio.h>
#define PI 3.14
/*定义 area()函数，函数的功能是：输入圆的半径并求圆的面积*/
float area()
{
    float   r;
    printf("please enter radius:");
    scanf("%f",&r);
    return PI*r*r;
}
/*定义 area_ring()函数，函数的功能是：计算圆环面积并输出*/
void area_ring(float s1,float s2)
{
    float ss;
    ss=s1-s2;
    if(ss<0)
        ss=-ss;
    printf("圆环面积=%f\n",ss);
```

```
    }
    int main()
    {
        float s1,s2,ss;
        s1=area();          /*输入第一个圆的半径并将所求圆的面积存入 s1 中*/
        s2=area();          /*输入第二个圆的半径并将所求圆的面积存入 s2 中*/
        area_ring(s1,s2);   /*计算圆环面积并输出*/
        return 0;
    }
```

【说明】

方法 3 的实现步骤如下。

(1) 定义 area()函数，函数的功能是：输入圆的半径并求圆的面积。

(2) 定义 area_ring()函数，函数的功能是：计算圆环面积并输出。

(3) 在 main()函数中，将任务分解为以下 3 个小的任务。

① 调用 area()函数，输入第一个圆的半径并求圆的面积。

② 调用 area()函数，输入第二个圆的半径并求圆的面积。

③ 调用 area_ring()函数，计算圆环面积并输出。

函数充分而生动地体现了分而治之和相互协作的理念。它可以将一个大的程序设计任务分解为若干小的任务，这样便于实现、协作及重用，有效避免了做什么都要从头开始进行的麻烦。同时，大量经过反复测试和实践检验的库函数更是提高了程序的开发效率、质量，有效降低了开发成本。这体现了程序设计中分工协作的思想。程序用于模拟客观世界，函数抽象了现实生活中能相对独立地进行工作的人或组织，函数间的相互协作正好映射了现实生活中人或组织间的相互协作。另外，函数还体现了封装的思想，它有效地将函数内部的具体实现封装起来，对外只提供可见的接口(传入的形式参数与返回的函数值)。这样，调用函数时就不用关心该函数内部的具体实现细节，而只需关注其接口即可调用和使用它来辅助完成所需功能。再者，利用函数还可以大大降低整个程序总的代码量。

6.1 函数的分类和定义

C 语言中，一个程序无论大小，总是由一个或多个函数构成。每个完整的 C 程序总是有且仅有一个 main()函数，它是程序的组织者，程序执行时也总是由 main()函数开始执行。此外，main()函数可直接或间接地调用其他函数来辅助完成整个程序的功能。

6.1.1 函数的分类

函数可分为库函数和自定义函数。

1. 库函数

到目前为止，我们学习的 printf()、scanf()、sqrt()、strcpy()函数都是 ANSI C 标准定义的库函数。

使用 ANSI C 的库函数，只要在程序的开头把该函数所在的头文件包含进来即可。例如，程序中要使用 sqrt()函数，通过查看"附录 D　常用的 ANSI C 标准库函数"得知该函数在 math.h 内定义，那么就在程序中加上：

```
#include <math.h>
```

2. 自定义函数

自定义函数即按照自己的意愿编写函数，完成特定的功能。

本章重点介绍自定义函数。

6.1.2　函数的定义

函数定义的一般形式如下。

```
返回值类型　函数名(参数类型 1　形参 1，参数类型 2　形参 2,…)
{
    函数体
}
```

【说明】

(1) "函数名"是函数的唯一标识，它的命名规则与变量一样。习惯上的命名风格有两种：一种是在 Windows 平台，普遍采用 FunctionName 形式；另一种是在 Linux/UNIX 平台，习惯上用 function_name 形式。

(2) 函数的形参之间用逗号分隔。如果是定义无参函数，则"形参序列"就不再需要，但括弧不能省略。

(3) 函数的返回类型是函数执行后返回的数值类型。当函数只完成特定的操作而不需要返回值时，可用类型标识符 void。

(4) 在函数体中可以包含函数自身的声明部分和执行语句。"函数体"可以为空，也可以等以后扩充函数功能时再补充。

【程序 6-2(a)】求两个数的最大值的函数。

```
/*程序 6-2(a)*/
/* 函数功能：求两个数的最大值
   函数参数：整型 x，整型 y
   函数返回值：两个数的最大值*/
int Max(int x,int y)
{
   int result;
   result=x>y?x:y;
   return result;
}
```

程序 6-2(a)定义了一个 Max()函数，它有两个整型形参 x 和 y，返回值也为整型，功能是求两个数的最大值。此程序并非一个可运行的程序，有 main()函数的程序才能运行。函数必须被 main()函数直接或间接调用才能发挥作用。

6.2 函数的调用、参数和返回值

变量在使用前必须先定义，以确保系统明确其类型和存储位置。同样，函数也必须在调用前先定义。

函数调用的一般形式如下。

函数名(实参1,实参2,…);

【说明】

(1) 如果"实参序列"包含多个实参，则各参数间用逗号隔开。如果是调用无参函数，则"实参序列"可以没有，但圆括号不能省略，即"函数名();"。

(2) 定义函数时，圆括号内的参数称为形参；调用函数时，圆括号内的参数称为实参。实参与形参的个数应相等，类型应一致，并按顺序对应，一一传递数据。

【程序 6-2(b)】调用 Max()函数的 main()函数。

```
/*程序 6-2(b)*/
#include <stdio.h>
int main()
{
    int a=3,b=8;
    int nRes;
    nRes=Max(a,b);/*调用 Max()函数*/
    printf("%d 和%d 的最大值是：%d\n",a,b,nRes);
    return 0;
}
```

程序 6-2(a)和程序 6-2(b)合并在一起构成一个完整的程序，程序运行的结果如下。

3 和 8 的最大值是：8

整个程序的执行过程如图 6-1 所示。

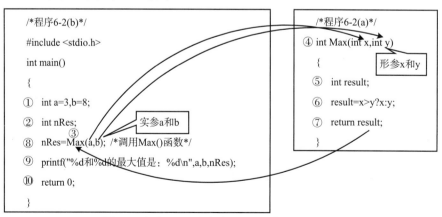

图 6-1　程序 6-2(a)和程序 6-2(b)函数调用关系图

程序从 main()函数开始，执行完语句①和②后，执行③，即调用 Max()函数(调用 Max()函数的过程实际就是参数传递的过程)，然后执行④，形参 x 和 y 的内存空间开辟，实参 a 和 b 的值依次按顺序传递给形参 x 和 y，此时 x 和 y 的值分别为 3 和 8。接下来执行⑤和⑥，求得 result 的值为 8，再执行⑦，Max()运行结束，形参 x 和 y 的内存空间释放，result 的值 8 作为返回值交给函数调用者，回到 main()函数中⑧的位置。这一过程可以看作语句：

```
nRes=Max(a,b);
```

在 Max()调用结束后变成了：

```
nRes=8;
```

最后执行⑨和⑩，直到整个程序结束。

【说明】

(1) 程序 6-2 中，实参 a 和 b、形参 x 和 y 有各自的存储空间，函数参数传递是单向传递。函数调用时，实参值传递给形参，但形参值的改变不会影响实参。

(2) return 语句用来指明返回值是什么，无论在函数的什么位置，只要执行到它，立即返回到函数的调用者位置。函数的返回值只能有一个。

(3) Max()函数中的 return 语句 return result;与 return(result);等价。

(4) 函数的返回值类型可以是除数组外的任意类型，也可以是 void 类型，表示没有返回值。返回值为 void 类型的函数，也是遇到 return 就返回，但不要求必须有 return 语句。如果没有 return 语句，就一直运行到函数的最后一条语句，之后再返回。

(5) 如果函数的返回值类型与 return 语句中表达式的值不一致，则以函数的返回值类型为准。建议不要采用这种方法，而应做到使函数的返回值类型与 return 语句中表达式的值的类型一致。

【练一练 6-1】 下面程序运行的结果为＿＿＿＿＿＿＿＿。

```
#include <stdio.h>
void fun(int x,int y,int z) {z=x*x+y*y;}
int main()
{
    int a=31;
    fun(5,2,a);
    printf("%d",a);
    return 0;
}
```

6.3　函数的声明

将程序 6-2(a)和程序 6-2(b)合并在一起才是一个完整的程序，如程序 6-3 所示。

【程序 6-3】 程序 6-2(a)和程序 6-2(b)合并，求两个数的最大值。

```
/*程序 6-3*/
#include <stdio.h>
/* 函数功能：求两个数的最大值
   函数参数：整型 x，整型 y
```

```
        函数返回值：两个数的最大值*/
    int Max(int x,int y)
    {
      int result;
      result=x>y?x:y;
      return result;
    }
    int main()
    {
      int a=3,b=8;
      int nRes;
      nRes=Max(a,b);/*调用 Max()函数*/
      printf("%d 和%d 的最大值是：%d\n",a,b,nRes);
      return 0;
    }
```

程序 6-3 中 Max()函数的定义写在了调用之前，那是不是所有的函数定义都要写在函数调用的前面呢？不是。如果函数的定义写在了函数调用的后面，就需要在使用函数之前对函数进行声明。

函数声明的格式是：函数定义的首部(函数定义去除函数体部分)加一个分号。例如：

```
int Max(int x,int y);
```

函数声明中形参名也可以默认，但参数类型必须写。例如：

```
int Max(int,int);
```

根据以上介绍，函数的声明有以下两种形式。

(1) 返回值类型 函数名(参数类型 1 参数名 1,参数类型 2 参数名 2,…);

(2) 返回值类型 函数名(参数类型 1, 参数类型 2, …);

有些专业人员喜欢用不写参数名的第(2)种形式，这样显得精练。有些人则愿意用第(1)种形式，这种形式只需复制函数首部，再在末尾加一个分号即可，不容易出错，而且用了有意义的参数名有助于理解程序。

函数的声明也称作函数的原型。为什么要用函数的首部来作为函数声明呢？这是为了便于对函数调用的合法性进行检查。因为函数的首部包含了检查调用函数是否合法的基本信息，包括函数的返回值类型、函数名及参数的类型、个数和顺序，在检查函数调用时要求函数的返回值类型、函数名、参数的个数和顺序必须与函数声明一致，实参类型必须与函数声明中的形参类型相同或赋值兼容。如果不是赋值兼容，就按出错处理，这样就能保证函数的正确调用。

【程序 6-4】 程序 6-3 的另一种写法(带函数的声明)。

```
/*程序 6-4*/
#include <stdio.h>
int Max(int x,int y);        /*Max()函数的声明*/
int main()
{
  int a=3,b=8;
  int nRes;
  nRes=Max(a,b);        /*调用 Max()函数*/
  printf("%d 和%d 的最大值是：%d\n",a,b,nRes);
```

```
      return 0;
   }
/* 函数功能：求两个数的最大值
   函数参数：整型 x，整型 y
   函数返回值：两个数的最大值*/
int Max(int x,int y)
{
   int result;
   result=x>y?x:y;
   return result;
}
```

【说明】

(1) 函数如果不先定义或声明，也能使用，但运行结果可能不确定(这也是 C89 不严密的地方，C99 对此有严格规定)，所以一定要先定义或声明。

(2) stdio.h 和 string.h 等头文件的内容主要是各个库函数的声明，大家可以到编译器的 include 目录下自行查看。

(3) 实际上，函数声明语句既可以在所有函数的外部，也可以在函数的内部。如果函数声明在所有函数外部，那么在该函数声明语句之后出现的所有函数都可调用被声明的函数；如果函数声明在某个函数内部，那么仅在声明它的函数内部可以调用该函数，如程序 6-5 所示。

【程序 6-5】程序 6-4 的另一种写法(函数的声明在函数内部)。

```
/*程序 6-4*/
#include <stdio.h>
int main()
{
   int a=3,b=8;
   int nRes;
      int Max(int x,int y);        /*Max()函数的声明*/
   nRes=Max(a,b);                /*调用 Max()函数*/
   printf("%d 和%d 的最大值是：%d\n",a,b,nRes);
   return 0;
}
/* 函数功能：求两个数的最大值
   函数参数：整型 x，整型 y
   函数返回值：两个数的最大值*/
int Max(int x,int y)
{
   int result;
   result=x>y?x:y;
   return result;
}
```

程序 6-5 中 Max()函数的声明 int Max(int x,int y);可以放在 main()函数的中间，也可以放在开头，只要出现在 Max()函数调用 nRes=Max(a,b);之前即可。

下面再通过一个例子详细介绍编写函数的一般步骤。

【程序 6-6】调用自定义函数求奇数数列的和：$1+3+5+7+9+\cdots+(2n-1)(n>0)$。

算法分析：

step 1 编写主函数。

本程序中主函数将完成 3 个操作：输入求和元素的个数 n、调用函数求数列和，以及输出结果。

```
int main()
{
  int n=0;
  long result=0;
  printf("请输入 n:");
  scanf("%d",&n);
  result=sum(n);
  printf("奇数和为%ld\n",result);
  return 0;
}
```

step 2 测试主函数。

因为 sum()函数还没有被完整定义，所以主函数还不能正确运行。为了观察程序的主要框架是否正确，可在 main()函数之前临时加上自定义的空函数。

```
long sum(int n)
{
}
```

该函数的函数体是空的，称为空函数。加入了空函数之后程序可以运行，但不能得到希望的结果。使用空函数只是为了测试主函数。

step 3 编写 sum()函数。

(1) 确定函数的定义形式，这是被调函数和主调函数的接口。从主函数中的调用语句 result=sum(n);可以知道被调用函数的函数名是 sum，它有一个类型为 int 的参数；由于接收函数值的变量 result 的类型是 long，因此 sum()函数的返回值类型也应为 long。该函数的首部为 long sum(int n)。

(2) 编写函数体，该函数体实现求数列和的功能。这里需要注意的是：函数体内定义的各个变量名不能与函数的参数同名，而且函数的返回值应该通过 return 语句返回给主调函数。

完整的程序如下：

```
/*程序 6-6*/
#include <stdio.h>
/* 函数功能：求奇数数列 1+3+5+7+…+(2n-1)的和
   函数参数：求和元素的个数 n，整型
   函数返回值：奇数数列的和*/
long sum(int n)
{
  int i=0;
  long result=0;
  for(i=1;i<=n;i++)
     result+=2*i-1;
  return result;
}
```

```
int main()
{
  int n=0;
  long result=0;
  printf("请输入 n: ");
  scanf("%d",&n);
  result=sum(n);
  printf("奇数和为: %ld\n",result);
  return 0;
}
```

程序运行的结果如下:

请输入 n: 4✓
奇数和为: 16

6.4　函数的嵌套调用

C 语言允许在一个函数的定义中出现对另一个函数的调用,这样就形成了函数的嵌套调用,如图 6-2 所示。

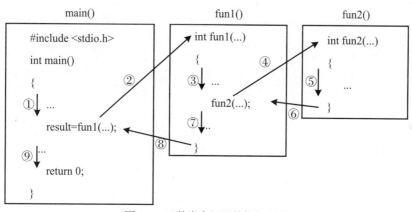

图 6-2　函数嵌套调用的执行顺序

① 执行 main()函数的开头部分。

② 遇到函数调用语句,调用函数 fun1(),流程转去函数 fun1()。

③ 执行函数 fun1()的开头部分。

④ 遇到函数调用语句,调用函数 fun2(),流程转去函数 fun2()。

⑤ 执行函数 fun2(),完成函数 fun2()的全部操作。

⑥ 返回到函数 fun1()中调用函数 fun2()的位置。

⑦ 继续执行函数 fun1()中尚未执行的部分,直到函数 fun1()结束。

⑧ 返回 main()函数中调用函数 fun1()的位置。

⑨ 继续执行 main()函数的剩余部分直到结束。

【程序 6-7】计算 1!+2!+3!+…+n!的值,要求用函数的嵌套调用方式实现。

算法分析:该问题可分解为以下两个子问题。

(1) 依次计算自然数 1~n 的阶乘。

(2) 求这些阶乘值的累加和。

可以定义两个函数来实现。由于要计算的是 n 个不同自然数阶乘的值,因此第一个函数 Factorial()要有一个形参,命名为 n,用于识别要计算的是哪个自然数的阶乘;第二个函数 FactorialSum()要明确对多少个数求和,因此要有一个形参,命名为 n。

程序如下:

```
/*程序 6-7*/
#include <stdio.h>
/* 函数功能: 求 n!的函数
   函数参数: 整型 n
   函数返回值: n!的值*/
long Factorial(int n)
{
    int i;
    long result=1;
    for(i=1;i<=n;i++)
        result*=i;
    return result;
}
/* 函数功能: 计算累加和的函数
   函数参数: 整型 n,有 n 项
   函数返回值: 累加和*/
long FactorialSum(int n)
{
    int i;
    long sum=0;
    for(i=1;i<=n;i++)
        sum+=Factorial(i);
    return sum;
}
int main()
{
    int n;
    long sum;
    printf("请输入 n 值: ");
    scanf("%d",&n);
    sum=FactorialSum(n);
    printf("%ld\n",sum);
    return 0;
}
```

程序运行结果如下:

```
请输入 n 值: 5✓
153
```

程序 6-7 中 main()函数调用 FactorialSum()函数,FactorialSum()函数调用 Factorial()函数。有些较复杂的问题还可以进行更多层的嵌套调用。虽然 C 语言对函数嵌套调用的层数未加限制,但嵌套的层数过多会降低程序的运行效率。

*6.5　函数的递归调用

6.5.1　递归问题的提出

研究计算机的人都知道这样一个经典问题——汉诺塔(Hanoi)。传说在远东的一个寺庙里，僧侣们想把套在第一根木桩上的一摞 64 个盘子按照由底向上、由大到小的顺序移到另一根木桩上，但每次只能移动一个盘子，而且大盘子在移动中要始终处于小盘子之下。我们可以利用第三根木桩临时存放盘子，如图 6-3 所示。

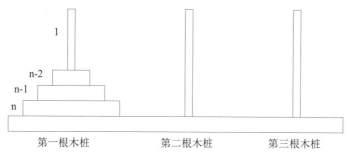

图 6-3　"汉诺塔"初始状态图

僧侣们最初遇到这个问题时，便陷入了难以解脱的困境。他们开始互相推卸责任，最后推到寺庙的住持身上，聪明的住持对副住持说："你只要能够将前 63 个盘子由第一根木桩移到第二根木桩上，我就可以完成第 64 个盘子的移动。"副住持对另一个僧侣说："你只要能够将前 62 个盘子由第一根木桩移到第二根木桩上，我就可以完成第 63 个盘子的移动。"……第 63 个僧侣对第 64 个僧侣说："你只要能够将第 1 个盘子由第一根木桩移到第二根木桩上，我就可以完成第 2 个盘子的移动。"第 64 个僧侣很容易地实现了将 1 个盘子由第一根木桩移到第二根木桩上，第 63 个僧侣很容易地实现了将第 2 个盘子由第一根木桩移到第二根木桩上……寺庙的住持很容易地实现了将第 64 个盘子由第一根木桩移动到第二根木桩上。这个非常复杂的问题用非常简单的方法就解决了。

将上面解决"汉诺塔"问题的方法用算法流程表示如下，并用 n 代表最初的 64 个盘子。

step 1　将第 n 个盘子由第一根木桩移到第二根木桩上。

step 2　将第 n-1 个盘子由第一根木桩移到第二根木桩上。

step 3　将第 n-2 个盘子由第一根木桩移到第二根木桩上。

⋮

step 63　将第 2 个盘子由第一根木桩移到第二根木桩上。

step 64　将第 1 个盘子由第一根木桩移到第二根木桩上。

分析上述的"汉诺塔"问题发现，第 1 步到第 64 步是同样的一个过程，但是难度却在逐渐降低，到第 64 步时只是简单地将一个盘子由第一根木桩移到了第二根木桩上。

如果在计算机上用程序实现上述过程，可以采用僧侣们的方法设计一个函数，此函数的作用是将第 n 个盘子由第一根木桩移到第二根木桩上，设计入口参数为 n。为了完成第 n 个盘子的移动，必须调用移动第 n-1 个盘子的函数，而移动第 n-1 个盘子的函数与移动第 n 个盘子的函数功能完全一样，可以用一个函数实现，一直调用到移动第 1 个盘子的函数为止。只要移动第 1 个盘子的函数实现，则反推回来，移动第 n 个盘子的函数也将有结果，问题即可得到解决。但是这里出现了一个函数调用自己的问题，这就是我们将要讲到的"函数的递归调用"。

6.5.2 递归函数

在 C 语言中，主调函数与被调函数可以是不同的函数(参见 6.4 中的例子)，也可以是相同的函数，即允许一个函数调用它自身。如果一个函数在它的函数体内直接或间接地调用函数自身，就将这种调用形式称为函数的递归调用。函数的递归调用是函数嵌套调用的一种特殊形式。

【程序 6-8】 计算 n!，要求用递归函数实现。

算法分析： n!=(n-1)!×n，也就是说要计算 n!，只要把(n-1)!计算出来即可，而(n-1)!与 n!的计算方法完全相同，仅参数不同而已。可以用这种方法继续向前推，即(n-1)!=(n-2)!×(n-1)，…，依此类推，直到 2!=1!×2，1!=0!×1，而 0!=1，此时无须再类推下去。因此，可以用下面的递归公式计算 n!。

$$n! = \begin{cases} 1 & n = 0 \\ (n-1)! \times n & n \geq 1 \end{cases}$$

程序如下：

```c
/*程序 6-8*/
#include <stdio.h>
/* 函数功能：求 n!的函数(用递归函数实现)
   函数参数：整型 n
   函数返回值：n!的值*/
long Factorial(int n)
{
    long result=1;
    if(n==0)    /*递归出口*/
        result=1;
    else    /*递归调用*/
        result=Factorial(n-1)*n;
    return result;
}
int main()
{
    int n;
    long result;
    printf("请输入 n 值：");
    scanf("%d",&n);
    result=Factorial(n);
    printf("%d!=%ld\n",n,result);
    return 0;
}
```

程序运行结果如下：

```
请输入 n 值：3✓
3!=6
```

实现递归分为以下两个阶段。

(1) 递推阶段。将原问题不断分解为新的子问题，不断推进直到已知条件，即递归结束条件。

(2) 回归阶段。从已知条件出发，按递推的逆过程逐一求值回归，直到递推的开始处结束回归阶段。

用通用的递归函数体的形式表示如下。

```
if(递归终止条件成立)
    return 递归公式的初值;
else
    return 递归函数调用返回的结果值;
```

下面以计算 3!为例，具体描述递归程序的执行过程，如图 6-4 所示。

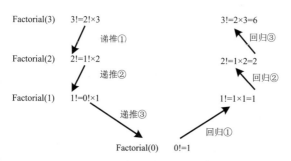

图 6-4　3!的递归执行过程示意图

① 为了计算 3!，main()函数调用 Factorial(3)函数，Factorial(3)是计算 3!的子程序，但是 Factorial(3)并没有直接计算 3!，而是在 Factorial(3)中完成 Factorial(2)*3 的计算过程。

② Factorial(2)是计算 2!的子程序，但是 Factorial(2)也没有直接计算 2!，而是在 Factorial(2)中完成 Factorial(1)*2 的计算过程。

③ Factorial(1)是计算 1!的子程序，但是 Factorial(1)也没有直接计算 1!，而是在 Factorial(1)中完成 Factorial(0)*1 的计算过程。

④ Factorial(0)的入口参数为 0，Factorial(0)中的判断递归终止的条件成立，则 Factorial(0)返回整数 1。函数退出 Factorial(0)函数，退回到 Factorial(1)。

⑤ 在 Factorial(1)中完成 Factorial(0)的返回值与 1 的乘积，将 Factorial(0)×1 的值返回给调用 Factorial(2)，同时退出 Factorial(1)，退回到 Factorial(2)。

⑥ 在 Factorial(2)中完成 Factorial(1)的返回值与 2 的乘积，将 Factorial(1)×2 的值返回给调用 Factorial(3)，同时退出 Factorial(2)，退回到 Factorial(3)。

⑦ 在 Factorial(3)中完成 Factorial(2)的返回值与 3 的乘积，将 Factorial(2)×3 的值返回给调用函数 main()，同时退出 Factorial(3)，退回到 main()。

⑧ 在 main()函数中打印 3!的结果。

【注意】

函数的递归调用仅是解决问题的一种方法，对于所有能用递归方法解决的问题都可以用非递归方法来实现。采用递归方式的算法简单、容易实现、代码简洁，但会在一定程度上降低程序的运行效率。

【程序 6-9】 编程求解"汉诺塔"问题。

算法分析：

见图 6-3，用 A、B 和 C 表示三根木桩，1~n 表示有 n 个盘子，最底下的盘子为第 n 个盘子，最上面的盘子为第 1 个盘子。

考虑第一个问题：如何表示将第 k 个盘子由 A 木桩移动到 B 木桩？可以用下面的函数实现：

```
Move(int num,char from,char to);
```

整型变量 num 表示第 k 个盘子，字符型变量 from 表示源木桩，字符型变量 to 表示目的木桩。

再考虑第二个问题：如何实现递归函数？假设 n-1 个盘子从源木桩 A 借助于木桩 C 移到目的木桩 B，可以用下面的函数实现：

```
Hanoi(int n-1,char a,char b,char c);
```

那么，n 个盘子从源木桩 A 借助于木桩 C 移到目的木桩 B 可以用如下三步实现。

step 1　Hanoi(n-1,a,c,b);

step 2　Move(n,a,b);

step 3　Hanoi(n-1,c,b,a);

程序如下：

```c
/*程序6-9*/
#include <stdio.h>

void Hanoi(int n,char a,char b,char c);
void Move(int num,char from,char to);

int main()
{
    int n;
    printf("请输入盘子的个数：");
    scanf("%d",&n);
    Hanoi(n,'A','B','C');
    return 0;
}
/* 函数功能：  将 n 个盘子从源木桩 A 借助于木桩 C 移动到目的木桩 B
   函数参数：  整型变量 n，表示 n 个盘子
               字符型变量 a，表示源木桩 a
               字符型变量 b，表示目的木桩 b
               字符型变量 c，表示过渡木桩 c
   函数返回值：无*/
void Hanoi(int n,char a,char b,char c)
{
    if(n==1)
        Move(n,a,b); /*第 n 个盘子由 a→b*/
    else
    {
        /*将 n-1 个盘子，借助于 b 由 a 移动到 c*/
```

```
        Hanoi(n-1,a,c,b);
        /*第 n 个盘子由 a→b*/
        Move(n,a,b);
        /*将 n-1 个盘子，借助于 a 由 c 移动到 b*/
        Hanoi(n-1,c,b,a);
    }
}
/* 函数功能：显示移动过程
    函数参数：整型变量 num，表示第 num 个盘子
            字符型变量 from，表示源木桩
            字符型变量 to，表示目的木桩
    函数返回值：无*/
void Move(int num,char from,char to)
{
    printf("Move %d:from %c to %c\n",num,from,to);
}
```

程序运行结果如下：

```
请输入盘子的个数: 3✓
Move 1:from A to B
Move 2:from A to C
Move 1:from B to C
Move 3:from A to B
Move 1:from C to A
Move 2:from C to B
Move 1:from A to B
```

6.6　数组作为函数参数

前面已经介绍了可以用变量作为函数参数。有时希望在函数中处理整个数组的元素，此时可以用数组名作为函数实参，但请注意，并不是将该数组中全部元素传递给所对应的形参。由于数组名代表数组的首地址，所以只是将数组的首元素地址传递给所对应的形参。

6.6.1　一维数组作为函数参数

【程序 6-10】在一维数组 score 中存放 5 个学生的成绩，用一个函数求学生的平均成绩。

算法分析：在 main()函数中定义一个 float 型数组 score，输入 5 个学生的成绩并存放到 score 数组中。设计一个函数 average()，用来求学生的平均成绩。这样就需要把 score 数组的有关信息传递给 average()函数，并在该函数中对数组进行处理。

程序如下：

```
/*程序 6-10*/
#include <stdio.h>
/* 函数功能：求 5 个学生成绩的平均值
   函数参数：float 类型成绩数组 array
   函数返回值：5 个学生成绩的平均值*/
float average(float array[5])
{
    int i;
    float sum=0,aver;
    for(i=0;i<5;i++)
        sum+=array[i];
    aver=sum/5;
    return aver;
}
int main()
{
    float score[5],aver;
    int i;
    printf("请输入 5 个学生的成绩：\n");
    for(i=0;i<5;i++)
        scanf("%f",&score[i]);
    aver=average(score); /*调用函数 average()*/
    printf("平均成绩是：%5.2f\n",aver);
    return 0;
}
```

程序运行结果如下：

```
请输入 5 个学生的成绩：
65 78 97 88 90↙
平均成绩是：83.60
```

程序 6-10 中，实参是一维数组 score，形参是一维数组 array，当 main()函数中执行 aver=average(score);语句时，即调用函数 average()。此时并不是将实参 score 数组中的全部元素传递给所对应的形参 array 数组，而是将实参 score 数组的首地址传递给所对应的形参 array 数组。这便意味着实参 score 数组和形参 array 数组拥有相同的首地址，即实参 score 数组和形参 array 数组占用同一片内存空间，如图 6-5 所示。

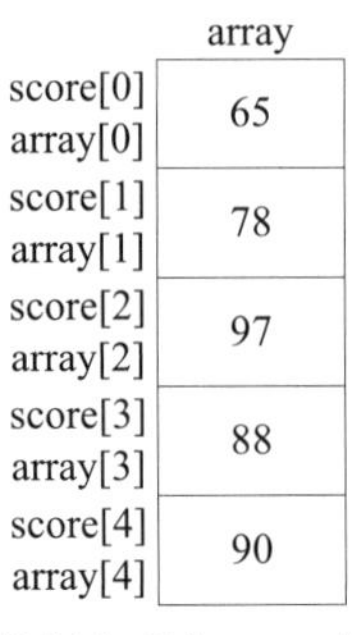

图 6-5　实参 score 数组和形参 array 数组的内存存储情况

【说明】

(1) 数组作为函数参数时，实参数组和形参数组的类型要一致。

(2) C 编译器只是将实参数组的首地址传给形参数组，对形参数组的大小不做检查。

(3) 形参数组也可以不指定大小，在定义数组时在数组名后面跟一个空的方括号，为了在被调用函数中处理数组元素，可以另设一个参数，传递数组元素的个数。例如，程序 6-9 中的 average()函数的原型可写为：

```
float average(float array[],int n);
```

函数的第一个参数传递的是数组的首地址，第二个参数传递的是数组元素的个数。main()函数中函数的调用语句可改写为：

```
aver=average(score,5);
```

完整程序如程序 6-11 所示。

```
/*程序 6-11*/
#include <stdio.h>
/* 函数功能：求 n 个学生成绩的平均值
    函数参数：float 类型成绩数组 array
                整型 n，表示数组的大小
    函数返回值：n 个学生成绩的平均值*/
float average(float array[],int n)
{
    int i;
    float sum=0,aver;
    for(i=0;i<n;i++)
        sum+=array[i];
    aver=sum/n;
    return(aver);
}
int main()
{
    float score[5],aver;
    int i;
    printf("请输入 5 个学生的成绩：\n");
    for(i=0;i<5;i++)
        scanf("%f",&score[i]);
    aver=average(score,5);   /*调用函数 average()*/
    printf("平均成绩是：%5.2f\n",aver);
    return 0;
}
```

6.6.2 二维数组作为函数参数

【程序 6-12】 有一个 3×4 的矩阵，求所有元素中的最大值。

算法分析：先使变量 max 的初值为二维数组中第一个元素的值，然后将二维数组中各个元素的值与 max 相比，每次比较后都把"大者"存放到 max 中，取代 max 的原值。全部元素比较完后，max 的值就是所有元素的最大值。

程序如下：

```
/*程序6-12*/
#include <stdio.h>
/* 函数功能：求3×4矩阵的最大值
   函数参数：整型二维数组 array
   函数返回值：矩阵的最大值*/
int MaxValue(int array[3][4])
{
  int i,j,max;
  max=array[0][0];
  for(i=0;i<3;i++)
    for(j=0;j<4;j++)
      if(array[i][j]>max)
        max=array[i][j];
  return max;
}
int main()
{
  int arr[3][4]={{1,3,5,7},{2,4,6,8},{15,17,34,12}};
  printf("最大值是：%d\n",MaxValue(arr));
  return 0;
}
```

程序运行结果如下：

最大值是：34

定义 MaxValue()函数时，形参数组 int array[3][4]可以指定每一维的大小，也可以省略第一维的大小，同时，增加一个参数，传递二维数组的行数。例如，MaxValue()函数的原型还可写为：

int MaxValue(int array[][4],int n);

main()函数中函数的调用语句可改写为：

printf("最大值是：%d\n",MaxValue(arr,3));

完整程序如程序 6-13 所示。

【程序 6-13】

```
/*程序6-13*/
#include <stdio.h>
/* 函数功能：求3×4矩阵的最大值
   函数参数：整型二维数组 array
            整型 n，表示二维数组的行数
   函数返回值：矩阵的最大值*/
int MaxValue(int array[][4],int n)
{
  int i,j,max;
  max=array[0][0];
```

```
    for(i=0;i<n;i++)
        for(j=0;j<4;j++)
            if(array[i][j]>max)
                max=array[i][j];
    return max;
}
int main()
{
    int arr[3][4]={{1,3,5,7},{2,4,6,8},{15,17,34,12}};
    printf("最大值是：%d\n",MaxValue(arr,3));
    return 0;
}
```

【思考】

若 main()函数中函数的调用语句改写为：

```
printf("最大值是：%d\n",MaxValue(arr,2));
```

则程序运行得到的最大值还是 34 吗？为什么？

【练一练 6-2】计算 10 个数的平均值，请将下面程序补充完整。

```
#include <stdio.h>
float average(float array[10])
{
    int k;
    float aver,sum=array[0];
    for(k=1;k<10;k++) sum+=_____;
    aver=sum/10;
    return (aver);
}
int main()
{
    float score[10],aver;
    int k;
    for(k=0;k<10;k++) scanf("%f",&score[k]);
    aver=average(_____);
    printf("%8.2f\n",aver);
    return 0;
}
```

6.7 变量的作用域与生存期

在 C 语言程序中，经常要用到各种类型的变量，这些变量不仅可以定义在函数内部，也可以定义在函数外部。变量的定义位置不同，作用域也不同。变量的作用域是指变量能够独立合法出现的区域，用于描述某个变量在程序中的可见范围。通常将定义在函数内部的变量称为局部变量，将定义在函数外部的变量称为全局变量。

变量的生存期是指变量值存在的时间。有的变量在程序运行的整个过程中都是存在的，而有的变量则是在调用其所在的函数时才临时分配存储单元，而在函数调用结束后就马上释放了，变量不再存在。

作用域是一个静态概念，它规定变量合法使用的范围。如果在编写源程序时，在作用域外使用了某个变量，那么编译器不能识别该变量，就会出现编译错误。生存期是一个运行时概念，是指一个变量在整个程序从载入到结束的运行过程中在哪个时间区间有效。

6.7.1 局部变量

局部变量是定义在函数内部的变量。

(1) 如果变量定义在函数体的开始处，那么该变量可以在整个函数中使用，它的作用域是从变量定义处到本函数结束处。

(2) 如果变量定义在函数内部的某个复合语句中，那么该变量只能在该复合语句中使用，它的作用域是从变量定义处到该复合语句结束处。

系统在局部变量进入作用域时为其分配内存空间，并在离开作用域时自动释放这些内存空间，从分配内存空间开始到释放内存空间之间的这段时间就是该局部变量的生存期。对于局部变量来说，作用域和生存期是一致的。例如：

```
int f(int a)
{
    int b;
    …
    if(a>0)
    {
        int c=0;              c的作用域        a、b 的作用域
        ...
    }
}
int main()
{
    int a,b;
    …                a、b 的作用域
}
```

函数 f() 的形参 a 是局部变量。函数 f() 中的局部变量 a、b 在函数 f() 的范围内有效，函数 main() 中的局部变量 a、b 在函数 main() 的范围内有效，而局部变量 c 仅在 if 语句块的范围内有效。

不同函数中可以使用相同名字的变量，例如，函数 f() 和函数 main() 中都有同名的局部变量 a 和 b，但它们代表不同的对象，互不干扰。

6.7.2 全局变量

全局变量是定义在函数外部的变量，程序中的任何函数都可以使用全局变量，它的作用域是从变量定义处开始到程序结束处。

全局变量从程序运行起即占据内存空间，在程序的整个运行过程中可随时访问，程序退出

时释放内存。

局部变量在定义时不会自动初始化，除非编程人员指定初值。全局变量在编程人员不指定初值的情况下自动初始化为零或空字符。

例如：

```
int p=1,q=5;              /*全局变量*/
float f1(int a)           /*定义函数f1()*/
{
    int b,c;
    …
}
char c1,c2;               /*全局变量*/
char f2 (int x, int y)    /*定义函数f2()*/
{
    int i,j;
    …
}
int main ( )/*主函数*/
{
    int m,n;
    …
}
```

p、q的作用域

c1、c2的作用域

全局变量 p、q、c1 和 c2 的作用域都是从定义的位置开始到程序结束处。

全局变量的定义既可以在程序顶部，也可以在程序中的其他位置，只要不放在函数内部即可。一般的原则是：如果某个全局变量允许所有函数使用，则放在顶部，否则根据实际情况放在合适的位置。当全局变量和某个函数的局部变量同名时，局部变量优先，即局部变量将屏蔽同名的全局变量，该函数内使用的同名变量是局部变量，而不是全局变量。因此，尽量不要使用与全局变量同名的局部变量，如程序 6-14 所示。

【程序 6-14】

```
/*程序 6-14*/
#include <stdio.h>
int a=3,b=5;             /*a、b 为全局变量*/
int Max(int a,int b)     /*a、b 为局部变量*/
{
    int result;
    result=a>b?a:b;
    return result;
}
int main( )
{
    int a=8;             /*a 为局部变量*/
    printf("%d\n",Max(a,b));
    return 0;
}
```

程序运行结果如下：

8

main()函数中 printf("%d\n",Max(a,b));调用函数 Max(a,b)，第一个实参 a 为 main()函数中定义的局部变量，值为 8，第二个实参 b 为全局变量，值为 5。调用函数 Max()时，实参 a 和 b 的值传递给形参 a 和 b，形参 a 和 b 的值分别为 8 和 5，执行完 Max()函数后，返回最大值 8，并回到 main()函数。因此，程序输出的结果为 8。

在实际应用中，不要无条件地放大变量的作用域，也就是说，定义复合语句块级变量就能解决的问题不要通过定义函数级变量实现，定义函数级变量就能解决的问题不要通过定义全局变量实现。这样，可以有效地避免变量的人为误用，而且还可以使内存空间的使用效率更高。

6.7.3 变量的存储类别

程序运行时的存储空间被分为代码区和数据区两部分，数据区又分为静态存储区和动态存储区，如图 6-6 所示。

图 6-6 存储空间示意图

变量的存储有两种不同的方式：静态存储方式和动态存储方式。静态存储方式是指在程序运行期间由系统在静态存储区分配存储空间的方式，在程序运行期间不释放；而动态存储方式则是在函数调用期间根据需要在动态存储区分配存储空间的方式。

局部变量采用动态存储方式，在函数调用开始时分配动态存储空间，函数结束时释放这些空间，在程序执行过程中，这种分配和释放是动态的。全局变量采用静态存储方式，在程序开始执行时给全局变量分配存储区，程序执行完毕释放，在程序执行过程中它们占据固定的存储单元，而不是动态地进行分配和释放。

每个变量和函数有两个属性：数据类型和数据的存储类别。在定义变量时，除了要定义数据类型，在需要时还可以指定其存储类别。

C 语言中可以指定以下存储类别：auto、register、static 和 extern。

1. auto——声明自动变量

目前为止，我们使用的所有局部变量都是自动变量。其"自动"体现在进入语句块时自动申请内存，退出时自动释放内存。其标准定义格式为：

auto 类型名 变量名;

例如：

auto int sum=0,ave;

C 语言很贴心地把 auto 设计成完全可以省略，所以它被称为使用最少的关键字。

2. register——声明寄存器变量

在 CPU 的内部有一种容量有限但速度极快的存储器，叫作寄存器。访问内存操作相对指令的执行而言是很耗时的，如果把频繁访问的数据存放在寄存器中，那么访问速度就与指令执行速度保持同步，程序的性能将得到提高。寄存器变量就是用寄存器存储的变量，其定义格式为：

register 类型名 变量名;

例如：

register int count;

由于现在计算机的运行速度越来越快，性能越来越高，优化的编译系统能够识别使用频繁的变量，从而自动将这些变量放在寄存器中，而不需要程序设计者指定。因此，现在用 register 声明变量实际上是不必要的，读者只需要知道有这种变量即可，以便在阅读他人编写的程序时遇到 register 不至于感到困惑。

3. static——声明静态变量

局部变量和全局变量的定义都可以使用存储类别 static，用于指定存储类别为静态方式，变量所占用的内存空间在静态存储区分配。因此，静态变量有静态局部变量和静态全局变量两种。

(1) 静态局部变量。

例如：

```
void fun(int b)
{
    static int a=2;   /*静态局部变量 a*/
    …
}
```

在函数 fun()中定义一个 int 类型静态局部变量 a，初值为 2。

需要强调的是，静态局部变量也是局部变量，它的作用域仅限于函数或复合语句内，但是，由于它的静态特征，其不会随着函数或复合语句的结束而消失，因此，它的生存期会一直持续到程序执行结束。

静态局部变量的初值不是在运行期赋值，而是在编译期赋值，因此静态局部变量的初值只在编译期赋值一次，如果变量定义时进行了初始化，则存储该值；如果变量定义时没有进行初始化，则系统自动存储 0 值或空字符。在程序运行过程中，每次调用函数时不再重新赋初值，而是引用上次函数调用结束时该变量的值，因此，我们说静态局部变量具有"记忆性"，它能默认记住上一次操作后的结果。

【程序 6-15】分析以下程序的结果,注意静态局部变量的使用。

```
/*程序 6-15*/
#include <stdio.h>
void fun(int b)
{
    static int a=2; /*静态局部变量 a*/
    a=a+b;
    printf("%d\n",a);
}
int main()
{
    int i;
    for(i=1;i<=3;i++)
        fun(i);
    return 0;
}
```

程序运行结果如下:

```
3
5
8
```

函数 fun()调用过程中 a、b 的值如表 6-1 所示。

表 6-1　调用函数 fun()过程中 a、b 的值

调用次数	a	b	a=a+b
第一次调用函数 fun()	2	1	3
第二次调用函数 fun()	3	2	5
第三次调用函数 fun()	5	3	8

(2) 静态全局变量。

例如:

```
static float f;    /*静态全局变量 f*/
void fun()
{
    int i,j;
    …
}
```

上面程序定义了一个 float 型静态全局变量 f。与静态局部变量类似,静态全局变量在定义的同时如果没有初始化,系统会自动赋 0 值或空字符。因此,上例中变量 f 的初值为 0。

如果一个 C 语言程序由多个源文件组成,那么静态全局变量的作用域是定义它的源文件,也就是说仅在定义它的源文件中有效,在其他源文件中不能使用。但它的生存期会一直持续到程序结束。因此,静态全局变量经常用在多个文件组成的程序中。

4. extern——声明外部变量的作用范围

在函数外定义的变量就是外部变量,类型修饰符是 extern。因此,外部变量就是全局变量,

它的作用域与生存期及全局变量完全相同。外部变量和全局变量指的是同一类变量，但是，全局变量是从作用域的角度提出，而外部变量是从存储方式的角度提出。

在定义外部变量时通常省略修饰符 extern。例如：

```
int i,j;
int fun()
{
    int x,y;
    …
}
```

上面程序定义了两个 int 型外部变量 i 和 j。

若外部变量的定义在后，使用在前，或者要引用其他源文件中定义的外部变量，则必须使用修饰符 extern 对该变量进行外部说明。

【程序 6-16】用 extern 声明外部变量，扩展外部变量的作用域。

```
/*程序 6-16*/
#include <stdio.h>
int Max(int x,int y)          /*定义 Max()函数*/
{
  int z;
  z=x>y?x:y;
  return(z);
}
int main()
{
  extern int A,B;             /*外部变量声明*/
  printf("%d\n",Max(A,B));
  return 0;
}
int A=13,B=-8;               /*定义外部变量*/
```

外部变量 A、B 的作用域本来是从定义的位置开始到本程序结束，但 main()函数中的语句 extern int A,B;进行外部变量的声明，扩展了外部变量 A、B 的作用域，因此，外部变量 A、B 的作用域从外部变量声明的位置开始到本程序结束。

如果一个程序包含两个文件，则在两个文件中都要用到同一个外部变量 A，不能分别在两个文件中各自定义一个外部变量 A，否则在进行程序的连接时会出现"重复定义"的错误。正确的做法是：在任一个文件中定义外部变量 A，而在另一文件中用 extern 对 A 做"外部变量声明"，即 extern int A;。

【程序 6-17】使用修饰符 extern 对该变量进行外部说明，便可以引用其他源文件中定义的外部变量。

```
/*源文件 file1.c*/
#include <stdio.h>
int A;               /*在源文件 file1.c 中定义外部变量 A*/
void fun(int n)
{
  A=A*n;             /*在源文件 file1.c 中使用外部变量 A*/
```

```
    }

/*源文件 file2.c*/
#include <stdio.h>
extern int A;          /*在源文件 file2.c 中对变量 A 进行外部变量的声明*/
int main()
{
    A=8;               /*在源文件 file2.c 中使用外部变量 A*/
    fun(5);
    printf("%d\n",A);
    return 0;
}
```

【注意】

使用修饰符 extern 进行外部说明时，数据类型符可以省略，如 extern int A;可以写成 extern A;。

【练一练 6-3】 以下程序运行的结果为_____。

```
#include <stdio.h>
void fun()
{
    static int a=0;
    a+=2;
    printf("%d ",a);
}
int main()
{
    int cc;
    for(cc=1;cc<4;cc++)
        fun();
    return 0;
}
```

6.7.4 小结

(1) 局部变量和全局变量的特性(见表 6-2)。

表 6-2 局部变量和全局变量的特性

变量作用域	变量存储类别	特征
局部变量	自动变量	作用域在函数内部，存于动态存储区，函数执行结束，变量值消失
	静态变量	作用域在函数内部，存于静态存储区，函数执行结束，变量值保留
	寄存器变量	作用域在函数内部，存于寄存器存储区，函数执行结束，变量值消失
全局变量	静态外部变量	作用域从定义开始到程序结束，存于全局存储区，程序执行结束，变量值消失
	外部变量	允许在整个程序中使用，存于全局存储区，程序执行结束，变量值消失

(2) 动态存储和静态存储变量特性(见表 6-3)。

表 6-3 动态存储和静态存储变量特性

存储变量	变量存储类别	特性
动态 存储变量	自动变量	仅作用于本函数,函数调用时,临时分配存储单元;函数结束时,其值消失
	寄存器变量	仅作用于本函数,函数调用时,临时分配存储单元;函数结束时,其值消失
	函数中的形式 参数	仅作用于本函数,函数调用时,临时分配存储单元;函数结束时,其值消失
静态 存储变量	静态局部变量	仅作用于本函数内,在程序编译时赋初值,其值保留到程序结束时消失
	静态外部变量	作用于从定义开始到程序结束,在程序编译时赋初值,其值保留到程序结束时消失
	外部变量	本文件中的任何函数或其他文件可引用,其值保留到程序结束时消失

6.8 内部函数和外部函数

大型的 C 程序往往由多个源程序文件组成,在一个文件中定义的函数,能否被其他文件中的函数调用,取决于这个函数是内部函数还是外部函数。

6.8.1 内部函数

一个函数只能被其所在文件内的函数调用,而不能被其他文件内的函数调用,称为内部函数。当定义内部函数时,在函数返回值类型的前面加 static。内部函数的函数首部为:

static 返回值类型 函数名(参数类型 1 形参 1,参数类型 2 形参 2,…)

例如:

static int fun(int a,int b)

内部函数也称为静态函数。使用内部函数,可以使函数只局限于所在文件,如果在不同的文件中有同名的内部函数,也互不干扰。

这样,不同的人可以分别编写不同的函数,而不用担心所用函数是否会与其他文件中的函数同名。通常把只能由同一文件使用的函数放在一个文件中,在它们前面冠以 static 使之局部化,其他文件不能引用。

6.8.2 外部函数

在定义函数时,如果在函数返回值类型的前面冠以关键字 extern,则表示此函数是外部函数,可供其他文件调用。例如,外部函数 fun()的函数首部可以写为:

extern int fun(int a,int b)

这样,函数 fun()就可以为其他文件调用。

C 语言规定，如果在定义函数时，省略 extern，则隐含为外部函数。本书前面所用的函数都是外部函数。

在需要调用此函数的文件中，用 extern 声明所用的函数是外部函数。

【程序 6-18】有一个字符串，内部有若干字符，现输入一个字符，要求程序将字符串中该字符删除。请使用外部函数实现。

问题分析：该问题可用以下 4 个函数解决。

(1) 主函数 main()。

(2) 输入字符串函数 enter_string()。

(3) 删除字符函数 delete_string()。

(4) 输出新字符串函数 print_string()。

将以上 4 个函数分别放入 4 个文件 file1.c、file2.c、file3.c 和 file4.c 中。程序如下：

```c
/*文件 file1.c*/
#include <stdio.h>
/*外部函数 enter_string()的声明*/
extern void enter_string(char str[80]);
/*外部函数 delete_string()的声明*/
extern void delete_string(char str[],char ch);
/*外部函数 print_string()的声明*/
extern void print_string(char str[]);
int main()
{
    char    c;
    char    str[80];
    enter_string(str);          /*输入字符串 str*/
    printf("输入待删除的字符：\n");
scanf("%c",&c);
    delete_string(str,c);       /*从 str 中删除指定字符 c*/
    print_string(str);          /*输出新字符串 str*/
    return 0;
}

/*文件 file2.c*/
#include<stdio.h>
/* 定义外部函数 enter_string()
函数功能：输入字符串送入字符数组 str 中
函数参数：字符数组 str
函数返回值：空*/
void enter_string(char str[80])
{
    printf("输入字符串：\n");
    gets(str);
}

/*文件 file3.c*/
#include <stdio.h>
/* 定义外部函数 delete_string()
函数功能：从字符数组 str 中删除指定字符 ch
```

```
函数参数：字符数组 str
          字符 ch
函数返回值：空*/
void delete_string(char str[],char ch)
{
    int    i,j;
    for(i=j=0; str[i]!='\0';i++)
        if(str[i] != ch)
            str[j++]=str[i];
    str[j]='\0';
}


/*文件 file4.c*/
#include <stdio.h>
/* 定义外部函数 print_string()
    函数功能：输出新字符串 str
    函数参数：字符数组 str
    函数返回值：空*/
void print_string(char str[])
{
    printf("输出新字符串：\n");
    puts(str);
}
```

程序运行结果如下：

```
输入字符串：
abcdefgc✓
输入待删除的字符：
c✓
输出新字符串：
abdefg
```

【说明】

整个程序由 4 个文件组成，每个文件包含一个函数，file1.c 文件中的主函数是主控函数，除了声明部分，其他部分由 4 个函数调用语句组成。若主函数需要调用其他文件中的函数来完成功能，则前提是其他函数必须是外部函数；若主函数中使用 extern 声明其他文件中定义的函数，则主函数便可以调用其他文件中定义的函数。

6.9　预处理命令

前面章节已多次使用以#开头的预处理命令，如包含命令#include、宏定义命令#define 等。在源程序中这些命令都放在函数之外，而且一般都放在源文件开始处，称为预处理部分。

预处理，是指在进行编译之前所做的工作。当对一个源文件进行编译时，系统将自动引用预处理程序对源程序中的预处理部分进行处理，处理完毕后将自动对源程序进行编译。

C 语言提供了多种预处理命令，如宏定义、文件包含和条件编译等。合理使用预处理命令编写的程序便于阅读、修改、移植和调试，也有利于模块化程序设计。本节将介绍常用的几种预处理命令。

6.9.1 宏定义

在 C 语言源程序中允许用一个标识符表示一个字符串，称为宏，被定义为宏的标识符称为宏名。在编译预处理时，对程序中所有出现的宏名都将用宏定义中的字符串代替。在 C 语言中，宏分为无参数和带参数两种。

1. 无参数的宏定义

无参数的宏定义的一般形式如下：

```
#define  标识符  字符串
```

例如：

```
#define   PI   3.14159
```

【程序 6-19】无参数宏的定义和替换。

```
/*程序 6-19*/
#include <stdio.h>
#define M (y*y+3*y)     /*无参数宏 M 的定义*/
int main()
{
    int y,result;
    printf("请输入 y 值: ");
    scanf("%d",&y);
    result=3*M+4*M+5*M;
    printf("%d\n",result);
    return 0;
}
```

程序运行结果如下：

```
请输入 y 值: 2√
120
```

main()函数中的语句 result=3*M+4*M+5*M;在预处理时经过宏替换后变为：

```
result=3*(y*y+3*y)+4*(y*y+3*y)+5*(y*y+3*y);
```

在宏定义中表达式(y*y+3*y)两边的括号不能少，否则会发生错误。如果宏定义为：

```
#define M y*y+3*y     /*无参数宏 M 的定义*/
```

则 main()函数中的语句 result=3*M+4*M+5*M;在预处理时经过宏替换后变为：

```
result=3*y*y+3*y+4*y*y+3*y+5*y*y+3*y;
```

计算的结果与程序 6-18 计算的结果不一致。

【说明】

(1) 习惯上用大写字母表示宏名，以便于变量的区分，但也允许用小写字母。

(2) 宏定义是用宏名来表示一个字符串，在宏展开时又以该字符串取代宏名，这只是一种简单的替换，字符串中可以包含任何字符，可以是常数，也可以是表达式，预处理程序对它不进行任何检查，即使有错误，也只能在编译已被宏替换后的源程序时发现。

(3) 宏定义不是语句，在行末不必加分号，如加上分号则连分号也一起替换。

(4) 宏定义必须写在函数之外，其作用域为从宏定义命令起到源程序结束。如果终止其作用域可使用#undef 命令。例如：

```
#define   PI    3.14159
int main()
{
    …
}
#undef   PI        /*终止宏 PI 的作用域*/
void f1()
{
    …
}
```

上面程序表示 main()函数中的 PI 做替换，f1()函数中的 PI 不做替换。

(5) 若宏名在源程序中被英文引号引起来，则预处理程序不对其进行宏替换。

【程序 6-20】分析以下程序的运行结果，掌握宏名在什么情况下进行替换。

```
/*程序 6-20*/
#include <stdio.h>
#define OK 100 /*无参数宏 M 的定义*/
int main()
{
    printf("OK\n");
    return 0;
}
```

程序运行结果如下：

```
OK
```

程序 6-19 定义宏名 OK 表示 100，但在 printf 语句中 OK 被引号引起来，因此不对其进行宏替换。程序的运行结果表示把 OK 当作字符串处理。

(6) 宏定义允许嵌套，在宏定义的字符串中可以使用已经定义的宏名。在宏展开时由预处理程序层层替换。

【程序 6-21】分析以下程序的运行结果，掌握宏定义的嵌套。

```
/*程序 6-21*/
#include <stdio.h>
#define R 3.0
#define PI 3.1415926
#define S PI*R*R
int main()
```

```
{
    printf("s=%.2f\n",S);
    return 0;
}
```

程序运行结果如下：

```
s=28.27
```

程序 6-20 的语句 printf("s=%.2f\n",S);进行宏替换后变成：

```
printf("s=%.2f\n",3.1415926*3.0*3.0);
```

2. 带参数的宏定义

C 语言允许宏带参数，在宏定义中的参数称为形式参数，在宏调用中的参数称为实际参数。对带参数的宏进行调用，不仅要进行宏展开，还要用实参去替换形参。

带参数宏定义的一般形式如下：

```
#define   宏名(形参表)   字符串
```

带参数宏调用的一般形式如下：

```
宏名(实参表);
```

例如：

```
#define   M(y)   y*y+3*y /*宏定义*/
…
result=M(2);      /*宏调用*/
…
```

在进行宏调用时，将用实参 2 替换形参 y，经预处理宏展开后的语句如下：

```
result=2*2+3*2
```

【程序 6-22】利用带参数的宏定义计算并输出两个数的最大值。

```
/*程序 6-22*/
#include <stdio.h>
#define   MAX(a,b)   (a>b?a:b)        /*带参数宏的定义*/
int main()
{
    int x,y,max;
    printf("请输入两个数 x 和 y：");
    scanf("%d%d",&x,&y);
    max=MAX(x,y);                    /*带参数宏的调用*/
    printf("最大值是：%d\n",max);
    return 0;
}
```

程序运行结果如下：

```
请输入两个数 x 和 y：3   4↙
最大值是：4
```

程序 6-22 中带参数宏被调用时,实参 x 和 y 分别替换形参 a 和 b。宏展开后,语句 max=MAX (x,y);变为:

max=(x>y?x:y);

用于找出 x 和 y 的最大值。

【说明】

(1) 在带参数宏定义中,宏名和形参表之间不能有空格。例如,如果把带参数宏的定义:

#define　MAX(a,b)　(a>b?a:b)

写成了:

#define　MAX　(a,b)　(a>b?a:b)

则将被认为是无参数宏定义,宏名 MAX 代表字符串(a,b)　(a>b?a:b)。宏展开时,语句 max=MAX(x,y); 变为:

max=(a,b)　(a>b?a:b)(x,y);

这样的表达式编译无法通过。

(2) 在带参数宏定义中,形参不分配内存空间,因此不必进行类型定义;宏调用中的实参有具体值,要用它们去替换形参,因此必须进行类型说明。这与函数中的情况不同,函数中的形参和实参是两个不同的变量,各有自己的作用域,调用时要把实参值赋予形参,进行值传递,而在带参数宏中,只是进行符号替换,不存在值传递的问题。

(3) 宏定义中的形参是标识符,而宏调用中的实参可以是表达式。例如,有带参数宏的定义:

#define　SQ(y)　(y)*(y)

有带参数宏的调用:

result=SQ(2+1);

进行宏展开时,用"2+1"替换 y,再用(y)*(y)替换 SQ,得到如下语句:

result=(2+1)*(2+1);

这与函数调用是不同的,函数调用时要把实参表达式的值求出来再传递给形参,而宏替换中对实参表达式不进行计算,直接照原样替换。

(4) 在宏定义中,字符串内的形参通常要用括号括起来以避免出错。例如,有带参数宏的定义:

#define　SQ(y)　y*y

有带参数宏的调用:

result=SQ(2+1);

进行宏展开时,用"2+1"替换 y,再用 y*y 替换 SQ,得到如下语句:

result=2+1*2+1;

得到的结果与(3)中举例的结果不一致。

6.9.2　文件包含

文件包含是 C 语言预处理程序的另一个重要功能。文件包含命令的一般形式如下：

```
#include  <文件名>
```

或

```
#include  "文件名"
```

"<>"和英文双引号表示定位"文件名"文件的两种不同方式。前者是在编译器指定的目录(也可以由用户通过设置编译器选项指定这个目录)内查找"文件名"文件，这通常就是一个叫作 include 的目录，目录下有很多.h 文件，包括我们熟悉的 stdio.h、math.h 等，我们可以在硬盘上找到并打开它们。后者是按照"文件路径"所描述的路径查找文件。通常我们给定的"文件路径"中并不包含路径，只有一个文件名，表示在与源文件相同的目录下查找"文件路径"。

如果能成功定位文件(否则会编译错误)，预处理器会用该文件的内容替换#include 命令所在的行，替换后的代码再被编译器编译。例如，同一目录下有两个文件：file.h 和 file.c，它们的内容分别如下。

```
/*头文件 file.h*/
int var1,var2;
/*源代码文件 file.c*/
#include "file.h"
int main()
{
    var1=var2=0;
    return 0;
}
```

file.c 经过预处理后，交给编译器的代码会变成这样：

```
int var1,var2;
int main()
{
    var1=var2=0;
    return 0;
}
```

6.9.3　条件编译

预处理命令还有裁剪代码的能力，使某些代码仅在特定的条件成立时才会被编译进可执行文件。这对于程序的移植和调试都是很有用的。

条件编译有以下 3 种形式。

第一种形式：

```
#ifdef  标识符
    程序段 1
#else
    程序段 2
#endif
```

功能：若标识符已被#define 命令定义过，则对程序段 1 进行编译，否则对程序段 2 进行编译。

第二种形式：

```
#ifndef  标识符
    程序段 1
#else
    程序段 2
#endif
```

功能：若标识符未被#define 命令定义过，则对程序段 1 进行编译，否则对程序段 2 进行编译。这与第一种形式的功能正好相反。

第三种形式：

```
#if  常量表达式
    程序段 1
#else
    程序段 2
#endif
```

功能：若常量表达式的值为真(非 0)，则对程序段 1 进行编译，否则对程序段 2 进行编译。因此可以使程序在不同条件下完成不同功能。

【程序 6-23】输入一个数字，根据需要设置条件编译，输出以该数字为半径的圆的面积或以该数字为边长的正方形的面积。

```
/*程序 6-23*/
#include <stdio.h>
#define R 1
int main()
{
  float r,area;
  printf("请输入一个正整数：");
  scanf("%f",&r);
#if R
  area=3.14159*r*r;
  printf("圆的面积是：%.2f\n",area);
#else
  area=r*r;
  printf("正方形的面积是：%.2f\n",area);
#endif
  return 0;
}
```

程序运行的结果如下：

```
请输入一个正整数：2✓
圆的面积是：12.57
```

程序 6-23 采用了第三种形式的条件编译。在程序的宏定义中 R 为 1，因此在条件编译时常量表达式的值为真，故计算并输出圆的面积。

#ifdef 与#if defined 等价，#ifndef 与#if !defined 等价。#ifdef 和#ifndef 相对更简洁、直观，所以用得更多。

条件编译是 C 语言一个非常重要的功能，几乎所有的大型软件都会用到。经过良好设计的源代码，配合条件编译命令可以实现很多很酷的功能，如轻松修改几个宏定义，即可让编译后的代码含有或不含有某些功能，以避免不必要的浪费。而很多软件的精简版、专业版和豪华版配置版本就是用此方法做到的。再如，一些软件要有跨平台能力，在 Windows、Linux、UNIX 和 Mac OS 下都能工作，但不同平台之间有很大的差异，有时同一件事情在不同平台需要不同的代码来做，而条件编译恰好能绝妙地完成这件工作。

6.10 综合应用举例

C 语言是结构化程序设计语言。结构化程序设计强调程序设计的风格和程序结构的规范化，提倡清晰的结构，包括自顶向下分析问题的方法、模块化设计和结构化编程 3 个步骤，适合规模较大的程序设计。

1. 自顶向下分析问题的方法

自顶向下分析问题的方法，就是把大的复杂问题分解成小问题后解决。在面对一个复杂问题时，应先进行整体的分析，按组织或功能将问题分解成子问题，如果子问题仍然复杂，再进行下一步分解，直到处理对象相对简单、容易理解为止。当所有的子问题都得到解决时，整个问题也就解决了。在这个过程中，每一次分解都是对上一层问题进行细化和逐步求精，最终形成一个类似树形的层次结构，用于描述分析结构。

例如，有学生成绩统计程序，输入 10 个学生 10 门课程的成绩，要求：

(1) 求出某个学生的最高成绩；

(2) 求出某门课程的最高成绩；

(3) 求出某个学生的平均成绩；

(4) 求出某门课程的平均成绩；

(5) 统计某个学生不及格课程的门数；

(6) 统计某门课程不及格学生的人数。

按自顶向下、逐步细化的方法将其分解为 6 个子问题：求某个学生的最高成绩、求某门课程的最高成绩、求某个学生的平均成绩、求某门课程的平均成绩、统计某个学生不及格课程的门数、统计某门课程不及格学生的人数。学生成绩统计程序层次结构如图 6-7 所示。

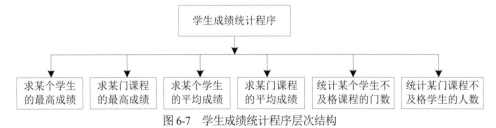

图 6-7　学生成绩统计程序层次结构

2. 模块化设计

经过问题分析，设计好层次结构后，即可进入模块化设计阶段。在该阶段，需要将模块组织成良好的层次系统，顶层模块调用其下层模块以实现程序的完整功能，每个下层模块再调用更下层的模块，从而完成程序的一个子功能，最下层的模块完成最具体的功能。

模块化设计时要遵循模块独立性的原则，即模块之间的联系尽量简单，体现在以下几个方面。

(1) 一个模块只完成一个指定的功能。

(2) 模块之间只通过参数进行调用。

(3) 一个模块只有一个入口和一个出口。

(4) 模块内慎用全局变量。

模块化设计使程序结构清晰，易于设计和理解。当程序出错时，只需改动相关模块即可。模块化设计有利于大型软件的开发，程序员可以分工编写不同的模块。

在 C 语言中，模块一般通过函数实现，一个模块对应一个函数。在设计某个具体的模块时，模块中包含的语句一般不要超过 50 行，这既便于编程人员思考和设计，也利于阅读程序。如果该模块功能太复杂，可以进一步分解到低一层的模块函数。

根据图 6-7，对学生成绩统计程序进行以下的模块化设计。

(1) 设计 7 个函数，每个函数完成一项功能并代表一个模块，包括主函数 main()、求某个学生的最高成绩函数 SHighScore()、求某门课程的最高成绩函数 CHighScore()、求某个学生的平均成绩函数 SAveScore()、求某门课程的平均成绩函数 CAveScore()、统计某个学生不及格课程的门数函数 SLowScore() 和统计某门课程不及格学生的人数函数 CLowScore()。

(2) 模块间的调用关系：主函数 main() 根据用户的要求有选择地调用函数 SHighScore()、CHighScore()、SAveScore()、CAveScore()、SLowScore() 和 CLowScore()。

3. 结构化编程

结构化编程的主要原则如下。

(1) 经模块化设计后，每个模块都可以独立编码。编程时应选用顺序、选择和循环 3 种控制结构，对于复杂问题可以通过这 3 种结构的组合、嵌套实现，以清晰表示程序的逻辑结构。

(2) 对变量、函数、常量等进行命名时，要见名知意，有助于对变量含义或函数功能的理解。

(3) 在程序中增加必要的注释，增加程序的可读性。

(4) 要有良好的程序视觉组织，利用缩进格式，一行写一条语句，呈现出程序语句的阶梯方式，使程序逻辑结构层次分明、结构清晰、错落有致。

(5) 程序要有良好的交互性，输入有提示，输出有说明，并尽量采用统一整齐的格式。

【程序 6-24】设数组 Score 中存放着 10 个学生 10 门课程的成绩。请编程实现：

(1) 求出某个学生的最高成绩；

(2) 求出某门课程的最高成绩；

(3) 求出某个学生的平均成绩；

(4) 求出某门课程的平均成绩；

(5) 统计某个学生不及格课程的门数；

(6) 统计某门课程不及格学生的人数。

该程序要求的每个功能都使用一个函数来实现，并使用数组作为函数参数，同时，每个函数都需要一个返回值。更进一步，由于程序需要提供 6 种功能，可以使用选择菜单的方式，由用户选择功能并调用相应的函数进行实现。程序 6-24 中主函数 main()的 N-S 图如图 6-8 所示。

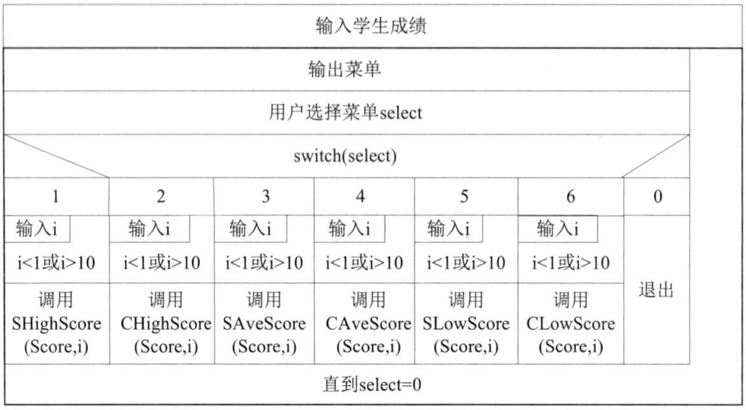

输入学生成绩						
输出菜单						
用户选择菜单select						
switch(select)						
1	2	3	4	5	6	0
输入i	输入i	输入i	输入i	输入i	输入i	退出
i<1或i>10	i<1或i>10	i<1或i>10	i<1或i>10	i<1或i>10	i<1或i>10	
调用 SHighScore (Score,i)	调用 CHighScore (Score,i)	调用 SAveScore (Score,i)	调用 CAveScore (Score,i)	调用 SLowScore (Score,i)	调用 CLowScore (Score,i)	
直到select=0						

图 6-8　程序 6-24 中主函数 main()的 N-S 图

程序如下：

```
/*程序 6-24*/
#include <stdio.h>
#define N 10
/*求某个学生的最高成绩*/
int SHighScore(int s[][N],int order);
/*求某门课程的最高成绩*/
int CHighScore(int s[][N],int order);
/*求某个学生的平均成绩*/
float SAveScore(int s[][N],int order);
/*求某门课程的平均成绩*/
float CAveScore(int s[][N],int order);
/*求某个学生不及格课程的门数*/
int SLowScore(int s[][N],int order);
/*求某门课程不及格学生的人数*/
int CLowScore(int s[][N],int order);

int main()
{
    int score[N][N];
    int i,j,select;
    printf("请输入成绩：\n");
    for(i=0;i<N;i++)
    {
        printf("第%d 个学生的成绩：",i+1);
        for(j=0;j<N;j++)
            scanf("%d",&score[i][j]);
    }
    do
    {
        printf("菜单：\n
```

```
                1：求某个学生的最高成绩\n
                2：求某门课程的最高成绩\n
                3：求某个学生的平均成绩\n
                4：求某门课程的平均成绩\n
                5：求某个学生不及格课程的门数\n
                6：求某门课程不及格学生的人数\n
                0：退出\n
                你的选择是(0～6)：");
scanf("%d",&select);
switch(select)
{
case 1:
    printf("请输入学生的序号：");
    do
    {
        scanf("%d",&i);
        if(i<1 || i>N)
            printf("输入错误，请重新输入：");
    }while(i<1 || i>N);
    printf("学生%d 的最高成绩为：%d\n",i,SHighScore(score,i));
    break;
case 2:
    printf("请输入课程的序号：");
    do
    {
        scanf("%d",&i);
        if(i<1 || i>N)
            printf("输入错误，请重新输入：");
    }while(i<1 || i>N);
    printf("课程%d 的最高成绩为：%d\n",i,CHighScore(score,i));
    break;
case 3:
    printf("请输入学生的序号：");
    do
    {
        scanf("%d",&i);
        if(i<1 || i>N)
            printf("输入错误，请重新输入：");
    }while(i<1 || i>N);
    printf("学生%d 的平均成绩为：%.2f\n",i,SAveScore(score,i));
    break;
case 4:
    printf("请输入课程的序号：");
    do
    {
        scanf("%d",&i);
        if(i<1 || i>N)
            printf("输入错误，请重新输入：");
    }while(i<1 || i>N);
    printf("课程%d 的平均成绩为：%.2f\n",i,CAveScore(score,i));
```

```
            break;
        case 5:
            printf("请输入学生的序号：");
            do
            {
                scanf("%d",&i);
                if(i<1 || i>N)
                    printf("输入错误，请重新输入：");
            }while(i<1 || i>N);
            printf("学生%d 有%d 门课程不及格\n",i,SLowScore(score,i));
            break;
        case 6:
            printf("请输入课程的序号：");
            do
            {
                scanf("%d",&i);
                if(i<1 || i>N)
                    printf("输入错误，请重新输入：");
            }while(i<1 || i>N);
            printf("课程%d 有%d 个学生不及格\n",i,CLowScore(score,i));
            break;
        case 0:
            break;
        default:
            printf("输入错误！\n");

        }
    }while(select!=0);
    return 0;
}

/* 函数功能：求某个学生的最高成绩
   函数参数：整型二维数组 s
            整型 order：学生的序号
   函数返回值：整型，某个学生的最高成绩*/
int SHighScore(int s[][N],int order)
{
    int j,max;
    max=s[order−1][0];
    for(j=1;j<N;j++)
        if(s[order−1][j]>max)
            max=s[order−1][j];
    return max;
}

/* 函数功能：求某门课程的最高成绩
   函数参数：整型二维数组 s
            整型 order：课程的序号
   函数返回值：整型，某门课程的最高成绩*/
int CHighScore(int s[][N],int order)
```

```
{
  int j,max;
  max=s[0][order-1];
  for(j=1;j<N;j++)
    if(s[j][order-1]>max)
      max=s[j][order-1];
  return max;
}
```

/* 函数功能：求某个学生的平均成绩
   函数参数：整型二维数组 s
            整型 order：学生的序号
   函数返回值：浮点型，某个学生的平均成绩*/
```
float SAveScore(int s[][N],int order)
{
  int j;
  float ave=0;
  for(j=0;j<N;j++)
    ave+=s[order-1][j];
  ave/=N;
  return ave;
}
```

/* 函数功能：求某门课程的平均成绩
   函数参数：整型二维数组 s
            整型 order：课程的序号
   函数返回值：浮点型，某门课程的平均成绩*/
```
float CAveScore(int s[][N],int order)
{
  int j;
  float ave=0;
  for(j=0;j<N;j++)
    ave+=s[j][order-1];
  ave/=N;
  return ave;
}
```

/* 函数功能：求某个学生不及格课程的门数
   函数参数：整型二维数组 s
            整型 order：学生的序号
   函数返回值：整型，某个学生不及格课程的门数*/
```
int SLowScore(int s[][N],int order)
{
  int j,num=0;
  for(j=0;j<N;j++)
    if(s[order-1][j]<60)
      num++;
  return num;
}
```

```
/* 函数功能：求某门课程不及格学生的人数
   函数参数：整型二维数组 s
             整型 order：课程的序号
   函数返回值：整型，某门课程不及格学生的人数*/
int CLowScore(int s[][N],int order)
{
    int j,num=0;
    for(j=0;j<N;j++)
        if(s[j][order-1]<60)
            num++;
    return num;
}
```

程序运行结果如下：

```
请输入成绩：
第 1 个学生的成绩：10 20 30 40 50 60 70 80 90 100✓
第 2 个学生的成绩：23 34 45 56 67 78 89 91 16 98✓
第 3 个学生的成绩：36 48 57 69 74 85 96 21 14 80✓
第 4 个学生的成绩：47 56 62 74 85 96 33 22 11 77✓
第 5 个学生的成绩：52 64 78 85 94 47 35 28 19 66✓
第 6 个学生的成绩：69 78 84 95 51 42 36 29 17 52✓
第 7 个学生的成绩：78 82 90 65 52 47 38 29 15 48✓
第 8 个学生的成绩：85 96 77 61 54 49 36 28 17 28✓
第 9 个学生的成绩：99 85 76 62 53 48 39 25 17 28✓
第 10 个学生的成绩：100 97 85 74 63 58 47 39 25 14✓
菜单：
1：求某个学生的最高成绩
2：求某门课程的最高成绩
3：求某个学生的平均成绩
4：求某门课程的平均成绩
5：求某个学生不及格课程的门数
6：求某门课程不及格学生的人数
0：退出
你的选择是(0～6)：1✓
请输入学生的序号：4✓
学生 4 的最高成绩为：96
菜单：
1：求某个学生的最高成绩
2：求某门课程的最高成绩
3：求某个学生的平均成绩
4：求某门课程的平均成绩
5：求某个学生不及格课程的门数
6：求某门课程不及格学生的人数
0：退出
你的选择是(0～6)：0✓
```

【说明】

程序中用户输入的学生、课程的序号是从 1 开始的，而数组下标是从 0 开始的，所以在每个自定义函数中，需要将传递的表示学生或课程序号的参数减 1，才是对应的数组中的行号或列号。

【思考】

在此程序的基础上，可以实现很多学生成绩的计算、统计、查询、更新等功能，请大家课后自己完成这些函数的设计和实现。

课后习题 6

一、选择题

1. 以下函数形式正确的是(　　)。

A. double fun(int x,int y)

　　{ z=x+y; return z; }

B. fun(int x,y)

　　{ int z; return z; }

C. fun(x,y)

　　{ int x,y; double z; z=x+y; return z; }

D. double fun(int x,int y)

　　{ double z; z=x+y; return z; }

2. 下面函数调用语句中，含有的实参个数为(　　)。

```
func((exp1,exp2),(exp3,exp4,exp5));
```

A. 1　　　　　　　　B. 2　　　　　　　　C. 4　　　　　　　　D. 5

3. 若用数组名作为函数调用的实参，则传递给形参的是(　　)。

A. 数组的首地址

B. 数组第一个元素的值

C. 数组中全部元素的值

D. 数组元素的个数

4. 下列程序的输出结果是(　　)。

```c
#include <stdio.h>
void fun(int a,int b,int c)
{
    c=a*b;
}
int main()
{
    int c;
    fun(2,3,c);
    printf("%d\n",c);
    return 0;
}
```

A. 0　　　　　　　　B. 1　　　　　　　　C. 6　　　　　　　　D. 无法确定

5. 下列程序的输出结果是(　　)。

```c
#include <stdio.h>
int x=1;
void func(int x)
{
    x=3;
}
int main()
{
```

```
        func(x);
        printf("%d\n",x);
        return 0;
}
```

A. 3　　　　　　　　B. 1　　　　　　　　C. 0　　　　　　　　D. 无法确定

6. 下列程序的输出结果是(　　)。

```
#include <stdio.h>
float fun(int x,int y)
{
        return (x+y);
}
int main()
{
        int a=2,b=5,c=8;
        printf("%3.0f\n",fun((int)fun(a+c,b),a-c));
        return 0;
}
```

A. 编译出错　　　　B. 9　　　　　　　C. 21　　　　　　　D. 9.0

7. 凡是函数中未指定存储类别的局部变量,其隐含的存储类别为(　　)。

A. 自动(auto)　　　　　　　　　　　B. 静态(static)

C. 外部(extern)　　　　　　　　　　D. 寄存器(register)

8. 以下程序的运行结果是(　　)。

```
#include <stdio.h>
#define   ADD(x)   x+x
int main()
{
        int m=1,n=2,k=3;
        int sum=ADD(m+n)*k;
        printf("sum=%d\n",sum);
        return 0;
}
```

A. sum=9　　　　B. sum=10　　　　C. sum=12　　　　D. sum=18

9. 若有以下宏定义:

```
#define   N   2
#define   Y(n)   ((N+1)*n)
```

则执行语句 Z=2*(N+Y(5));后的结果是(　　)。

A. 语句有误　　　　B. Z=34　　　　C. Z=70　　　　D. Z 无定值

10. 以下程序的运行结果是(　　)。

```
#include <stdio.h>
#define   LETTER   0
int main()
{
        char str[20]="C Language",c;
```

```
        int i=0;
        while((c=str[i])!='\0')
        {
            #if  LETTER
                if(c>='a'&&c<='z')
                    c=c-32;
            #else
                if(c>='A'&&c<='Z')
                    c=c+32;
            #endif
                i++;
                printf("%c",c);
        }
        return 0;
}
```

  A. c Language   B. c language   C. C Language   D. C language

二、填空题

1. 以下程序的运行结果是_____。

```
#include<stdio.h>
#define MAX 10
int a[MAX],i;
sub2()
{
    int a[MAX],i,max;
    max=5;
    for(i=0;i<max;i++) a[i]=i;
}
sub1()
{
    for(i=0;i<MAX;i++) a[i]=i+i;
}
sub3(int a[])
{
    int i;
    for(i=0;i<MAX;i++) printf("%d ",a[i]);
    printf("\n");
}
 int main()
{
    printf("\n"); sub1(); sub3(a); sub2(); sub3(a);
    return 0;
}
```

2. 以下程序的运行结果是_____。

```
#include <stdio.h>
func(int a,int b)
{
    static int m=0,i=2;
```

```
        i+=m+1;
        m=i+a+b;
        return(m);
}
int main()
{
        int k=4,m=1,p;
        p=func(k,m); printf("%d, ",p);
        p=func(k,m); printf("%d\n",p);
        return 0;
}
```

3. 若输入一个整数 10，则以下程序的运行结果是_____。

```
#include <stdio.h>
sub(int a)
{
    int c;
    c=a%2;
    return c;
}
int main()
{
    int a,e[10],c,i=0;
    printf("输入一整数\n");
    scanf("%d",&a);
    while(a!=0)
    {
        c=sub(a);
        a=a/2;
        e[i]=c;
        i++;
    }
    for(;i>0;i--) printf("%d",e[i-1]);
    return 0;
}
```

4. 以下程序的运行结果是_____。

```
#include <stdio.h>
#define  MAX(x,y)  (x)>(y)?(x):(y)
int main()
{
    int a=5,b=2,c=3,d=3,t;
    t=MAX(a+b,c+d)*10;
    printf("%d\t",t);
    return 0;
}
```

三、编程题

1. 水仙花数是一个三位数，其各位数字的立方和恰好等于该数本身，如 153= 1+125+27。编写一个函数，判断一个三位数是否是一个水仙花数，并返回一个整型值(0 表示不是水仙花数，1 表示是水仙花数)。

2. 输入一行字符，其中含有数字字符，编写子函数把其中连续的数字字符转换为整数，存入一维数组中，在主函数中输出。例如：

输入：as12df34fg45
输出：123445

3. 编程实现折半查找算法。算法描述如下：对于一个排列呈递增序列的数组 A，首先将待查找元素 k 与 A 的中间元素 A[mid]比较，如果 k=A[mid]，则找到，并返回 mid；若 k<A[mid]，则在 A 的左半部分数组中查找；否则在 A 的右半部分数组中查找。在左半部分数组和右半部分数组中查找的方法与在整个数组中查找的方法相同。如果最后没有在 A 中查找到 k，则返回-1。试用递归和非递归程序分别实现。

第7章

指 针

指针是 C 语言的强大功能之一，其可以很容易地访问某个指定的内存单元，包括读取和修改内存单元的值，因此，C 语言常被用来写硬件接口程序。指针与数组之间的关系非常密切，在某些情况下，指针与数组可以互换。指针常用于在被调函数中修改值，并将这些修改后的值传递给调用函数，还可以用于建立动态数据结构(如链表、队列、栈、二叉树和图等)。因此，熟练掌握和正确使用指针对 C 语言程序设计人员来说是至关重要的。

若想理解指针的概念并正确地使用指针，则需先了解以下几个与指针相关的概念和问题。

7.1 内存、地址和内容

我们可以把计算机的内存看作一条街上的一排房屋，每座房子都可以容纳数据，并通过一个房号来标识。变量的值存储于计算机的内存中，每个变量都占据一个特定的位置，每个内存位置都由地址唯一确定并引用。

这个比喻很恰当，但存在局限性。计算机的内存由数以亿万计的位(bit)组成，每个位可以容纳值 0 和 1。由于一个位所能表示的值的范围有限，所以单独的位用处不大，通常许多位合成一组作为一个单位，这样就可以存储范围较大的值。

在许多机器上，每个字节包含 8 个位，可以存储无符号值 0~255 或有符号值-128~127。每个字节通过地址来标识，地址值为 100~107，如图 7-1 所示。

图 7-1 内存中的字节

为了存储更大的值，我们把两个或更多个字节合在一起作为一个更大的内存单元，如许多机器以 4 个字节来存储整数。图 7-2 所示的内存位置与图 7-1 相同，但这次它以 4 个字节来表示。

图 7-2 内存中的 4 个字节

无符号整数的范围是从 0 到 4294967295(2^{32}-1)，可以容纳的有符号整数的范围是从-2147483648(-2^{31})至 2147483647(2^{31}-1)。注意，尽管一个整数占 4 个字节，但仍然只有一个地址，至于它的地址是从最左边字节还是最右边字节的位置开始，不同的机器有不同的规定。

由此可知：内存中的每个位置由一个独一无二的地址标识，并都包含一个值。

图 7-3 显示了内存中 5 个整数的内容。

图 7-3　内存(地址标识)中 5 个整数的内容

图 7-3 中的每个整数都占 4 个字节。如果记住了一个值的存储地址，以后可以根据该地址取得这个值，但是要记住所有地址就比较难了，所以高级语言所提供的特性之一就是通过名字而不是地址来访问内存的位置。图 7-4 所示是将图 7-3 中的地址标识用名字来代替。

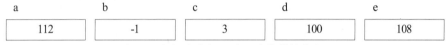

图 7-4　内存(名字标识)中 5 个整数的内容

这些名字就是我们所称的变量。名字与内存位置之间的关联并不是硬件所提供的，而是由编译器实现的。所有这些变量给了我们一种更方便的方法记住地址，但硬件仍然通过地址访问内存位置。

7.2　指针与指针变量

指针是 C 语言提供的一种特殊的数据类型，它只存放地址型数据，是地址的另一个名字。指针变量是 C 语言中专门存放地址型数据的变量。

7.2.1　指针变量的定义

指针变量定义的一般形式如下。

```
类型 *指针变量名;
```

其中，符号*在变量声明语句中是指针类型说明符，前面的类型用于声明指针可以指向哪一种类型的变量，称为指针的基类型。例如：

```
int *pt1;
float *pt2;
```

定义一个指向整型数据的指针变量 pt1 和一个指向实型数据的指针变量 pt2。

若想让指针变量具体指向某个变量数据，则需要对其进行初始化。指针变量可以在定义时初始化，用&操作符完成，用于产生变量的内存地址。例如：

```
int a=112;
float c=3.14;
int *pt1=&a;
float *pt2=&c;
```

其含义是：定义一个指向整型数据的指针变量 pt1 和一个指向实型数据的指针变量 pt2，然后将整型变量 a 的地址赋值给指针变量 pt1，将实型变量 c 的地址赋值给指针变量 pt2。这样，

pt1 就指向整型变量 a，pt2 就指向实型变量 c。指针变量 pt1、pt2 和变量 a、c 之间的关系如图 7-5 所示。

图 7-5　指针变量与其指向变量之间的关系

【说明】

(1) 在定义指针变量时，以下 3 种写法都可以编译通过。第三种定义方法最常用。

```
int* pt1;
```

```
int * pt1;
```

```
int *pt1;                /*此种方法最常用*/
```

(2) 基类型与指针所指向的变量类型要一致。例如：

```
int a=112;
float c=3.14;
int *pt1=&c;             /*error*/
float *pt2=&a;           /*error*/
```

实型变量 c 的地址不能赋值给基类型是整型的指针变量 pt1，同样，整型变量 a 的地址不能赋值给基类型是实型的指针变量 pt2。

7.2.2　指针变量的引用

用*运算符可以获取指针变量所指向的变量的内容，该运算符被称为指针变量间接访问运算符。指针变量间接访问的一般形式如下。

```
*指针变量名
```

功能是取指针变量名所指向变量的内容。例如：

```
int a=112;
float c=3.14;
int *pt1=&a;
float *pt2=&c;
*pt1=100;               /*对 pt1 所指向的变量 a 赋值为 100*/
*pt2=6.28;              /*对 pt2 所指向的变量 c 赋值为 6.28*/
```

由于表达式*pt1 访问的是 pt1 所指向的变量 a，所以语句

```
*pt1=100;
```

等价于将整型值 100 赋值给 pt1 所指向的变量 a。同样，语句

```
*pt2=6.28;
```

等价于将实型值 6.28 赋值给 pt2 所指向的变量 c。经过赋值后，指针变量 pt1、pt2 和变量 a、c 之间的关系如图 7-6 所示。

图 7-6　赋值后指针变量与其指向变量之间的关系

【说明】

(1) 对变量 a 的赋值。

对变量 a 赋值可以采用两种方法来实现，如下所示。

```
int a=100;   /*方法一：直接寻址方式*/
```

```
*pt1=100;   /*方法二：间接寻址方式*/
```

方法一中，直接按变量名 a 存取变量内容的访问方式，称为直接寻址。方法二中，通过指针变量 pt1 间接存取它所指向的变量 a 的访问方式，称为间接寻址。打个比方，变量 a 所占的存储单元好比是抽屉 A，指针变量 pt1 所占的存储单元好比是抽屉 B，抽屉 B 中放着抽屉 A 的钥匙，直接寻址好比直接在抽屉 A 中存取东西，而间接寻址好比先到抽屉 B 中取出抽屉 A 的钥匙，然后打开抽屉 A，往抽屉 A 中存取东西。

(2) 未初始化和非法的指针。

下面代码段说明了一个极为常见的错误。

```
int *a;
*a=12;     /*危险*/
```

该声明创建了一个名叫 a 的指针变量，后面的赋值语句把 12 存储在 a 所指向的内存位置。但是 a 究竟指向哪里呢？我们声明了这个变量，但从未对它进行初始化，所以没有办法预测 12 这个值将存储在哪个位置。如果程序执行该赋值操作，会发生什么情况？可能出现的情况有：①a 的初始值是一个非法地址，这样赋值语句将会出错，从而终止程序；②指针包含一个合法的地址，那么位于该位置的值将被修改，这样的赋值操作将会非常危险，且这种类型的错误非常难以捕捉。因此，在对指针进行间接访问之前，必须确保它们已经被初始化。

(3) NULL 指针。

标准库定义了 NULL 指针，它作为一个特殊的指针变量，表示不指向任何东西，要使一个指针变量为 NULL，可以给它赋一个零值。为了测试一个指针变量是否为 NULL，可以将它与零值进行比较。

事实上指针变量并不能够被自动初始化为 NULL。对所有的指针变量进行显式的初始化是一种好做法。如果已经知道指针将被初始化的地址，那么就把它初始化为该地址，否则就把它初始化为 NULL。例如：

```
int *pt=NULL;   /*指针变量 pt 初始化为 NULL*/
```

(4) 运算符*在 C 语言中有 3 种含义。

① 乘法。

例如：

```
int a=3,b;
b=3*a;                  /*运算符*表示乘法*/
```

② 指针变量的定义。

例如：

```
int a=3;
int *pt=&a;              /*运算符*表示指针变量的定义*/
```

③ 指针变量的引用。

例如：

```
int a=3;
int *pt=&a;
printf("%d\n",*pt);      /*运算符*表示指针变量的引用*/
```

(5) &和*运算符的综合运用。

取地址运算符&和间接寻址运算符*的优先级是相同的，按照自右向左的方向结合。例如：

```
int a=3;
int *pt=&a;
```

① 表达式&*pt 的含义。

先进行*pt 的运算，其结果是变量 a 的值；再执行&运算，便可获得存储变量的值的内存区域的首地址，因此&*pt 与&a 相同，运算结果为获取 a 的地址，即指针变量 pt。

② 表达式*&a 的含义。

先进行&a 的运算，得到 a 的地址；再进行*运算，即&a 所指向的变量 a。*&a 和*pt 的作用是一样的，它们的结果都是变量 a。

【练一练 7-1】以下程序运行的结果为_____。

```
#include <stdio.h>
int main()
{
    int *p,i=5;
    p=&i;
    i=*p+10;
    printf("i=%d\n",i);
    return 0;
}
```

7.2.3　指针变量作为函数参数

函数的参数不仅可以是整型、实型、字符型等数据，还可以是指针类型，它的作用是将一个变量的地址传递到函数中。其实指针变量最重要的作用就是作为函数参数。那么，为什么要用指针变量作为函数参数呢？先让我们来看一个例子。

【程序 7-1】从键盘任意输入两个整数，编程实现将其交换后再重新输出。

```
/*程序 7-1*/
#include <stdio.h>
/* 函数功能：交换两个整型数 x 和 y 的值
   函数参数：整型变量 x 和 y 代表要交换的数
```

```
        函数返回值：无*/
    void swap(int x,int y)
    {
        int temp;
        temp=x;
        x=y;
        y=temp;
    }
    int main()
    {
        int a,b;
        printf("Please enter a,b:");
        scanf("%d%d",&a,&b);
        /*输出交换前的 a 和 b*/
        printf("Before swap:a=%d,b=%d\n",a,b);
        swap(a,b);
        /*输出交换后的 a 和 b*/
        printf("After swap:a=%d,b=%d\n",a,b);
        return 0;
    }
```

程序运行结果如下：

```
Please enter a,b:3 4↙
Before swap:a=3,b=4
After swap:a=3,b=4
```

从程序的运行结果中我们发现，函数 swap()并没有实现 a 值和 b 值的交换，是什么原因造成这样结果的呢？让我们结合图 7-7 来分析。

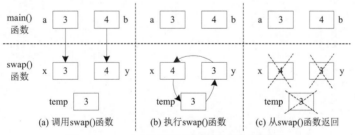

图 7-7　swap()函数调用前后参数变化示意图 1

在 main()函数中执行调用 swap()函数后，先进行图 7-7(a)所示的由实参向形参的"单向值传递"，即将实参 a 的值 3 传递给形参 x，将实参 b 的值 4 传递给形参 y，然后转去执行函数 swap()。在执行函数 swap()时，利用中间变量 temp 将形参 x 和 y 的值做交换，如图 7-7(b)所示，这时形参 x 和 y 的值分别由原来的 3 和 4，变成了 4 和 3，确实实现了交换。当 swap()函数执行完毕，返回到主调函数 main()函数中时，如图 7-7(c)所示，由于形参 x 和 y 是局部变量，离开了定义它们的函数 swap()，分配给它们的存储空间就被释放了，这时，main()函数中的实参 a 和 b 的值却从未发生任何改变，仍然保持原来的值，即 a 是 3，b 是 4。从程序 7-1 可以看出函数 swap()做了"无用功"。

那么，怎样才能在函数 swap()中真正实现两数互换的功能呢？这里就要用到传递地址的方法了。由于 C 语言中函数参数的传递方式是"单向值传递"，当用简单变量作为函数参数进行函数调用时，数据只能由实参传递给形参，而且对形参的改变不会影响主调函数中对应实参的值。在函数调用后得到变化了的数据值可通过 return 语句和传递地址值的方法，但利用 return 语句仅限从被调函数带回一个数据值的情况，当需要得到两个或多个变量值时，就要用传递地址值的方法，可以采用指针变量作为函数参数。由于指针变量中存放的是某个变量的地址，所以它传给形参的是指针所指向的某个变量所占存储单元的地址，通过这个地址就可以在函数调用结束返回主函数以后，得到一个变化的值；若要得到两个变化的值，只要用两个指针变量作为函数参数就可以了。

【程序 7-2】 从键盘任意输入两个整数，利用指针变量作为函数参数，编程实现将两数交换后再重新输出。

程序如下：

```c
/*程序 7-2*/
#include <stdio.h>
/*函数功能：交换两个整型数的值
  函数参数：指针变量 x 和 y 分别指向要交换的两个数
  函数返回值：无
*/
void swap(int *x,int *y)
{
  int temp;
  temp=*x;
  *x=*y;
  *y=temp;
}
int main()
{
  int a,b;
  printf("Please enter a,b:");
  scanf("%d%d",&a,&b);
  /*输出交换前的 a 和 b*/
  printf("Before swap:a=%d,b=%d\n",a,b);
  /*调用函数 swap()实现 a 和 b 的交换*/
  swap(&a,&b);
  /*输出交换后的 a 和 b*/
  printf("After swap:a=%d,b=%d\n",a,b);
  return 0;
}
```

程序运行结果如下：

```
Please enter a,b:3 4✓
Before swap:a=3,b=4
After swap:a=4,b=3
```

从程序的运行结果我们发现，用指针变量作为函数参数后，确实实现了两数互换的功能。图 7-8 分析了实现两数互换的过程。

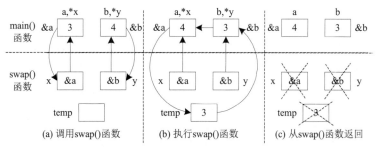

(a) 调用swap()函数　　　(b) 执行swap()函数　　　(c) 从swap()函数返回

图 7-8　swap()函数调用前后参数变化示意图 2

在主函数 main()中，用变量 a 和变量 b 的地址作为函数实参；在函数 swap()中，用指针变量 x 和 y 作为函数形参。调用函数 swap()时，如图 7-8(a)所示，实参&a 传递给形参 x，实参&b 传递给形参 y，此时，指针变量 x 指向变量 a，指针变量 y 指向变量 b，故*x 与 a 等价，*y 与 b 等价。执行函数 swap()时，如图 7-8(b)所示，借助于中间变量 temp，交换*x 和*y 的值，即是交换变量 a 和变量 b 的值。当 swap()函数执行完毕，返回到主调函数 main()函数中时，如图 7-8(c)所示，由于形参 x 和 y 是局部变量，离开了定义它们的函数 swap()，分配给它们的存储空间就被释放了，这时，main()函数中的变量 a 和 b 的值发生了交换，即 a 是 4，b 是 3。从程序 7-2 可以看出，用指针变量作为函数参数的函数 swap()真正实现了两数的互换功能。

【练一练 7-2】以下程序运行的结果为＿＿＿＿＿＿＿＿。

```c
#include <stdio.h>
void fun(int *x,int *y)
{
    printf(" %d %d",*x,*y);
    *x=3;
    *y=4;
}
int main()
{
    int x=1,y=2;
    fun(&y,&x);
    printf(" %d %d",x,y);
    return 0;
}
```

7.3　指针与数组

在 C 语言中，指针和数组的关系极为密切。指针可以指向一维数组，也可以指向二维数组，本节主要讨论如何通过指向一维数组或是二维数组的指针来访问数组元素，以及指向一维数组的指针或是二维数组的指针作为函数参数的使用方法。

7.3.1 指向一维数组的指针

一个变量有地址，一个数组包含若干元素，每个数组元素都在内存中占用存储单元，它们都有相应的地址。指针变量可以指向变量，也可以指向数组中的某一元素。例如：

```
int a[5];        /*定义一个包含 5 个整型数据的数组 a*/
int *p;          /*定义指向整型变量的指针变量 p*/
p=&a[0];         /*把 a[0]元素的地址赋值给指针变量 p*/
```

指针变量 p 指向 a 数组的第 0 号元素，如图 7-9 所示。

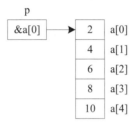

图 7-9　指针变量指向一维数组

在 C 语言中，数组名代表数组中首元素(即序号为 0 的元素)的地址，因此 p=a;等价于 p=&a[0];。

上面定义了指针变量指向一维数组 a，那么如何通过指向一维数组的指针来引用一维数组元素呢？

C 语言规定：如果指针变量 p 已指向数组中的一个元素，则 p+1 指向同一数组中的下一个元素。例如，若整型数组 a 的首地址为 0x12ff7c，即数组序号为 0 的元素 a[0]的地址为 0x12ff7c，那么数组元素 a[1]的地址(假设整型数据占 4 个字节)，即 a+1 的值是：

```
0x12ff7c+1*4=0x12ff80
```

因此，数组元素 a[i](i=0,…,4)的地址，即 a+i 的值是：

```
0x12ff7c+i*4
```

对一维数组元素的访问方法有以下两种。

1. 下标法

下标法可以用数组名加下标形式，如 a[0]表示数组中序号为 0 的元素，a[1]表示数组中序号为 1 的元素，以此类推，用 a[i](i=0,…,4)表示数组中序号为 i 的元素。

下标法也可以用指向数组首元素的指针 p 加下标形式，如 p[0]表示数组中序号为 0 的元素，p[1]表示数组中序号为 1 的元素，以此类推，用 p[i](i=0,…,4)表示数组中序号为 i 的元素。

2. 指针法

数组名代表数组首元素的地址，可以通过数组名计算出数组元素的地址，例如，序号为 0 的元素地址是 a，序号为 1 的元素地址是 a+1，以此类推，序号为 i 的元素地址是 a+i；序号为 0 的元素为*a，序号为 1 的元素为*(a+1)，以此类推，序号为 i 的元素为*(a+i)。

序号为 0 的元素地址为 p，序号为 1 的元素地址为 p+1，以此类推，序号为 i 的元素地址为 p+i；序号为 0 的元素为*p，序号为 1 的元素为*(p+1)，以此类推，序号为 i 的元素为*(p+i)。

一维数组 a 中元素的访问方法如表 7-1 所示。

表 7-1 一维数组 a 中元素的访问方法

下标法 1	下标法 2	指针法 1	指针法 2
a[0]	p[0]	*a	*p
a[1]	p[1]	*(a+1)	*(p+1)
a[2]	p[2]	*(a+2)	*(p+2)
a[3]	p[3]	*(a+3)	*(p+3)
a[4]	p[4]	*(a+4)	*(p+4)
a[i] (i=0,···,4)	p[i] (i=0,···,4)	*(a+i) (i=0,···,4)	*(p+i) (i=0,···,4)

一维数组元素的表示方法如图 7-10 所示。

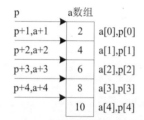

图 7-10 一维数组元素的表示方法

【程序 7-3】有一个整型数组 a，用不同的方法输出数组中的全部元素。

问题分析：设整型数组 a[5]，可以用下面 5 种不同的方法实现输出数组中的全部元素。

(1) 数组名加下标形式。

(2) 通过数组名计算数组元素地址，找到元素。

(3) 通过指针变量计算数组元素地址，找到元素。

(4) 指针变量加下标形式。

(5) 指针变量依次指向数组中的各元素。

```
/*程序 7-3*/
#include <stdio.h>
int main()
{
  int a[5]={2,4,6,8,10};
  int i,*p=a;    /*指针变量 p 指向数组 a 的首元素*/
  /*(1) 数组名加下标形式*/
  for(i=0;i<5;i++)
    printf("%d ",a[i]);
  printf("\n");

  /*(2) 通过数组名计算数组元素地址，找到元素*/
  for(i=0;i<5;i++)
```

```
        printf("%d ",*(a+i));
    printf("\n");

    /*(3) 通过指针变量计算数组元素地址，找到元素*/
    for(i=0;i<5;i++)
        printf("%d ",*(p+i));
    printf("\n");

    /*(4) 指针变量加下标形式*/
    for(i=0;i<5;i++)
        printf("%d ",p[i]);
    printf("\n");

    /*(5) 指针变量依次指向数组中的各元素*/
    for(p=a;p<a+5;p++)
        printf("%d ",*p);
    printf("\n");

    return 0;
}
```

程序运行结果如下：

```
2 4 6 8 10
2 4 6 8 10
2 4 6 8 10
2 4 6 8 10
2 4 6 8 10
```

第 5 种方法中用指针变量 p 来指向元素，用 p++使 p 的值不断改变，从而依次指向数组中的各个元素。

由于增 1 运算的执行效率很高，所以利用指针增 1 运算实现指针的移动，省去了每次寻址一个数组元素都要进行的指针运算。因此，在上面的方法中，第 5 种方法的效率最高，而其他几种方法的执行效率是一样的。

7.3.2 有关指针的运算

1. 算术运算

C 语言的指针算术运算只限于两种形式：①指针±整数；②指针-指针。

2. 关系运算

对指针执行关系运算也是有限制的，可以用下列关系操作符对两个指针值进行比较：<、<=、>、>=。

例如：

```
int a[5]={2,4,6,8,10};
int *p=a;
int *pA=a+3;
```

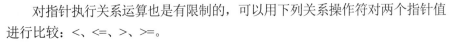

假设每个表达式的求解是独立的，前面表达式的计算过程不会对后面表达式的计算过程产生影响，如求解表 7-2 中表达式的值。

表 7-2　有关指针的运算表达式

表达式	含义	表达式的值
p++	p 原来指向 a[0]，执行 p++ 后，表达式 p++ 的值为当前 p 的值，即 &a[0]。p 的值增 1，p 指向下一元素 a[1]	&a[0]
*p++	运算符 * 和 ++ 的优先级一样，并且都是右结合性，故 *p++ 等价于 *(p++)。表达式 p++ 的值为当前 p 的值，即 &a[0]，*(p++) 即为 a[0] 的值。p 的值增 1，p 指向下一个元素 a[1]	2
*++p	*++p 等价于 *(++p)。首先 p 的值增 1，p 指向下一个元素 a[1]；其次表达式 ++p 的值为当前 p 的值，即 &a[1]，*(++p) 即为 a[1] 的值	4
(*p)++	先做 *p，即 p 所指向的数组元素 a[0]，对 (*p) 做后置 ++ 运算，即等价于 (a[0])++，先计算整个表达式的值为当前 a[0] 的值 2，然后对 a[0] 的值增 1，故 a[0] 的值为 3	2
++(*p)	先做 *p，即 p 所指向的数组元素 a[0]，对 (*p) 做前置 ++ 运算，即等价于 ++(a[0])。先对 a[0] 的值增 1，故 a[0] 的值为 3；然后计算整个表达式的值为当前 a[0] 的值 3	3
pA–p	指针变量 pA 和 p 都指向同一数组，pA 所指的元素与 p 所指的元素之间差 3 个元素，故 pA–p 的值为 3。 如果 pA 和 p 不指向同一数组，则减法运算无意义	3
pA>p	指针变量 pA 和 p 都指向同一数组，则可以进行比较。指向前面元素的指针变量"小于"指向后面元素的指针变量，故 pA>p。 如果 pA 和 p 不指向同一数组，则比较无意义	真

7.3.3　一维数组的指针作为函数参数

在 7.2.3 节介绍了指针变量作为函数参数，同样，也可以用指向一维数组的指针作为函数参数。

数组名或指针作为函数参数形式，如表 7-3 所示。

表 7-3　数组名或指针作为函数参数的形式

形式	实参	形参
形式 1	数组名	数组名
形式 2	数组名	指针变量
形式 3	指针变量	数组名
形式 4	指针变量	指针变量

形式 1 举例：定义了一个函数 func()，形参写成数组形式如下。

```
void func(int arr[],int n)    /*形参为数组名 arr*/
{...}
```

主函数 main()为：

```
int main()
{
    int array[5]={2,4,6,8,10};
    …
    func(array,5);          /*实参为数组名 array*/
    …
}
```

实参数组名 array 代表数组首地址,而形参 arr 是用来接收从实参传递过来的数组首地址的,因此,形参 arr 应该是一个指针变量(只有指针变量才能存放地址)。实际上,C 编译器都是将形参数组名 arr 作为指针变量来处理的,即程序编译时形参 arr 按指针变量处理,相当于将 func()函数的首部处理为：

```
void func(int *arr,int n)
```

此时我们发现编译器处理的形式与形式 2 等价,即函数的实参是数组名,形参是指针变量。

由于数组名作为形参相当于一个指针变量作为形参,因此形参是数组名与形参是指针变量其实是一回事。实参数组名 array 代表一个固定的地址值,或者说是指针常量,但形参数组 arr 并不是一个固定的地址值,而是作为指针变量。

当形参 arr 接收了实参数组 array 的首地址后,arr 就指向实参数组 array 的首元素,即指向 array[0],因此,*arr 与 array[0]等价。arr+1 指向实参数组元素 array[1],因此,*(arr+1)与 array[1]等价,以此类推,arr+i 指向实参数组元素 array[i],因此*(arr+i)与 array[i]等价,如图 7-11 所示。

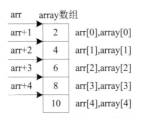

图 7-11　实参 array 向形参 arr 进行参数传递

常用这种方法通过调用一个函数来改变实参数组值。实参是数组名,形参是指针变量,但进行函数传递时,实参数组名向形参指针变量进行参数传递,于是形参指针指向实参数组,便可以通过对形参指针的操作实现对实参数组元素值的修改。对 C 语言比较熟练的专业人员往往喜欢使用指针变量做形参。例如：

```
void func(int arr[],int n)      /*形参为数组名 arr*/
{
    *(arr+2)=5;                 /*array[2]的值修改为 5*/
}
```

主函数 main()为：

```
int main()
{
    int array[5] ={2,4,6,8,10};
    …
```

```
        func(array,5);          /*实参为数组名 array*/
        …
    }
```

调用函数 func()时,实参数组名 array 赋值给形参数组名 arr,即形参指针变量 arr;执行函数 func()时,通过指针变量 arr 访问实参数组 array 中的序号为 2 的元素 array[2],并对 array[2]赋值为 5。通过以上方法,实现了通过形参指针变量修改实参数组中元素的值。

形式 3 举例:定义了一个函数 func(),形参写成数组形式如下。

```
void func(int arr[],int n)       /*形参为数组名 arr*/
{…}
```

主函数 main()为:

```
int main()
{
    int array[5]={2,4,6,8,10};
    int *pArr=array;
    …
    func(pArr,5);           /*实参为指针变量 pArr*/
    …
}
```

实参指针变量 pArr 存放数组名 array 的首地址,而形参 arr 接收从实参指针变量 pArr 传递过来的指针变量值,即 array 数组的首地址,此时,形式 3 与形式 1 和形式 2 也是等价的,因此,形参 arr 应该也是一个指针变量(只有指针变量才能存放地址)。实际上,C 编译器都是将形参数组名 arr 作为指针变量来处理的,即程序编译时形参 arr 按指针变量处理,相当于将 func()函数的首部处理为:

```
void func(int *arr,int n)
```

此时我们发现编译器处理的形式与形式 4 等价,即函数的实参和形参是指针变量。

【程序 7-4】将数组 arr 中的 n 个整数按相反顺序存放,如图 7-12 所示。

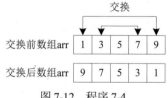

图 7-12　程序 7-4

问题分析: 对于 n 个元素的数组 arr,将 arr[0]与 arr[n-1]的值交换,将 arr[1]与 arr[n-2]的值交换,以此类推,将 arr[i]与 arr[n-1-i]的值交换。很显然,需要用循环来处理此问题,n 个数需要交换多少次? 经过推算发现,n 个数一共需要交换 n/2 次。

算法分析:

step 1 整型数组 arr 初始化。

step 2 执行数组 arr 中的元素逆序存放。

　　step 2.1　定义控制循环变量 i=0。

  step 2.2 判定表达式 i<n/2 是否为真,如果表达式的值为真,则转去执行 step 2.3～step2.5;如果表达式的值为假,则转去执行 step 3。

  step 2.3 交换 arr[i]与 arr[n-1-i]的值。

  step 2.4 i 值增 1。

  step 2.5 转去执行 step 2.2。

step 3 打印输出逆序后的数组 arr。

方法 1:实参为数组名,形参为数组名。程序如下:

```
/*程序 7-4:方法 1*/
#include <stdio.h>
#define N 5

/*函数功能:实现对 n 个元素的整型数组 a 逆序存放
    函数参数:整型数组 a,存放一组整型数据
                整型变量 n,存放数组元素个数
    函数返回值:无*/
void inverse(int a[],int n)
{
    int temp,i;
    for(i=0;i<n/2;i++)
    {
        /*交换 a[i]和 a[n-1-i]的值*/
        temp=a[i];
        a[i]=a[n-1-i];
        a[n-1-i]=temp;
    }
}
int main()
{
    int i,arr[N]={1,3,5,7,9};
    inverse(arr,N);    /*调用 inverse()函数实现数组元素的逆序*/
    printf("The array has been inverted: \n");
    for(i=0;i<N;i++)
        printf("%d ",arr[i]);
    printf("\n");
    return 0;
}
```

程序运行结果如下:

```
The array has been inverted:
9 7 5 3 1
```

方法 2:实参为数组名,形参为指针变量。程序如下:

```
/*程序 7-4:方法 2*/
#include <stdio.h>
#define N 5

/*函数功能:实现对 n 个元素的整型数组 a 逆序存放
```

```
        函数参数：指针变量 a，存放数组首地址
                 整型变量 n，存放数组元素个数
     函数返回值：无*/
void inverse(int *a,int n)
{
    int temp,i;
    for(i=0;i<n/2;i++)
    {
        /*交换*(a+i)和*(a+n-1-i)的值*/
        temp=*(a+i);
        *(a+i)=*(a+n-1-i);
        *(a+n-1-i)=temp;
    }
}
int main()
{
    int i,arr[N]={1,3,5,7,9};
    inverse(arr,N);   /*调用 inverse()函数实现数组元素的逆序*/
    printf("The array has been inverted：\n");
    for(i=0;i<N;i++)
        printf("%d ",arr[i]);
    printf("\n");
    return 0;
}
```

方法 3：实参为指针变量，形参为数组名。程序如下：

```
/*程序 7-4：方法 3*/
#include <stdio.h>
#define N 5

/* 函数功能：实现对 n 个元素的整型数组 a 逆序存放
     函数参数：整型数组 a，存放一组整型数据
              整型变量 n，存放数组元素个数
     函数返回值：无*/
void inverse(int a[],int n)
{
    int temp,i;
    for(i=0;i<n/2;i++)
    {
        /*交换 a[i]和 a[n-1-i]的值*/
        temp=a[i];
        a[i]=a[n-1-i];
        a[n-1-i]=temp;
    }
}
int main()
{
    int i,arr[N]={1,3,5,7,9};
    int *pArr=arr;
    inverse(pArr,N);   /*调用 inverse()函数实现数组元素的逆序*/
```

```
      printf("The array has been inverted: \n");
      for(i=0;i<N;i++)
         printf("%d ",arr[i]);
      printf("\n");
      return 0;
}
```

方法 4：实参为指针变量，形参为指针变量。程序如下：

```
/*程序 7-4：方法 4*/
#include <stdio.h>
#define N 5

/*函数功能：实现对 n 个元素的整型数组 a 逆序存放
   函数参数：指针变量 a，存放数组首地址
                整型变量 n，存放数组元素个数
   函数返回值：无*/
void inverse(int *a,int n)
{
   int temp,i;
   for(i=0;i<n/2;i++)
   {
      /*交换*(a+i)和*(a+n-1-i)的值*/
      temp=*(a+i);
      *(a+i)=*(a+n-1-i);
      *(a+n-1-i)=temp;
   }
}
int main()
{
   int i,arr[N]={1,3,5,7,9};
   int *pArr=arr;
   inverse(pArr,N);   /*调用 inverse()函数实现数组元素的逆序*/
   printf("The array has been inverted: \n");
   for(i=0;i<N;i++)
      printf("%d ",arr[i]);
   printf("\n");
   return 0;
}
```

【练一练 7-3】以下程序运行的结果为_____。

```
#include <stdio.h>
void f(int *p)
{
    p=p+3;
    printf("%d",*p);
}
int main()
{
    int a[5]={1,2,3,4,5},*r=a;
    f(r);
```

```
    printf("%d\n",*r);
    return 0;
}
```

7.3.4 指向二维数组的指针

1. 二维数组中的行地址和列地址

用指针变量可以指向一维数组，也可以指向二维数组。定义二维数组 a 为:

```
int a[3][4]={{1,2,3,4},{5,6,7,8},{9,10,11,12}};
```

对于二维数组，C 语言在内存中按"行优先"的顺序存放各元素，即先存放首行的各个元素，然后是第二行的各个元素，以此类推。可将二维数组的一行当作一个单独的"元素"处理，这样，二维数组可以看作一种特殊的"一维数组"，此"一维数组"的每个"元素"是原二维数组的一行，各"元素"本身又是一个一维数组。如图 7-13 所示，二维数组 a 可看作包含 a[0]、a[1] 和 a[2] 3 个"元素"的一维数组，而这 3 个"元素"本身又分别是包含 4 个整数的一维数组。a[0] 可以看作由 a[0][0]、a[0][1]、a[0][2] 和 a[0][3] 组成的一维数组，相当于该一维数组的"数组名"，它是指向元素 a[0][0] 的指针常量。二维数组的数组名 a 可看作指向元素 a[0] 的指针常量，它指向的是原二维数组的一行，即指向一个一维数组。值得注意的是，a[0] 与 a 都是指针，两者地址值相同，但类型不同，a[0] 指向数组的一个元素，a 指向一个一维数组。

当 $0 \leqslant i \leqslant 2$ 时，a[i] 可以看作由 a[i][0]、a[i][1]、a[i][2] 和 a[i][3] 组成的一维数组，相当于该一维数组的"数组名"，它是指向元素 a[i][0] 的指针常量。a+i 是指向一维数组的指针常量，它指向原二维数组的下标为 i 的行所组成的一维数组。a[i] 与 a+i 都是指针常量，值都为 a+i*4*d(其中，d 为数组的一个元素占用的内存字节数，4 为该二维数组的列数)，但 a[i] 是指向数组元素的指针，而 a+i 是指向一维数组的指针，所以两者类型不同。

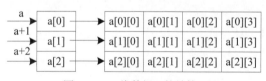

图 7-13　二维数组 a 的结构

如图 7-14 所示，a[0] 是一维数组的数组名，它是一个地址常量，代表该一维数组的首地址，即第一个元素 a[0][0] 的地址(&a[0][0])，表达式 a[0]+1 则代表下一个元素 a[0][1] 的地址(&a[0][1])，表达式 a[0]+2 则代表 a[0][2] 的地址(&a[0][2])，表达式 a[0]+3 则代表 a[0][3] 的地址(&a[0][3])。因此，*(a[0]+0) 即为元素 a[0][0]，*(a[0]+1) 即为元素 a[0][1]，*(a[0]+2) 即为元素 a[0][2]，*(a[0]+3) 即为元素 a[0][3]。

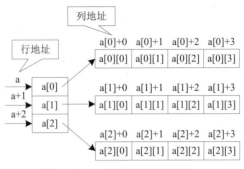

图 7-14　二维数组地址示意图

根据上面的分析可归纳如下。

a[i]即*(a+i)可以看成一维数组 a 的下标为 i 的元素,同时也可以看成由 a[i][0]、a[i][1]、a[i][2] 和 a[i][3] 4 个元素组成的一维数组的数组名,代表该一维数组的首地址,即第一个元素 a[i][0] 的地址(&a[i][0]);而 a[i]+j 即*(a+i)+j 代表该数组中下标为 j 的元素的地址,即&a[i][j]。*(a[i]+j) 即*(*(a+i)+j)代表该地址所指向的元素的值,即 a[i][j]。

如果将二维数组的数组名 a 看成一个行地址(第 0 行的地址),则 a+i 代表二维数组第 i 行 的地址,a[i]可看成一个列地址,即第 i 行第 0 列的地址。行地址加 1,表示指向下一行;列 地址加 1,表示指向下一列。行地址前面加*,就转换为列地址;列地址前面加&,就转换为 行地址。

打个比方,二维数组的行地址好比是一个专业的班号,二维数组的列地址好比是一个班的 学生号。某人要找到第 i 号班的第 j 号学生,需要从第 0 号班开始找,找到第 i 号班后,再从第 i 号班的第 0 号学生开始找,然后找到第 j 号学生。班号加 1,跨过一行,指向下一个班;列号 加 1,跨过一列,指向下一个学生。与二维数组指针相关的各表达式的含义如表 7-4 所示。

表 7-4　与二维数组指针相关的各表达式的含义

表达式	含义
a	第 0 行的地址
a+i	第 i 行的地址
*(a+i) a[i]	第 i 行第 0 列的地址
*(a+i)+j &a[i][j]	第 i 行第 j 列的地址
((a+i)+j) a[i][j] (*(a+i))[j]	第 i 行第 j 列元素的值

2. 指向二维数组的行指针和列指针

根据上面的行地址和列地址的分析可知,二维数组中有两种指针概念:行指针和列指针。 行指针用二维数组的行地址进行初始化;列指针用二维数组的列地址进行初始化。

(1) 指向二维数组的行指针。

在 C 语言中，二维数组中的行指针是一种特殊的指针变量，专门用来指向一维数组。定义一个行指针的一般格式为：

类型 (*行指针名)[常量 M];

其中，类型代表行指针所指向一维数组元素的类型；常量 M 规定了行指针所指向一维数组的大小(即一维数组元素的个数)，不能默认。例如：

int (*pRow)[4];

定义一个行指针 pRow，指向一个包含 4 个元素的一维数组的指针。对该行指针进行初始化：

int a[3][4];
pRow =a;　　/*行指针 pRow*/

指向二维数组的行指针和列指针，如图 7-15 所示。

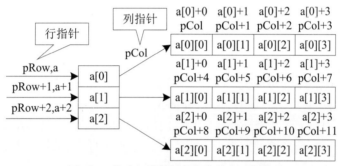

图 7-15　指向二维数组的行指针和列指针

通过行指针 pRow 访问二维数组 a 的元素 a[i][j]的方法有 4 种：*(*(pRow+i)+j)、*(pRow[i]+j)、(*(pRow+i))[j]、pRow[i][j]。

(2) 指向二维数组的列指针。

由于列指针所指向的是二维数组的元素，因此列指针的定义方法和指向变量的指针的定义方法是一样的。例如：

int a[3][4];
int *pCol=a[0];　　/*列指针 pCol*/

如何通过列指针 pCol 访问二维数组 a 的元素 a[i][j]呢？可将二维数组 a 看成一个由 3*4=12 个元素组成的一维数组。pCol 被赋值为 a[0]，即二维数组 a 第 0 行第 0 列元素 a[0][0]的地址(即 a[0]或&a[0][0])，从二维数组的第 0 行第 0 列的元素 a[0][0]到第 i 行第 j 列的元素 a[i][j]之间共有 i*4+j 个元素(4 表示二维数组的列数)，因此，二维数组 a 的第 i 行第 j 列元素的地址可表示为 a[0]+i*4+j，即 pCol+i*4+j，所以通过列指针 pCol 访问二维数组 a 的第 i 行第 j 列元素 a[i][j]的形式为：

*(pCol+i*4+j)

由上面的例子我们发现，当行指针 pRow 增 1，跨过 4 个元素(4 为 pRow 所指向二维数组 a 的列数)，指向下一行；当列指针 pCol 增 1，跨过 1 个元素，指向下一列。

7.3.5 二维数组的指针作为函数参数

在用指针变量做形参以接受实参数组名传递来的地址时，有两种方法：一种是用指向变量的指针变量；另一种是用指向一维数组的指针变量。

【程序 7-5】一个班有 3 个学生，各学 4 门课。要求：

(1) 用函数 average()求学生的平均成绩。函数原型为：

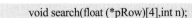

```
float average (float *pCol);
```

(2) 用函数 search()输出第 n(0≤n≤2)个学生的成绩。函数原型为：

```
void search(float (*pRow)[4],int n);
```

(3) 用函数 find()查找有一门及以上课程不及格的学生，并输出他们的全部课程的成绩。函数原型为：

```
void find(float (*pRow)[4]);
```

算法分析：

step 1 输入一个班 3 个学生 4 门课的成绩，存放到 score 数组中，用 score[i][j]表示第 i 个学生第 j 门课的成绩。

step 2 调用 average()函数求学生的平均成绩。

step 3 输入待查找成绩的学生的编号 n(0≤n≤2)。

step 4 调用 search()函数输出第 n 个学生的成绩。

step 5 调用 find()函数查找有一门及以上课程不及格的学生，并输出他们的全部课程的成绩。

程序如下：

```
/*程序 7-5*/
#include <stdio.h>

/*函数 average()求学生的平均成绩*/
float average(float *pCol);
/*函数 search()输出第 n(0≤n≤2)个学生的成绩*/
void search(float (*pRow)[4],int n);
/*函数 find()查找有一门及以上课程不及格的学生，并打印输出他们的全部课程的成绩*/
void find(float (*pRow)[4]);

int main()
{
  float score[3][4]={{60,70,80,90},{56,89,67,88},{34,78,90,66}};
  float aver;
  int n;
  aver=average(*score);/*调用 average()函数*/
      printf("所有学生的平均成绩为：%.2f\n",aver);
  printf("请输入待查找成绩的学生的编号 n(0≤n≤2)：\n");
  scanf("%d",&n);
  search(score,n);       /*调用 search()函数*/
  find(score);           /*调用 find()函数*/
  return 0;
```

```
}

/*函数功能：求学生的平均成绩
   函数参数：pCol 为二维数组的列指针，指向二维数组的第 0 行第 0 列
   函数返回值：浮点型值，返回学生的平均成绩
*/
float average(float *pCol)
{
   int i;
   float sum=0;
   /*求 3 个学生共计 12 门课程的总成绩*/
   for(i=0;i<12;i++)
      sum+=*(pCol+i);
   return (sum/12);
}


/*函数功能：输出第 n(0≤n≤2)个学生的成绩
   函数参数：pRow 为二维数组的行指针，指向二维数组的第 0 行
              整形变量 n，存放待查找成绩的学生的编号
   函数返回值：空
*/
void search(float (*pRow)[4],int n)
{
   int i;
   for(i=0;i<4;i++)
      printf("%.2f ",*(*(pRow+n)+i));
   printf("\n");
}


/*函数功能：查找有一门及以上课程不及格的学生，并打印输出他们的全部课程的成绩
   函数参数：pRow 为二维数组的行指针，指向二维数组的第 0 行
   函数返回值：空
*/
void find(float (*pRow)[4])
{
   int i,j,flag;
   for(i=0;i<3;i++)    /*第 i 个学生*/
   {
      flag=0;
      for(j=0;j<4;j++)/*第 j 门课程*/
         if(*(*(pRow+i)+j)<60)/*第 i 个学生第 j 门课程成绩不及格*/
         {
            flag=1;
            break;
         }
      if(flag==1)
      {
         printf("No.%d 有 1 门及以上成绩不及格，他的成绩是:\n",i);
         for(j=0;j<4;j++)
            printf("%.2f  ",*(*(pRow+i)+j));
```

```
        printf("\n");
        }
    }
    if(flag==0)
        printf("所有学生的所有课程均及格\n");
}
```

程序运行结果如下：

```
所有学生的平均成绩为：72.33
请输入待查找成绩的学生的编号 n(0≤n≤2)：
2✓
34.00   78.00   90.00   66.00
No.1有 1 门及以上成绩不及格，他的成绩是：
56.00   89.00   67.00   88.00
No.2有 1 门及以上成绩不及格，他的成绩是：
34.00   78.00   90.00   66.00
```

7.4　指针与字符串

C 语言中没有提供专门的字符串型数据类型，而是把一个字符串看作一个特殊的字符数组来进行处理，其特殊性表现在该字符数组的最后一个字符一定是 '\0'。本节主要介绍利用指针处理字符串的方法和技巧，该方法灵活、方便、高效，是实际编程中经常使用的一项技术。因此，建议读者认真学习并能熟练掌握和应用。

7.4.1　指向字符串的指针变量

在 C 语言程序中，可以用以下两种方法访问一个字符串。

(1) 用字符数组存放一个字符串，可以用%s 格式符输出一个字符串。例如：

```
char str[11]="C Language";
printf("%s\n",str);
```

(2) 用字符指针指向一个字符串，可以用%s 格式符输出一个字符串。例如：

```
char *str="C Language";
printf("%s\n",str);
```

上例中，没有定义字符数组，只是定义了一个字符指针变量 str，用字符串常量 C Language 对它进行初始化，故字符指针变量 str 中存放字符串常量 C Language 的首地址。因此，上例等价于：

```
char *str;
str="C Language";
printf("%s\n",str);
```

当用%s 格式输出字符串 str 时，系统通过 str 中存放的地址找到字符串常量 C Language 的第一个字符 C 并输出，然后依次输出后续的字符直到遇到第一个字符串结束标志 '\0' 为止结束输出。

【程序 7-6】有关指向字符串的指针变量的运算。

代码如下：

```
/*程序 7-6*/
#include <stdio.h>
int main()
{
    char *str="C Language";
    str=str+2;
    printf("%s\n",str);
    return 0;
}
```

程序运行结果如下：

Language

字符串指针变量 str 开始被赋值为字符串常量 C Language 的首地址，当执行 str=str+2 后，str 指向字符串常量的第 3 个字符 L，当用%s 格式输出字符串 str 时，系统通过 str 中存放的地址找到字符串常量 C Language 的第 3 个字符 L 并输出，然后依次输出后续的字符直到遇到第一个字符串结束标志 '\0' 为止结束输出。

C 语言对字符串常量是按字符数组处理的，在内存中开辟了一个字符数组来存放该字符串常量，但该数组没有名字，因此不能通过数组名引用，只能通过指针变量引用。

可以用指针指向字符串常量，但是不能通过指针变量对该字符串常量重新赋值，因为字符串常量是常量，所以不能被修改。

7.4.2　指向字符串的指针作为函数参数

将一个字符串从一个函数传递到另一个函数，既可以用字符数组名做参数，也可以用指向字符串的指针变量做函数参数。它们传递的都是地址值，因此，在被调函数中改变字符串的内容，在主调函数中得到改变后的字符串。

【程序 7-7】利用字符型数组作为函数参数，将两个字符串合并为一个新的字符串。

```
/*程序 7-7*/
#include <stdio.h>
#define N1 100
#define N2 100
#define N N1+N2

/*函数 link()将字符数组 str1 与字符数组 str2 合并为新字符数组 str*/
void link(char str1[],char str2[],char str[]);

int main()
{
    char string1[N1],string2[N2],string[N];
    puts("请输入第一个字符串：");
    gets(string1);
    puts("请输入第二个字符串：");
```

```
    gets(string2);
    link(string1,string2,string);
    puts("合并后的字符串：");
    puts(string);
    return 0;
}

/*函数功能：字符数组 str1 与字符数组 str2 合并为新字符数组 str
  函数参数：字符数组 str1，字符数组 str2，字符数组 str
  函数返回值：空类型
*/
void link(char str1[],char str2[],char str[])
{
    int i,j;
    /*将字符数组 str1 中的有效字符复制到字符数组 str 中*/
    for(i=0;str1[i]!='\0';i++)
        str[i]=str1[i];
    /*将字符数组 str2 中的有效字符追加复制到字符数组 str 中*/
    for(j=0;str2[j]!='\0';j++)
        str[i+j]=str2[j];
    str[i+j]='\0';
}
```

程序运行结果如下：

```
请输入第一个字符串：
My↙
请输入第二个字符串：
Program↙
合并后的字符串：
MyProgram
```

字符数组作为函数参数，是将实参数组的起始地址传递给形参数组，形参数组和实参数组实际上占有同样的存储空间。因此，存取形参数组中的某一元素，也就是存取相应的实参数组中的对应元素。

函数 link()中的字符数组形参也可以改写为指向字符串的指针变量，如程序 7-8 所示。

【程序 7-8】利用指向字符串的指针变量作为函数参数，将两个字符串合并为一个新的字符串。

```
/*程序 7-8*/
#include <stdio.h>
#define N1 100
#define N2 100
#define N N1+N2

/*函数 link()将字符指针变量 pStr1 指向字符串与字符指针变量 pStr2 指向的字符串，合并为字符指针
  变量 pStr 指向的字符串*/
void link(char *pStr1,char *pStr2,char *pStr);

int main()
{
    char string1[N1],string2[N2],string[N];
```

```
        puts("请输入第一个字符串：");
        gets(string1);
        puts("请输入第二个字符串：");
        gets(string2);
        link(string1,string2,string);
        puts("合并后的字符串：");
        puts(string);
        return 0;
    }
```

```
/*函数功能：函数 link()将字符指针变量 pStr1 指向字符串与字符指针变量 pStr2 指向的字符串，
        合并为字符指针变量 pStr 指向的字符串
  函数参数：字符指针变量 pStr1，字符指针变量 pStr2，字符指针变量 pStr
  函数返回值：空类型*/
void link(char *pStr1,char *pStr2,char *pStr)
{
    /*将字符指针变量 pStr1 指向字符串复制到字符指针变量 pStr 指向的字符串中*/
    while(*pStr++=*pStr1++);
    pStr--;      /*pStr 回退指向前一个字符，旨在删除末尾的\0*/
    /*将字符指针变量 pStr2 指向字符串追加复制到字符指针变量 pStr 指向的字符串中*/
    while(*pStr++=*pStr2++);
}
```

程序运行结果如下：

```
请输入第一个字符串：
My↙
请输入第二个字符串：
Program↙
合并后的字符串：
MyProgram
```

字符串指针变量作为函数参数，是将实参数组的起始地址传递给形参指针变量，此时，形参字符串指针变量指向实参数组的首元素。

函数 link()中形参字符串指针变量因为不断做++运算，所以当 link 执行完毕后，字符串指针变量的值便不再是字符串的首地址了。

link()函数还可写为：

```
void link(char *pStr1,char *pStr2,char *pStr)
{
    /*将字符指针变量 pStr1 指向字符串复制到字符指针变量 pStr 指向的字符串中*/
    while(*pStr1!='\0')
    {
        *pStr=*pStr1;
        pStr++;
        pStr1++;
    }
    /*将字符指针变量 pStr2 指向字符串追加复制到字符指针变量 pStr 指向的字符串中*/
    while(*pStr2!='\0')
    {
        *pStr=*pStr2;
```

```
        pStr++;
        pStr2++;
    }
    *pStr='\0';
}
```

【思考】

为什么改写后的 link() 函数中没有语句 pStr--;，但却在函数尾部增加了语句*pStr= '\0';？

7.4.3 字符数组与字符串指针变量的区别

虽然用字符数组和字符串指针变量都能实现字符串的存储和运算,但它们之间是有区别的,主要体现在以下几点。

1. 存储方式不同

字符数组由若干元素组成,每个元素中存放一个字符。字符串指针变量中存放的是字符串的首地址,而不是将整个字符串存放到指针变量中。

2. 赋值方式不同

对于字符串指针变量,可以按如下方式赋值。

```
char *str;
str="C Language";
```

但对于字符数组则不能按如下方式赋值。

```
char str[11];
str="C Language";
```

不能将一个字符串常量直接赋值给字符数组,但若改写为如下形式就是正确的:

```
char str[11];
strcpy(str, "C Language");
```

【练一练 7-4】定义 compare(char *s1,char *s2)函数,以比较两个字符串大小的功能。s1 与 s2 是大于关系返回 1,是小于关系返回-1,是等于关系返回 0,请完成下列程序的填空。

```
#include <stdio.h>
int compare(char *s1,char *s2)
{
    while(*s1&&*s2&&_____)
    {
        s1++;_____;
    }
    return *s1>*s2 ? 1 : (*s1<*s2 ? _____ : 0);
}
int main()
{
    printf("%d\n",compare("abCd","abc"));
    return 0;
}
```

7.5　指针与函数

在 C 语言中，指针与函数的关系非常密切，函数的参数和返回值都可以是指针类型的数据；在程序运行时，由于每个函数都有一个入口地址，因此，可以采用指针变量来存储函数的入口地址。前面我们已经学习了指针作为函数参数的方法和特点，本节主要阐述指针作为函数的返回值，以及通过指向函数的指针存储函数的入口地址来调用函数的方法。

7.5.1　返回指针值的函数

一个函数能够返回一个整型、实型、字符型等基本类型的数据。实际上，C 语言也允许函数返回一个指针类型的值，返回指针值的函数简称为指针函数。指针函数的定义形式如下：

> 类型名 *函数名(参数表)

例如：

```
int *ptFun()
{
    int x=3;
    return &x;
}
```

【说明】

(1) int *表明函数返回值是一个指向整型数据的指针。

(2) 变量 x 是一个局部变量，在函数 ptFun()执行结束后就被销毁了，尽管它的地址仍然可以传递出去，但是该地址存放的内容在函数 ptFun()之外已经不能使用。

程序 7-5 中的 search()函数可以改写为返回值是指针值的函数。

【程序 7-9】一个班有 3 个学生，各学 4 门课，用函数 search()输出第 n(0≤n≤2)个学生的成绩。函数原型为：

> float search(float　(*pRow)[4],int n);

程序如下：

```
/*程序 7-9*/
#include <stdio.h>

/*函数 search()输出第 n(0≤n≤2)个学生的成绩*/
float *search(float　(*pRow)[4],int n);

int main()
{
    float score[3][4]={{60,70,80,90},{56,89,67,88},{34,78,90,66}};
    float *pCol;
    int n,i;
    printf("请输入待查找成绩的学生的编号 n(0≤n≤2)：\n");
    scanf("%d",&n);
```

```
    pCol=search(score,n);/*调用 search()函数*/
    for(i=0;i<4;i++)
        printf("%.2f   ",*(pCol+i));
    printf("\n");
    return 0;
}

/* 函数功能：输出第 n(0≤n≤2)个学生的成绩
    函数参数：pRow 为二维数组的行指针，指向二维数组的第 0 行
                整型变量 n，存放待查找成绩的学生的编号
    函数返回值：浮点型指针，存放第 n 个学生第 0 门课程成绩的地址
*/
float *search(float   (*pRow)[4],int n)
{
    float *pt;
    /*pt 为列指针，存放第 n 个学生第 0 门课程成绩的地址*/
    pt=*(pRow+n);
        return(pt);
}
```

程序运行结果如下：

请输入待查找成绩的学生的编号 n(0≤n≤2)：
2✓
34.00   78.00   90.00   66.00

函数 search()的返回值为浮点型指针，即返回待输出的第 n 个学生的第 0 门课程成绩的地址，故该地址是一个列地址的概念。主调函数 main()通过获取到的指针值，依次输出该学生的 4 门课程的成绩。

*7.5.2   指向函数的指针

C 语言程序是由函数组成的。在程序运行时，每个函数的目标代码都必须连续存放在内存中的代码区，函数名就是这段连续存储区域的首地址，即函数的入口地址。通过函数名调用函数实际上就是从函数的入口地址开始执行函数的指令代码，因此，可以定义一个指向函数的指针变量来存放函数的入口地址，使用该指针变量同样能够调用函数。

1. 指向函数的指针定义

指向函数的指针定义形式如下。

类型名 (*指针函数的指针)(形式参数表)

例如：

```
void   (*pf1)();
int   (*pf2)(double f);
```

其中，pf1 所指向的函数既没有参数也没有返回值；pf2 所指向的函数的返回值为整数，并且有一个浮点类型的参数 f。

2. 为指向函数的指针变量赋值

为指向函数的指针变量赋值时，只需给出函数名，不必给出参数列表。例如：

```
int fun(double f)
{
    printf("%f\n",f);
    return 0;
}
int  (*pf2)(double f);
pf2=fun;           /*为指向函数的指针变量赋值*/
```

3. 通过指向函数的指针调用函数

通过指向函数的指针调用函数的形式如下。

```
(*指针函数的指针)(实际参数表)
```

例如：

```
(*pf2)(3.4);    /*通过指向函数的指针 pf2 调用函数 fun()*/
```

【程序 7-10】指向函数的指针的应用。

程序如下：

```
/*程序 7-10*/
#include <stdio.h>

int fun(double f)
{
    printf("%f\n",f);
    return 0;
}

int main()
{
  int (*pf2)(double f);    /*定义指向函数的指针变量 pf2*/
  pf2=fun;                 /*为指向函数的指针变量赋值*/
  (*pf2)(3.4);             /*通过指向函数的指针 pf2 调用函数 fun()*/
  return 0;
}
```

程序运行结果如下：

```
3.400000
```

7.6　指针数组

如果一个数组的各个元素均为指针类型的数据，则称该数组为指针数组。指针数组定义的一般形式如下。

```
类型名 *数组名[数组长度];
```

其中类型名代表指针数组元素可以指向的数据类型。例如：

```
int *pArr[5];
```

在解释变量声明语句中变量的类型时，说明符[]的优先级高于*，即先解释[]，再解释*。因此，pArr 的类型被表示为：

```
pArr  →  [5]  →  *  →  int
```

即 pArr 是有 5 个元素的数组，每个元素都是一个指向 int 类型数据的指针。

什么情况下会用到指针数组呢？指针数组比较适合用来指向若干字符串，使对字符串的处理更加方便灵活。虽然有时二维数组也可以解决同样的问题，但指针数组比二维数组更常用、更有效。

指针数组在许多程序中都非常有用，请看以下代码片段：

```
char day1[7][10]={"Sunday","Monday","Tuesday","Wednesday","Thursday","Friday","Saturday"};
char *day2[7]={ "Sunday","Monday","Tuesday","Wednesday","Thursday","Friday","Saturday"};
```

其中，day1 是二维字符数组，day2 是字符指针数组。day1 和 day2 的内存布局分别如图 7-16 和图 7-17 所示。

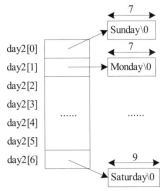

图 7-16 为每周各天定义的二维数组　　　图 7-17 为每周各天定义的指针数组

day2[0]中存放字符串 Sunday 的首地址，day2[1]中存放字符串 Monday 的首地址，…，day2[6]中存放字符串 Saturday 的首地址。day2 与 day1 相比，优点是每个指针可以指向不定长的数组，而不必指向固定 10 字节长度的数组。

【程序 7-11】用指针数组输出每周各天的信息。

```
/*程序 7-11*/
#include <stdio.h>
int main()
{
    /*定义包含 7 个元素的指针数组 day*/
    char *day[7]={"Sunday","Monday","Tuesday","Wednesday","Thursday","Friday","Saturday"};
    int i;
    for(i=0;i<7;i++)
    {
        /*day[i]是指针数组的每个元素，即指向的第 i 个字符串的首地址*/
        printf("%s\n",day[i]);
```

```
    }
    return 0;
}
```

程序运行结果如下:

```
Sunday
Monday
Tuesday
Wednesday
Thursday
Friday
Saturday
```

程序 7-12 是应用指针数组的另外一个例子,该程序展示了怎样用指针数组消除复杂的存储管理,以及如何用指针数组避免整行移动所带来的开销。

指针 p[0]、p[1]和 p[2]一开始指向的不定长字符串如图 7-18 所示。

程序并没有移动或复制这些字符串的字符,指针 p[1]与 p[2]所指的内容是通过交换指针值而得到交换的,如图 7-19 所示。

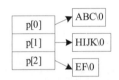

图 7-18　交换之前 char 指针数组
各元素所指向的字符串

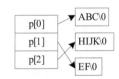

图 7-19　交换之后 char 指针数组
各元素所指向的字符串

【程序 7-12】指针数组的应用。

程序如下:

```
/*程序 7-12*/
#include <stdio.h>
int main()
{
    /*定义包含 3 个元素的指针数组 p*/
    char *p[3]={"ABC","HIJK","EF"};
    char *tmp;

    printf("交换前: %s,%s,%s\n",p[0],p[1],p[2]);

    /*交换 p[1]和 p[2]*/
    tmp=p[1];
    p[1]=p[2];
    p[2]=tmp;

    printf("交换后: %s,%s,%s\n",p[0],p[1],p[2]);
    return 0;
}
```

程序运行结果如下:

交换前：ABC,HIJK,EF
交换后：ABC,EF,HIJK

用二维数组存储多个字符串时，需要按最长的字符串的长度定义该二维数组的列数，然后每行存储一个字符串。由于二维数组的元素在内存中是连续存放的，存完第一行后，再存第二行，以此类推。因此，不管每个字符串的实际长度是否一样，在内存中都占有相同长度的存储单元。而用指针数组存储每个字符串的首地址，各个字符串在内存中不占用连续的存储单元，它们的长度可以不同，字符串的实际长度与所占存储空间相同，因此，在某些情况下可以节省内存。

用二维数组存储多个字符串时，需要移动字符串的位置，而移动整个字符串的位置会带来系统的开销。用指针数组存储多个字符串的首地址时，字符串的移动不需要改变字符串在内存中的存放位置，只要改变指针数组中各元素的指向即可。这样，移动指针的指向比移动字符串要快得多。

【练一练 7-5】以下程序运行的结果为_____。

```c
#include <stdio.h>
int main()
{
    int i;
    char *season[]={"Spring","Summer","Autumn","Winter"},*p;
    p=season[1];
    printf("%s,%c",p,p[2]);
    return 0;
}
```

*7.7 指向指针的指针

如果指针变量中保存的是另一个指针变量的地址，这样的指针变量就称为指向指针的指针。指向指针的指针定义形式如下。

类型名 **指针变量名;

在解释变量声明语句中变量的类型时，可按如下方式去理解。

类型名 *(*指针变量名);

例如：

int **pp;

变量 pp 的类型被表示为：

pp → * → * → int

表明 pp 是一个指针，该指针可以指向一个指向整型变量的指针。*pp 的类型被表示为：

*pp → * → int

**pp 的类型被表示为：

**pp → int

请看以下代码：

```
char ch, *p, **pp;
ch='a';
p=&ch;
pp=&p;
```

变量 ch、p、pp 的关系如图 7-20 所示。

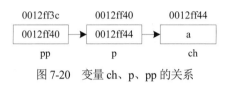

图 7-20　变量 ch、p、pp 的关系

其中，变量 ch 的类型是 char，变量 p 的类型是 char 指针，变量 pp 的类型是 char 指针的指针。变量 ch 被赋值为字符常量'a'，变量 p 指向变量 ch，变量 pp 指向 p。间接引用运算*p 得到 p 所指向的地址单元的值'a'；表达式*pp 得到 pp 所指的值，其值为变量 ch 的地址；双间接引用运算符**pp 得到变量 ch 的值'a'。故*p、**pp 与 ch 等价，值均为字符常量'a'。

指向指针的指针常与指针数组结合起来使用，用于对多个字符串处理的场合。

【**程序 7-13**】用指向指针的指针编程实现程序 7-12 的功能。

程序如下：

```
/*程序 7-13*/
#include <stdio.h>
int main()
{
    /*定义包含 3 个元素的指针数组 pArr*/
    char *pArr[3]={"ABC","HIJK","EF"};
    /*定义指向指针的指针变量 pp*/
    char **pp, *tmp;

    /*pp 存放指针数组 pArr 的首地址*/
    pp=pArr;

    printf("交换前：%s,%s,%s\n",*pp,*(pp+1),*(pp+2));

    /*交换*(pp+1)和*(pp+2)*/
    tmp=*(pp+1);
    *(pp+1)=*(pp+2);
    *(pp+2)=tmp;

    printf("交换后：%s,%s,%s\n",*pp,*(pp+1),*(pp+2));
    return 0;
}
```

程序运行结果如下：

```
交换前：ABC,HIJK,EF
交换后：ABC,EF,HIJK
```

交换前后指向指针的指针 pp 和指针数组 pArr 及多个字符串的关系如图 7-21 和图 7-22 所示。

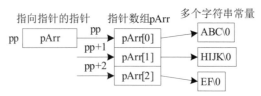

图 7-21　交换之前指向指针的指针 pp 和指针数组 pArr 及多个字符串的关系

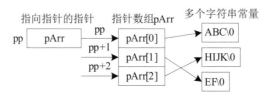

图 7-22　交换之后指向指针的指针 pp 和指针数组 pArr 及多个字符串的关系

指向指针的指针 pp 存放指针数组 pArr 的首地址，即 pp 指向指针数组 pArr 中标号为 0 的元素 pArr[0]；pp+1 指向指针数组 pArr 中标号为 1 的元素 pArr[1]；pp+2 指向指针数组 pArr 中标号为 2 的元素 pArr[2]。交换*(pp+1)和*(pp+2)的值，实际上交换的就是 pArr[1]和 pArr[2]的值，也就是交换字符串常量"HIJK"和字符串常量"EF"的首地址。

代码中定义的 pp 称为多级指针(这里为二级指针)。间接寻址的级数不受限制，但实际中极少使用二级以上的指针，因为过深的间接寻址不但难以理解，而且极易出错。

指向指针的指针通常与指针数组配合起来实现对字符串的操作，而且它还可以用于处理函数 main()的参数所涉及的命令行用户接口，详细内容请参看 7.8 节。

*7.8　带参数的函数 main()

处理命令行参数是指针数组、指向指针的指针的另一个用武之地。有些操作系统，包括 UNIX 和 MS-DOS，让用户在命令行中编写参数来启动一个程序的执行，这些参数被传递给程序，程序按照它认为合适的任何方式对它们进行处理。

在 C 语言中这些参数如何传递给程序呢？带参数的 main()函数形式如下。

```
int main(int argc,char *argv[])
```

【说明】

(1) argc：命令行参数的数目。

(2) argv：表示指针数组。指针数组中的每个元素都是指向一个字符串的指针。

注意，这两个参数通常取名为 argc 和 argv，但并不强制要求这么取名。例如，如果我们喜欢，也可以把它们称为 para1 和 para2，只不过程序的可读性会差一些。

【程序 7-14】下面程序用于演示命令行参数与函数 main()各形参之间的关系。

```
/*程序 7-14*/
#include <stdio.h>
int main(int argc,char *argv[])
{
  int i;
  printf("命令行参数的数量是%d\n",argc);
  printf("源程序名为：%s\n",argv[0]);
  if(argc>1)
  {
    printf("其他参数是：\n");
    for(i=1;i<argc;i++)
      printf("%s\n",argv[i]);
  }
}
```

假定上面程序的文件名是 program.c，则在程序成功编译和连接后(编译连接后的程序名为 program.exe)，我们可按如下命令行方式运行该程序：

program I study C language! ✓

程序运行结果如下：

命令行参数的数量是 5
源程序名为：program
其他参数是：
I
study
C
language!

C 编译器允许 main()函数没有参数，或者有两个参数(有些允许更多的参数，但这将是对标准的扩展)。有两个参数时，第一个参数是命令行中的字符串数，按照惯例(但不是必需的)，int 参数被称为 argc。系统使用空格判断一个字符串结束，另一个字符串开始，因此，程序 7-14 中包括命令名在内有 5 个字符串。第二个参数是一个指向字符串的指针数组。命令行中的每个字符串被存储到内存中，并且分配一个指针指向它，按照惯例，这个指针数组被称为 argv。如果可以(有些操作系统不允许这样做)，把程序本身的名字赋给 argv[0]，接着，把随后的第一个字符串赋给 argv[1]，以此类推。main()函数的第二个参数如表 7-5 所示。

表 7-5　main()函数的第二个参数

数组元素	指针指向	参数
argv[0]	指向	program(对于大多数系统)
argv[1]	指向	I
argv[2]	指向	study
argv[3]	指向	C
argv[4]	指向	language

图 7-23 中由于 argv[0]指向第一个命令行参数，即可执行程序的名字，argv[1]、argv[2]、argv[3]、argv[4]依次指向第 2、3、4、5 个命令行参数，因此程序依次输出字符串"I""study"

"C" "language!"。

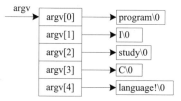

图 7-23　命令行参数示意图

命令行参数很有用，尤其是在批命令文件中使用较为广泛。例如，可以通过命令行参数向一个程序传递该程序所要处理的文件名字，以及用来执行命令的选项等。

7.9　动态内存分配

使用固定宽度数组时，可能会出现的问题是：要么在处理某些特殊情况时宽度不足，要么宽度太大造成资源浪费。如果不使用 C99 标准中可变长数组，则此问题需要用动态分配内存的方法解决。另外，数据结构常用于开发大型软件项目，使用数据结构可以使一个系统在动态变化的条件下自动调节。例如，处于某个场地中的机器人可能需要跟踪随机目标，当一个新的目标出现时，系统需要记录此目标，但因为目标数无法预知，所以我们需要一个动态数据结构。为了实现这样的一个动态数据结构，该程序需要动态分配内存，本节将对此问题进行讨论。

调用 C 标准函数 malloc()、calloc()或 realloc()可以动态分配内存，连续调用这些动态内存分配函数后所得的内存块的顺序及连续性并没有在 C 标准中规定。动态分配的内存要用函数 free()释放。ANSI C 标准建议在 stdlib.h 头文件中包含有关动态内存分配函数的信息，也有编译系统用 malloc.h 来包含。

7.9.1　动态内存分配函数

1. 函数 malloc()

函数 malloc()用于分配若干字节的内存空间，返回一个指向该存储区域地址的指针；若系统不能提供足够的内存单元，则函数将返回空指针(NULL)。

函数 malloc()的原型为：

```
void *malloc(unsigned int size);
```

其中，参数 size 为无符号整型数，表示向系统申请的空间的大小，函数调用成功将返回一个指向 void 类型的指针。

ANSI C 标准要求动态分配系统返回 void *指针，该指针具有一般性，通常称为通用指针，常用来说明其基类型未知的指针，即声明一个指针变量，但不指定它指向哪一种基类型的数据。因此，如果要将函数调用的返回值赋予某个指针，则应先根据该指针的基类型，用强制类型转换的方法将返回的指针值强制转换为所需的类型，然后再进行赋值操作。例如：

```
int *pt;
pt = (int *)malloc(5*sizeof(int));
```

上面程序中，函数 malloc()申请一个长度为 5 个整型元素的存储空间，函数的返回值经强制类型转换后再赋值给指针变量 pt，此时 pt 存放这段存储空间的首地址。

显然，任何一台计算机都不可能有无穷大的内存。如果我们调用函数 malloc(1 000 000 000)，或者调用 malloc(10)共 100 000 000 次，系统很可能会耗尽内存。当函数 malloc()无法分配所需内存时，它会返回空指针 NULL。因此，每次调用函数 malloc()或 calloc()后，在使用返回的指针前对它进行检查是很重要的。通常，带有错误检测的 malloc()调用如下所示。

```
int *pt = (int *)malloc(5*sizeof(int));
if(pt == NULL)
{
    printf("内存空间开辟失败\n");
    exit(1);
}
```

如果通过 p==NULL 检测出函数 malloc()返回了一个空指针，则程序输出错误信息后终止程序，而不能继续指向要引用 pt 所指向的内存代码。

2. 函数 calloc()

函数 calloc()用于给若干同一类型的数据项分配连续的存储空间，其中每个数据项的长度单位是字节。返回一个指向该存储区域地址的指针，若系统不能提供足够的内存单元，则函数将返回空指针(NULL)。

函数 calloc()的原型为：

```
void *calloc(unsigned int n,unsigned int size);
```

其中，第一个参数 n 表示向系统申请的内存空间的数量，第二个参数 size 表示申请的每个空间的字节数。如果要将函数调用的返回值赋予某个指针，则应先根据该指针的基类型，用强制类型转换的方法将返回的指针值强制转换为所需的类型，然后再进行赋值操作。例如：

```
int *pt;
pt = (int *)calloc(5,sizeof(int));
```

上面程序中，函数 calloc()申请一个长度为 5 个连续的整型元素的存储空间，函数的返回值经强制类型转换后再赋值给指针变量 pt，此时 pt 存放这段存储空间的首地址。与函数 malloc()不同，calloc()函数把分配所得的内存全部初始化为 0。

3. 函数 realloc()

函数 realloc()用于改变原来分配的存储空间的大小，其原型为：

```
void *realloc(void *p,unsigned int size);
```

该函数的功能是将指针 p 所指向的存储空间的大小改为 size 个字节，函数返回值是新分配的存储空间的首地址，与原来分配的首地址不一定相同。若调用 realloc()失败，原先分配的内存块也并不受影响。

若 p 等于 NULL，则调用 realloc(p,size)等价于调用 malloc(size)。若 size 等于 0，则调用

realloc(p,0)等价于调用 free(p)。

例如，若指针 pt 指向已分配给一个整型数组(5 个元素)的一块空间，现希望 pt 所指内存块中数组元素个数减少到 3 个，则可以采用下面代码实现：

```
pt=(int *)realloc(pt,3*sizeof(int));
```

4. 函数 free()

与自动存储类别变量不同的是：动态分配所得的内存在函数返回时并不会自动消失，当不再需要这些内存时，需通过函数 free()释放之前动态申请的内存空间。

函数 free()的原型为：

```
void free(void *p);
```

函数 free()的参数 p 是通过调用函数 malloc()、calloc()、realloc()所得的内存块的指针。例如，若 pt 是通过调用函数 malloc()所得的指针，则以下语句：

```
free(pt);
```

可以用来释放动态分配的内存。在执行 free()后，这块释放的内存尽管没有返还给系统，但可以被应用程序再次分配使用。只有当应用程序运行终止时，内存才返还给系统。如果在调用 free()时的参数 p 为空指针，则什么也不发生。

试图释放正在使用的内存会导致内存损坏。例如，在调用 free()时传入一个随机数或多次调用 free(pt)释放 pt 所指的内存。内存损坏的程序在后期再次调用内存分配函数时可能会导致程序崩溃。

不释放已经不再使用的内存将导致内存泄漏。对于有些程序来说，特别是并不消耗大量内存的程序，不释放不再使用的内存其后果可能并不严重。例如，家庭作业布置的程序是运行在固定时间段内的，当此程序终止时，它会自动释放已分配的所有内存。但是，对于操作系统、Web 服务器、日历管理器等程序来说，内存泄漏会导致严重问题。因为这些程序每次要运行数天或数月，内存泄漏会使计算机变得越来越慢，最后当内存再无法分配时，程序就会崩溃。

C 语言中的内存损坏和内存泄漏都是很难调试的错误，为了避免发生这些内存错误，我们应该做到对于每个内存分配函数调用(如 malloc()、calloc()或 realloc())，都有一个对应的 free()函数调用。

【程序 7-15】编程输入一个班的某课程的学生成绩，计算总分，然后输出。班级人数由键盘输入。

程序如下：

```
/*程序 7-15*/
#include <stdio.h>
#include <stdlib.h>
int main()
{
  int *p=NULL,n,i,sum=0;

  printf("请输入班级学生的人数：\n");
  scanf("%d",&n);
```

```
/*向系统申请 n 个整型的连续空间*/
p=(int *)malloc(n*sizeof(int));
if(p==NULL)
{
    printf("内存空间开辟失败\n");
    exit(1);
}
printf("请输入学生的成绩: \n");
for(i=0;i<n;i++)
    scanf("%d",p+i);   /*输入每个学生的成绩*/
/*计算总分*/
for(i=0;i<n;i++)
    sum+=*(p+i);

printf("总分为: %d\n",sum);
    free(p);
return 0;
}
```

程序运行结果如下:

```
请输入班级学生的人数:
3✓
请输入学生的成绩:
67 89 90✓
总分为: 246
```

*7.9.2　动态内存分配与变长数组

创建一个数组有以下 3 种方法。

(1) 声明一个数组,声明时用常量表达式指定数组维数,然后用数组名访问数组元素。

(2) 声明一个变长数组,声明时用变量表达式指定数组维数,然后用数组名访问数组元素。

(3) 声明一个指针,调用函数 malloc(),然后使用该指针访问数组元素。

使用方法(2)或方法(3)可以做一些普通的数组声明做不到的事:创建一个动态数组,即一个在程序运行时才分配内存并可在程序运行时选择大小的数组。

变长数组与 malloc() 在功能上有些相同。例如,它们都可以用来创建一个大小在运行时决定的数组。

```
int vlamal()
{
    int n;
    int *pi;
    scanf("%d",&n);
    pi=(int *)malloc(n*sizeof(int));
    int arr[n];   /*变长数组*/
    pi[2]=arr[2]=10;
    …
}
```

它们的区别在于变长数组是自动存储的。自动存储的结果之一就是变长数组所用的内存空间在运行完定义部分之后会自动释放，本例中就是函数 vlamal() 终止时，因此不必使用 free()。另外，使用由 malloc() 创建的数组不必局限在一个函数中，如函数可以创建一个数组并返回指针，供调用该函数的函数访问。

变长数组对多维数组来说更方便，可以使用 malloc() 定义一个二维数组，但语法很麻烦。如果编译器不支持变长数组特性，则必须固定一维的大小，正如下面的函数调用：

```
int m=3,n=4;
int arr2[m][n];                      /*m*n 的变长数组*/
int (*p2)[4];                        /*C99 之前可以使用*/
int (*p3)[n];                        /*要求变长数组支持*/
p2=(int (*)[4])malloc(m*4*sizeof(int));   /*m×4 数组*/
p3=(int (*)[n])malloc(m*n*sizeof(int));   /*m×n 数组*/
arr2[1][2]=p2[1][2]=18;
```

指针 p2 指向一个包含 4 个 int 元素的数组，指针 p3 是一个指向变长数组的指针。

*7.10 ANSI C 的类型限定词 const

我们已经知道一个变量是以它的类型和存储类别表示的。C90 中增加了两个属性：不变性和易变性。这些属性是通过关键字 const 和 volatile 声明的，这样就创建了受限类型。C99 标准添加了第三个限定词 restrict，以便于编译器优化。

1. const 修饰变量

如果变量声明中带有关键字 const，则不能通过赋值、++、-- 运算来修改该变量的值。在与 ANSI C 兼容的编译器中，下面的代码将产生一个错误信息：

```
const int noChange;        /*声明 noChange 为整型常量*/
noChange=35;               /*不允许*/
```

然而，可以初始化一个 const 变量。因此，下面的代码是对的：

```
const int noChange=35;     /*正确*/
```

上面的声明使 noChange 成为一个只读变量。在初始化以后，不可以再改变它。

2. const 修饰数组

可以用关键字 const 创建一组程序不可以改变的数据：

```
const int days[12]={31,28,31,30,31,30,31,31,30,31,30,31};
```

3. const 修饰指针

const 修饰指针要复杂一些，分为以下 3 种情况。

```
const float *pf;           /*pf 指向一个常量浮点数值*/
```

pf 指向的值不能改变，但 pf 本身的值可以改变。

```
float * const pf;          /*pf 是一个常量指针*/
```

pf 本身的值不能改变，但其所指向的值可以改变。

```
const float * const pf;
```

pf 本身的值不能改变，其所指向的值也不能改变。

由上面 3 种情况可以看出，一个位于*左边任意位置的 const 使指针指向的数据成为常量，而一个位于*右边的 const 使指针自身成为常量。

4. const 修饰参数声明

const 常用来声明为函数形式参数的指针。例如，假定一个名为 display()的函数显示一个数组的内容，为了使用它，会把数组名作为实际参数传递，但数组名是一个地址，这样做将允许函数改变调用函数中的数据。下面的程序防止了这样的情况发生：

```
void display(const int array[],int n);
```

其中，const int array[]表示 array 指向的数组的数据不可变。

ANSI C 库遵循这一惯例。如果指针只是用来让函数访问值，则将它声明为 const 受限指针。如果指针被用来改变调用函数中的数据，则不能用关键字 const。例如，ANSI C 中 strcat()声明如下：

```
char *strcat(char *,const char *);
```

函数 strcat()在第一个字符串的末尾添加第二个字符串的一个拷贝，这改变了第一个字符串，但不改变第二个字符串，该声明也体现了这一点。

5. const 修饰全局变量

使用全局变量被认为是一个冒险的方法，因为它暴露了数据，使程序的任何部分都可以错误地修改数据。如果数据是 const 的，则这种危险就不存在了，因此对全局数据使用 const 限定词是很合理的。

然而，在文件之间共享 const 数据时要小心，可以使用以下两个策略规避风险。

(1) 遵循外部变量的惯用规则：在一个文件中进行定义声明，在其他文件中进行引用声明(使用关键字 extern)。

```
/*file1.c   定义一些全部变量*/
const double PI=3.14159;
const char *MONTHS[12]={"January","February","March","April","May","June","July","August",
"September","October","November","December"};
/*file2.c   使用在其他文件中定义的全局常量*/
extern const double PI;
extern const *MONTHS[];
```

(2) 将常量放在一个 include 文件中，这时必须使用静态外部存储类型。

```
/*constant.h   定义一些全局常量*/
static const double PI=3.14159;
static const char *MONTHS[12]={"January","February","March","April","May","June","July","August",
"September","October","November","December"};

/*file1.c   使用在其他文件中定义的全局常量*/
```

```
#include <constant.h>

/*file2.c  使用在其他文件中定义的全局常量*/
#include <constant.h>
```

如果不使用关键字 static，则在文件 file1.c 和 file2.c 中包含 constant.h 将导致每个文件都有一个标识符的定义声明，而 ANSI C 标准不支持这样。通过声明静态外部标识符 PI，实际上给了每个文件一个独立的数据拷贝，并且这些数据是不变(通过使用关键字 const)和相同的(通过使两个文件都包含同样的头文件)。

课后习题 7

一、选择题

1. 对于基类型相同的两个指针变量之间，不能进行的运算是(　　)。

    A. <　　　　　　　　B. =　　　　　　　　C. +　　　　　　　　D. -

2. 设 ptr1 和 ptr2 均为指向一个 int 型数组的指针变量，k 为 int 型变量，则以下不能正确执行的赋值语句是(　　)。

    A. k=*ptr1+*ptr2;　　　　　　　　　　B. ptr2=k;

    C. ptr1=ptr2;　　　　　　　　　　　　D. k=*ptr1*(*ptr2);

3. 若有说明语句 int *p,m=5,n;，则以下正确的程序段是(　　)。

    A. p=&n;scanf("%d",&p);　　　　　　　B. p=&n;scanf("%d",*p);

    C. scanf("%d",&n);*p=n;　　　　　　　D. p=&n;*p=m;

4. 若有说明语句 int i,x[3][4];，则下列不能将 x[1][1] 的值赋给变量 i 的语句是(　　)。

    A. i=*(*(x+1)+1);　　　　　　　　　　B. i=x[1][1];

    C. i=*(*(x+1))　　　　　　　　　　　　D. i=*(x[1]+1);

5. 若已定义 int a[]={0,1,2,3,4,5,6,7,8,9}, *p=a,i;其中 0≤i≤9，则对 a 数组元素错误的引用是(　　)。

    A. a[p-a]　　　　　B. *(&a[i])　　　　　C. p[i]　　　　　D. a[10]

6. 分析以下4个strcpy()函数，其功能是把字符串s2复制到字符串s1中，其中错误的是(　　)。

```
(1) strcpy(char s1[],char s2[])
    {
        int i=0;
        while((s1[i]=s2[i])!='\0')i++;
    }
```

```
(2) strcpy(char *s1,char *s2)
    {
        while(*s1++=*s2++);
    }
```

```
(3) strcpy(char *s1,char *s2)
    {
```

```
        while((*s1=*s2)!='\0')
        {   s1++;   s2++; }
    }
```

(4) strcpy(char *s1,char *s2)
```
    {
        while((*s1++=*s2++)!='\0');
    }
```

  A. 函数(1)错误　　　　　　　　　B. 函数(3)错误
  C. 全部正确　　　　　　　　　　D. 函数(4)错误

7. 以下程序的输出结果是(　　)。

```
#include<stdio.h>
int main()
{
    int a[3][3],*p,i;
    p=&a[0][0];
    for(i=0;i<9;i++)
        p[i]=i+1;
    printf("%d\n",a [1][2]);
    return 0;
}
```

  A. 3　　　　　　　　B. 6　　　　　　　　C. 9　　　　　　　　D. 随机数

8. 以下程序的运行结果为(　　)。

```
#include<stdio.h>
int main()
{
    static   char a[]="Language",b[]="programe";
    char   *p1,*p2;
    int k;
    p1=a;p2=b;
    for(k=0;k<=7;k++)
        if(*(p1+k)==*(p2+k))
            printf("%c",*(p1+k));
    return 0;
}
```

  A. gae　　　　　　　B. ga　　　　　　　C. Language　　　　　D. 有语法错误

9. 以下程序的运行结果是(　　)。

```
#include<stdio.h>
int main()
{
    int a[]={2,4,6,8,10},y=1,x,*p;
    p=&a[1];
    for(x=0;x<3;x++)
        y+=*(p+x);
    printf("%d\n",y);
```

```
        return 0;
}
```

  A. 17   B. 18   C. 19   D. 20

10. 有以下程序：

```
#include<stdio.h>
int main()
{
    int a[][3]={{1,2,3},{4,5,0}},(*pa)[3],i;
    pa=a;
    for(i=0;i<3;i++)
        if(i<2)
            pa[1][i]=pa[1][i]-1;
        else
            pa[1][i]=1;
    printf("%d\n",a[0][1]+a[1][1]+a[1][2]);
    return 0;
}
```

执行后的输出结果是(　　)。

  A. 7   B. 6   C. 8   D. 无确定值

11. 以下程序的运行结果是(　　)。

```
#include<stdio.h>
#include<string.h>
int main( )
{
    char *p1="abc",*p2="ABC",str[50]="xyz";
    strcpy(str+2,strcat(p1,p2));
    printf("%s\n",str);
    return 0;
}
```

  A. xyzabcABC B. zabc ABC C. yzabcABC D. xyabcABC

12. 有以下程序：

```
#include<stdio.h>
int main()
{
    char *s[]={"one","two","three"},*p;
    p=s[1];
    printf("%c,%s\n",*(p+1),s[0]);
    return 0;
}
```

执行后的输出结果是(　　)。

  A. n,two   B. t,one   C. w,one   D. o,two

二、阅读下列程序，填空处给出答案

1. 下面程序的执行结果是＿＿＿＿＿＿＿＿＿＿。

```
#include<stdio.h>
int main()
{
    int   i,*p=&i;
    i=10;
    *p=i+5;
    i=2*i;
    printf("%d\n",*p);
    return 0;
}
```

2. 下面程序的执行结果是＿＿＿＿＿＿＿＿＿＿。

```
#include<stdio.h>
int main()
{
    int *p1,*p2,*p;
    int a=10,b=12;
    p1=&a;p2=&b;
    if(a<b)
    { p=p1;p1=p2;p2=p; }
    printf("%d,%d, ",*p1,*p2);
    printf("%d,%d\n",a,b);
    return 0;
}
```

3. 若有以下定义，则不移动指针 p，且通过指针 p 引用值为 98 的数组元素的表达式是

＿＿＿＿＿＿＿＿＿＿。

```
int w[10]={23,54,10,33,47,98,72,80,61},*p=w;
```

4. mystrlen()函数的功能是计算 str 所指字符串的长度，并作为函数值返回。请填空。

```
int mystrlen(char *str)
{
    char *p;
    for(p=str;_____①_____!='\0';p++);
    return(_____②_____);
}
```

5. 以下程序的输出结果是＿＿＿＿＿＿＿＿＿＿。

```
#include<stdio.h>
int main()
{
    char *p="abcdefgh",*p1=p;
    char *q="abcd1234",*q1=q;
    while(p1&&q1&&*p1==*q1)
    {   p1++;q1++;   }
    printf("%d\n",p1-p);
```

```
    return 0;
}
```

6. 以下程序的输出结果是_____。

```
#include<stdio.h>
int main()
{
    char s[]="9876",*p;
    for(p=s;p<s+2;p++)
    printf("%s",p);
    return 0;
}
```

7. 以下程序通过指向数组 a[3][4]元素的指针将其内容按 3 行 4 列的格式输出,请给 printf 输入语句填入适当的参数,使之通过指针 p 将数组元素按要求输出。

```
#include<stdio.h>
int main()
{
        int a[3][4]={{1,2,3,4},{5,6,7,8},{9,10,11,12}},*p=&a[0][0];
        int i,j;
        for(i=0;i<3;i++)
        {
                for(j=0;j<4;j++)
                printf("%3d",_____);
                printf("\n");
        }
        return 0;
}
```

8. 以下程序通过指向数组 a[3][4]的指针将其内容按 3 行 4 列的格式输出,请给 printf 输入语句填入适当的参数,使之通过指针 p 将数组元素按要求输出。

```
#include<stdio.h>
int main()
{
    static int a[3][4]={{1,2,3,4},{5,6,7,8},{9,10,11,12}},(*p)[4]=a;
    int i,j;
    for(i=0;i<3;i++)
    {
            for(j=0;j<4;j++)
            printf("%3d",_____);
            printf("\n");
    }
    return 0;
}
```

9. 以下程序实现从 10 个数中找出最大值和最小值,请填空。

```
#include<stdio.h>
int main()
{
```

```
    int a[]={6,1,5,2,3,9,10,4,8,7},*p=a,*q;
    int n=10,max,min;
    max=min=*p;
    for(q=_____①_____;_____②_____;q++)
        if(_____③_____)max=*q;
        else if(_____④_____)min=*q;
    printf("max=%d,min=%d\n",max,min);
    return 0;
}
```

三、程序设计题

1. 编写一个程序，输入一个字符串，再将其反向输出(要求用指针变量处理)。

2. 图书馆有 5 本书，分别是 Java、C、PHP、HTML、Pascal，现要对这些书名按照由小到大的顺序排序输出。

(1) 使用 sort()函数和 print()函数可分别实现对书名按照由小到大的顺序排序和输出的功能。

方法一：将这 5 本书的书名存储为一个二维数组，实现排序和输出功能。

```
void sort(char bookName[ ][8],int n);
void print(char bookName[ ][8],int n);
```

方法二：将这 5 本书的书名的地址存储为一个指针数组，实现排序和输出功能。

```
void sort(char * name[],int n);
void print(char * name[],int n);
```

(2) 在 main()函数中调用 sort()函数和 print()函数。

❀ 第8章 ❀
结构体与共用体

到目前为止，我们已经学习了包括整型、实型、字符型等在内的基本数据类型，并掌握了数组这一构造数据类型，它由若干数据类型相同的数据组成。但是，如果想将数据类型不同的若干数据存放在一起，则前面所述数据类型就不能满足要求了。

8.1 结构体问题的引出

在日常生活中，经常会遇到类似的一些表格问题。例如，对于学生信息表，通常需要登记学生的编号、姓名、性别、年龄、语文成绩、数学成绩和英语成绩等数据项，如表 8-1 所示。

表 8-1 学生信息表

编号	姓名	性别	年龄	语文成绩	数学成绩	英语成绩
1	张三	M	20	86.3	88.5	78.5
2	李四	F	18	78.5	76.3	68.5
3	王五	M	19	90.2	85.6	84.6
4	赵六	F	21	76.5	90.5	85.5
……	……	……	……	……	……	……

根据以前所学知识，可以用数组存储这些学生的通信信息，假设有 30 名学生，为了能够表达上述表格的所有内容，可以进行如下数组的定义。

```
int num[30];              /*存放 30 名学生的编号*/
char name[30][10];        /*学生的姓名*/
char sex[30];             /*学生的性别*/
int age[30];              /*学生的年龄*/
float chinese[30];        /*学生的语文成绩*/
float math[30];           /*学生的数学成绩*/
float english[30];        /*学生的英语成绩*/
```

根据上面的表格，我们需要对所定义的数组进行赋值。数组赋值只能在数组定义时完成，否则必须对单个元素进行赋值。根据上述思想，重新进行数组的定义并赋值。

```
int num[30]={1,2,3,4};
char name[30][10]={ "张三","李四","王五","赵六"};
char sex[30]={'M', 'F', 'M', 'F'};
int age[30] ={20,18,19,21};
float chinese[30]={86.3,78.5,90.2,76.5};
float math[30]={88.5,76.3,85.6,90.5};
float english[30]={78.5,68.5,84.6,85.5};
```

用图形的方式表示这种数据结构的内存管理方式，如图 8-1 所示。

num	name	sex	age	chinese	math	english
1	张三	M	20	86.3	88.5	78.5
2	李四	F	18	78.5	76.3	68.5
3	王五	M	19	90.2	85.6	84.6
4	赵六	F	21	76.5	90.5	85.5
……	……	……	……	……	……	……

图 8-1 学生信息数据结构的内存分配图

用图 8-1 所示的方式存储学生信息数据结构，我们发现存在如下问题：每个学生的各项信息零散地分布在内存的各处，要了解任何一个学生的全部信息，必须到各个数组的相应位置中寻找，相当于每个数组信息分别分布在一张纸上，即所有的学生编号在一张纸上，所有的姓名在另一张纸上……要找一个学生的全部信息，需要翻遍所有的纸，寻找起来十分不方便。再者，因为学生信息数据结构的内存管理不集中，所以寻找的效率也不高。

使用这种方式存储学生信息使结构零散，不容易管理，操作效率也低，那是否有一种数据类型，可将不同数据类型的数据集中在一起，统一分配内存，从而很方便地实现一个学生的信息集中在一张纸上，另一个学生的信息集中在另一张纸上呢？将我们的想法用理想的内存分配图的形式体现出来，如图 8-2 所示。

1	2	3	4
张三	李四	王五	赵六
M	F	M	F
20	18	19	21
86.3	78.5	90.2	76.5
88.5	76.3	85.6	90.5
78.5	68.5	84.6	85.5

……

图 8-2 理想的学生信息数据结构的内存分配图

从图 8-2 可以看出，将每个学生的各种类型的数据集中存放在内存中的某一段内，这种结构的优点是：结构紧凑，内存容易管理，每个内存块中的局部数据相关性强，查找方便快捷。因此，C 语言引入了一种新的构造数据类型——结构体来实现上述目标。

8.2 结构体类型和结构体类型变量

前面学习的数组类型和结构体类型均属于构造类型。不同的是，数组由相同数据类型的元素构成，而结构体类型可以由不同数据类型的元素组成。

如果程序中要用到图 8-2 所示的数据结构，则 C 语言允许用户创建结构体类型。例如：

```
struct student
{
    int num;              /*学生的编号*/
    char name[10];        /*学生的姓名*/
    char sex;             /*学生的性别*/
    int age;              /*学生的年龄*/
    float chinese;        /*学生的语文成绩*/
    float math;           /*学生的数学成绩*/
    float english;        /*学生的英语成绩*/
};
```

上面声明了结构体类型 struct student，包含 num、name、sex、age、chinese、math 和 english 不同类型的 7 项成员。声明结构体类型 struct student 意味着告知编译系统，我们设计了一个用户自定义的数据类型，编译系统将 struct student 作为一个新的数据类型进行理解，但并不为 struct student 分配内存空间，就像编译系统并不为 int 数据类型分配内存空间一样。

8.2.1 结构体类型的声明

声明一个结构体类型的一般形式为：

```
struct 结构体名
{
    类型名 成员名 1;
    类型名 成员名 2;
    ......
};
```

声明结构体类型以关键字 struct 开始，结构体名由用户指定，但应符合标识符命名的规则。结构体类型的名字由关键字 struct 和结构体名两者组合而成。上面的结构体声明中 student 是结构体名，而 struct student 才是结构体类型的名字。

大括号内是该结构体类型所包含的成员，对各成员都应进行类型声明，成员名命名也应符合标识符命名的规则。

注意，";"是结构体类型声明的结束标志，不能省略。

8.2.2 结构体类型变量的定义

前面只是声明了结构体类型，告诉编译器如何表示数据，但是它没有让计算机为数据分配空间。只有定义了结构体类型的变量，编译系统才会分配相应的内存单元，并存储具体的数据。C 语言规定了以下 3 种定义结构体类型变量的方法。

1. 先声明结构体类型，再定义结构体类型变量

前面声明了结构体类型 struct student，可以用它来定义变量。例如：

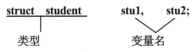

与 int 类型的变量定义类似。

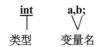

上面定义了结构体类型 struct student 变量 stu1 和 stu2，假设已经对 stu1 和 stu2 进行了赋值，则图 8-3 为 stu1 和 stu2 在内存中的存储状况。

	stu1	stu2
num	1	2
name	张三	李四
sex	M	F
age	20	18
chinese	86.3	78.5
math	88.5	76.3
english	78.5	68.5

图 8-3　stu1 和 stu2 在内存中的存储状况

计算一个结构体变量在内存中实际占用的字节数时，可以使用 sizeof 运算符。例如，可以用 sizeof(struct student)或 sizeof(stu1)计算结构体类型 struct student 变量在内存中实际占用的字节数。

这种方式中声明结构体类型和定义结构体类型变量分离，在声明结构体类型后可以随时定义该种结构体类型变量，非常灵活。

2. 在声明结构体类型的同时定义变量

例如：

```
struct student
{
int num;             /*学生的编号*/
char name[10];       /*学生的姓名*/
char sex;            /*学生的性别*/
int age;             /*学生的年龄*/
float chinese;       /*学生的语文成绩*/
float math;          /*学生的数学成绩*/
float english;       /*学生的英语成绩*/
}stu1,stu2;
```

这种方法的作用与第一种方法相同，只是在声明结构体的同时定义了两个 struct student 类型的变量 stu1 和 stu2。该方法的一般形式为：

```
struct  结构体名
{
    类型名   成员名 1;
    类型名   成员名 2;
    ……
}变量名表列;
```

声明结构体类型和定义结构体类型变量放在一起进行，能直接看到结构体的结构，比较直观，在写小程序时用此方式比较方便。但写大程序时，往往要求对结构体类型的声明和对结构体类型的变量的定义分别放在不同的地方，以使程序结构体清晰，便于维护，所以不宜用这种方式。

3. 不写结构体名，直接定义结构体类型变量

例如：

```
struct
{
    int num;            /*学生的编号*/
    char name[10];      /*学生的姓名*/
    char sex;           /*学生的性别*/
    int age;            /*学生的年龄*/
    float chinese;      /*学生的语文成绩*/
    float math;         /*学生的数学成绩*/
    float english;      /*学生的英语成绩*/
}stu1,stu2;
```

该方法的一般形式为：

```
struct
{
    类型名   成员名 1;
    类型名   成员名 2;
    ……
}变量名表列;
```

这种形式指定了一个无名的结构体类型，即不出现结构体名，该方式用得较少。

8.2.3 结构体的嵌套

结构体类型在声明时，其成员还可以是其他结构体类型的变量，C 语言支持这种"嵌套"形式的结构体类型的声明。

例如：

```
struct date         /*声明结构体类型 struct date*/
{
    int year;       /*年*/
    int month;      /*月*/
    int day;        /*日*/
};
```

```
struct student
{
    int num;
    char name[10];
    char sex;
    /*birthday 是结构体类型 struct date 的变量*/
    struct date birthday;
    float chinese;
    float math;
    float english;
};
```

先声明一个 struct date 类型，它代表日期，包含 3 个成员：year、month 和 day，然后在声明 struct student 类型时，将成员 birthday 指定为 struct date 类型。struct student 类型的结构如图 8-4 所示。

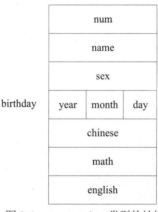

图 8-4　struct student 类型的结构

8.3 结构体类型变量的引用和初始化

结构体类型变量的引用和初始化如下。

(1) 定义了结构体类型变量后，就可以引用此变量。C 语言规定不能将一个结构体变量作为一个整体实施输入、输出操作，只能对每个具体的成员进行输入、输出操作。例如：

```
struct student
{
    int num;              /*学生的编号*/
    char name[10];        /*学生的姓名*/
    char sex;             /*学生的性别*/
    int age;              /*学生的年龄*/
    float chinese;        /*学生的语文成绩*/
    float math;           /*学生的数学成绩*/
    float english;        /*学生的英语成绩*/
}stu1,stu2;
```

不能做如下输出：

```
printf("%d,%s,%c,%d,%f,%f,%f\n",stu1);
```

只能对结构体变量中的各个成员分别进行输出，引用结构体变量中成员的方式为：

```
结构体类型变量.成员名
```

其中，"."是成员运算符，也称圆点运算符，它在所有的运算符中优先级最高。上例中如下输出才是正确的：

```
printf ("%d,%s,%c,%d,%f,%f,%f\n ",stu1.num,stu1.name,stu1.sex,stu1. age,stu1.chinese, stu1.math,
    stu1. english);
```

(2) 当出现结构体的嵌套时，必须以级联方式访问结构体变量成员。例如：

```
struct date          /*声明结构体类型 struct date*/
{
    int year;        /*年*/
    int month;       /*月*/
    int day;         /*日*/
};
struct student
{
    int num;
    char name[10];
    char sex;
    /*birthday 是结构体类型 struct date 的变量*/
    struct date birthday;
    float chinese;
    float math;
    float english;
}stu;
```

当要访问 birthday 成员时，面临的问题是：birthday 也是一个结构体类型变量，如何进行访问呢？一个原则是不能对结构体内的结构体类型的成员变量直接进行访问，必须通过成员运算符级联找到最底层的成员。因此，可以采用以下级联方式访问：

```
/*结构体类型变量 stu 的成员 birthday 中的成员 month*/
stu.birthday.month = 5;
```

(3) 对结构体变量的成员可以像普通变量一样进行各种运算。

```
stu2.chinese=stu1.chinese;
sum=stu1.math+stu2.math;
/*将 stu1 的成员 name 的值赋值给 stu2 的成员 name*/
strcpy(stu2.name,stu1.name);
stu1.age++;     /*等价于(stu1.age)++*/
++stu1.age;     /*等价于++(stu1.age)*/
stu2=stu1;      /*将 stu1 中各成员的值依次赋值给 stu2 中的各成员*/
```

(4) 结构体类型变量的初始化。

前面我们学习了如何初始化变量和数组，例如：

```
int count=0;
int arr[4]={1,2,3,4};
```

结构体类型变量的初始化也可以使用与数组初始化相似的方法。例如：

```
struct student
{
    int num;            /*学生的编号*/
    char name[10];      /*学生的姓名*/
    char sex;           /*学生的性别*/
    int age;            /*学生的年龄*/
    float chinese;      /*学生的语文成绩*/
    float math;         /*学生的数学成绩*/
    float english;      /*学生的英语成绩*/
};
struct student stu1={1,"张三",'M',20,86.3,88.5,78.5};
```

也可以在声明结构体类型的同时，完成结构体变量的定义和初始化操作，即：

```
struct student
{
    int num;            /*学生的编号*/
    char name[10];      /*学生的姓名*/
    char sex;           /*学生的性别*/
    int age;            /*学生的年龄*/
    float chinese;      /*学生的语文成绩*/
    float math;         /*学生的数学成绩*/
    float english;      /*学生的英语成绩*/
}stu1={1,"张三",'M',20,86.3,88.5,78.5};
```

当出现结构体嵌套时，结构体类型变量的初始化方式为：

```
struct student
{
    int num;
    char name[10];
    char sex;
    /*birthday 是结构体类型 struct date 的变量*/
    struct date birthday;
    float chinese;
    float math;
    float english;
}stu1={1, "张三", 'M',{1998,5,21},86.3,88.5,78.5};
```

【练一练 8-1】已知对学生记录的描述为：

```
struct student
{
    int num;
    char name[20],sex;
    struct{int year,month,day;}birthday;
};
struct student stu;
```

设变量 stu 中的"生日"是"1995 年 11 月 12 日",则下列对"birthday"正确赋值的程序是(   )。

    A. year=1995;month=11;day=12;

    B. stu.year=1995;stu.month=11;stu.day=12;

    C. birthday.year=1995;birthday.month=11;birthday.day=12;

    D. stu.birthday.year=1995;stu.birthday.month=11;stu.birthday.day=12;

8.4 结构体数组

前面我们学习了一维数组的定义和初始化,例如:

```
int arr[4]={1,2,3,4};
```

上面声明了一维数组 arr 包含 4 个元素,每个元素都是 int 类型。如果定义一个数组,且数组中的所有元素都是结构体类型,则该数组就是结构体数组。

(1) 声明结构体类型。

```
struct student
{
    int num;              /*学生的编号*/
    char name[10];        /*学生的姓名*/
    char sex;             /*学生的性别*/
    int age;              /*学生的年龄*/
    float chinese;        /*学生的语文成绩*/
    float math;           /*学生的数学成绩*/
    float english;        /*学生的英语成绩*/
};
```

(2) 定义结构体数组。

```
struct student stuArr[4];
```

它定义了一个数组,包含 4 个元素,每个元素都是 struct student 类型,该数组所占的内存空间为 4*sizeof(struct student)个字节。数组 stuArr 的 4 个元素是连续存放的。

结构体数组 stuArr 的内存分布图如图 8-5 所示。

	num	name	sex	age	chinese	math	english
stuArr[0]	stuArr[0].num	stuArr[0].name	stuArr[0].sex	stuArr[0].age	stuArr[0].chinese	stuArr[0].math	stuArr[0].english
stuArr[1]	stuArr[1].num	stuArr[1].name	stuArr[1].sex	stuArr[1].age	stuArr[1].chinese	stuArr[1].math	stuArr[1].english
stuArr[2]	stuArr[2].num	stuArr[2].name	stuArr[2].sex	stuArr[2].age	stuArr[2].chinese	stuArr[2].math	stuArr[2].english
stuArr[3]	stuArr[3].num	stuArr[3].name	stuArr[3].sex	stuArr[3].age	stuArr[3].chinese	stuArr[3].math	stuArr[3].english

图 8-5　结构体数组 stuArr 的内存分布图

(3) 初始化结构体数组。

可以在定义结构体数组的同时进行初始化,例如:

```
struct student stuArr[4]={{1, "张三",'M',20,86.3,88.5,78.5},{2,"李四",'F',18,78.5,76.3,68.5},
{3, "王五",'M',19,90.2,85.6,84.6},{4, "赵六",'F',21,76.5,90.5,85.5}};
```

数组 stuArr 初始化后的内存存储情况如图 8-6 所示。

	num	name	sex	age	chinese	math	english
stuArr[0]	1	张三	M	20	86.3	88.5	78.5
stuArr[1]	2	李四	F	18	78.5	76.3	68.5
stuArr[2]	3	王五	M	19	90.2	85.6	84.6
stuArr[3]	4	赵六	F	21	76.5	90.5	85.5

图 8-6 初始化后的结构体数组 stuArr 的内存存储情况

【程序 8-1】 有 N 个学生的信息(包括编号、姓名、性别、年龄、语文成绩、数学成绩和英语成绩)，要求按照语文成绩由高到低的顺序输出各学生的信息。

问题分析：用结构体数组存放 N 个学生的信息，然后采用冒泡排序法对各学生的语文成绩按照由高到低的顺序进行排序，最后输出排序后的各学生的信息。

算法分析：

step 1 定义包含有 N 个元素的结构体数组存放学生的信息。

step 2 采用冒泡排序法对各学生的语文成绩按照由高到低的顺序进行排序。

step 3 输出排序后的各学生的信息。

程序如下：

```
/*程序8-1*/
#include <stdio.h>
#define N 4
struct student
{
    int num;          /*学生的编号*/
    char name[10];    /*学生的姓名*/
    char sex;         /*学生的性别*/
    int age;          /*学生的年龄*/
    float chinese;    /*学生的语文成绩*/
    float math;       /*学生的数学成绩*/
    float english;    /*学生的英语成绩*/
};
int main()
{
    /*定义并初始化结构体数组*/
    struct student stuArr[N]={{1,"张三",'M',20,86.3,88.5,78.5},
                    {2,"李四",'F',18,78.5,76.3,68.5},
                    {3,"王五",'M',19,90.2,85.6,84.6},
                    {4,"赵六",'F',21,76.5,90.5,85.5}};
    /*定义结构体变量temp，用作交换时的临时变量*/
    struct student temp;
    int i,j;
    /*采用冒泡排序法对各学生的语文成绩按照由高到低的顺序排序*/
    for(i=0;i<N-1;i++)
        for(j=0;j<N-1-i;j++)
        {
            /*进行语文成绩的比较*/
```

```
                if(stuArr[j].chinese<stuArr[j+1].chinese)
                {
                    /*stuArr[j]和 stuArr[j+1]中所有成员整体交换*/
                    temp=stuArr[j];
                    stuArr[j]=stuArr[j+1];
                    stuArr[j+1]=temp;
                }
        }
    /*输出排序后的各学生的信息*/
    for(i=0;i<N;i++)
        printf("%2d%6s%2c%4d%6.2f%6.2f%6.2f\n",
                        stuArr[i].num,stuArr[i].name,stuArr[i].sex,
                        stuArr[i].age,stuArr[i].chinese,
                        stuArr[i].math,stuArr[i].english);
    return 0;
}
```

程序运行结果如下：

```
3   王五  M  19  90.20  85.60  84.60
1   张三  M  20  86.30  88.50  78.50
2   李四  F  18  78.50  76.30  68.50
4   赵六  F  21  76.50  90.50  85.50
```

【说明】

在执行冒泡排序时，当前一个学生 stuArr[j]比后一个学生 stuArr[j+1]的语文成绩低时，将
stuArr[j]元素中的所有成员和 stuArr[j+1]元素中的所有成员整体交换，而不必人为指定逐个成员地
交换。此处也再次体现了使用结构体类型的好处。

8.5 结构体指针

第7章我们学习了指针的定义和使用。例如：

```
int a=4;
int *p;     /*定义整型指针 p*/
p=&a;       /*p 指向整型变量 a*/
```

当把整型变量 a 的地址存放到指针变量 p 中后，指针 p 便指向整型变量 a。结构体指针就
是指向结构体数据的指针，一个结构体变量的起始地址就是该结构体变量的指针。

8.5.1 指向结构体类型变量的指针

如果把一个结构体变量的起始地址存放在一个指向结构体变量的指针中，那么这个指针就
指向该结构体变量。指向结构体变量的指针的基类型必须与结构体变量的类型相同。例如：

```
/*声明结构体类型 struct student，定义结构体类型变量并初始化*/
struct student
{
    int num;                /*学生的编号*/
```

```
    char name[10];        /*学生的姓名*/
    char sex;             /*学生的性别*/
    int age;              /*学生的年龄*/
    float chinese;        /*学生的语文成绩*/
    float math;           /*学生的数学成绩*/
    float english;        /*学生的英语成绩*/
};
struct student stu1={1,"张三",'M',20,86.3,88.5,78.5};
struct student *p;        /*定义 struct student 类型指针*/
p=&stu1;                  /*p 指向结构体类型变量 stu1*/
```

指针 p 存放结构体变量 stu1 的地址，即指向结构体变量 stu1，如图 8-7 所示。

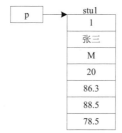

图 8-7　指向结构体变量的指针

引用结构体中的成员有以下 3 种方式。

(1) 通过结构体类型变量、成员运算符(即圆点运算符.)和成员名，即

结构体类型变量.成员名

的方式来访问结构体中的成员。例如：

printf("%s\n",stu1.name);

(2) 通过结构体指针、指向运算符(即箭头运算符->)和成员名，即

结构体指针->成员名

的方式访问结构体中的成员，例如：

printf("%s\n",p->name);

(3) 通过结构体指针、成员运算符和成员名，即

(*结构体指针).成员名

的方式访问结构体中的成员，例如：

printf("%s\n", (*p).name);

(*p)表示 p 所指向的结构体变量，即 stu1;(*p).name 是 p 指向的结构体变量中的成员 name。注意，*p 两侧的括号不能省略，因为成员运算符 "." 的优先级高于间接寻址运算符 "*"。

8.5.2　指向结构体数组的指针

前面我们学习了指向一维数组的指针。例如：

```
int arr[4]={1,2,3,4};
int *p;          /*定义整型指针 p*/
p=arr;           /*p 存放整型数组的首地址*/
```

把整型数组 arr 的首地址存放到指针变量 p 中后,指针 p 便指向整型数组的首(第 1 个)元素。同理,也可以定义指向结构体数组的指针。例如:

```
struct student stuArr[4]={{1, "张三",'M',20,86.3,88.5,78.5},
                          {2, "李四",'F',18,78.5,76.3,68.5},
                          {3, "王五",'M',19,90.2,85.6,84.6},
                          {4, "赵六",'F',21,76.5,90.5,85.5}
                         };
struct student *p;       /*定义 struct student 类型指针*/
p=stuArr;                /*p 指向结构体数组*/
```

指针 p 存放结构体数组 stuArr 的首地址,即指向结构体数组的首(第 1 个)元素,如图 8-8 所示。

p	num	name	sex	age	chinese	math	english
p+1	1	张三	M	20	86.3	88.5	78.5
p+2	2	李四	F	18	78.5	76.3	68.5
p+3	3	王五	M	19	90.2	85.6	84.6
	4	赵六	F	21	76.5	90.5	85.5

图 8-8　指向结构体数组的指针

当指针 p 指向结构体数组的首(第 1 个)元素时,p+1 并不是往下移动一个字节,而是往下移动一个元素,即 sizeof(struct student)个字节,故 p+1 指向数组的第 2 个元素,p+2 指向数组的第 3 个元素,p+3 指向数组的第 4 个元素。

【程序 8-2】利用指向结构体数组的指针计算学生各科的平均成绩。

```
/*程序 8-2*/
#include <stdio.h>
#define N 4
struct student
{
    int num;           /*学生的编号*/
    char name[10];     /*学生的姓名*/
    char sex;          /*学生的性别*/
    int age;           /*学生的年龄*/
    float chinese;     /*学生的语文成绩*/
    float math;        /*学生的数学成绩*/
    float english;     /*学生的英语成绩*/
};
int main()
{
    /*数组 sum 存放各科的总成绩*/
    float sum[3]={0.0};
    /*数组 ave 存放各科的平均成绩*/
```

```
        float ave[3]={0.0};
        int i;
        char *name[]={"语文成绩","数学成绩","英语成绩"};
        /*定义并初始化结构体数组*/
        struct student stuArr[N]={{1,"张三",'M',20,86.3,88.5,78.5},
                               {2,"李四",'F',18,78.5,76.3,68.5},
                               {3,"王五",'M',19,90.2,85.6,84.6},
                               {4,"赵六",'F',21,76.5,90.5,85.5}};
        /*p 为指向结构体数组的指针*/
        struct student *p=stuArr;
        for(;p<stuArr+N;p++)
        {
            sum[0]+=p->chinese;    /*计算 N 个学生语文成绩的总和*/
            sum[1]+=p->math;       /*计算 N 个学生数学成绩的总和*/
            sum[2]+=p->english;    /*计算 N 个学生英语成绩的总和*/
        }
        /*输出各科的平均成绩*/
        for(i=0;i<3;i++)
        {
            ave[i]=sum[i]/N;
            printf("%8s%7.2f\n",name[i],*(ave+i));
        }
        return 0;
}
```

程序运行结果如下：

```
语文成绩  82.88
数学成绩  85.22
英语成绩  79.28
```

【说明】

(1) p 是指向 struct student 结构体数组的指针，p 开始指向数组的第 1 个元素 stuArr[0]，当执行 for 循环的过程中，执行 p++，p 指向数组的第 2 个元素 stuArr[1]，继续执行 for 循环……当 p 的值变为 stuArr+N，已不再小于 stuArr+N 时，则结束 for 循环。

(2) 如果 p 的初值是 stuArr，即 p 指向 stuArr 的第 1 个元素，则：

```
/*先使 p 增 1，p 指向 stuArr[1]，然后得到 p 指向的元素 stuArr[1]中的 num 成员(即 2)*/
(++p)->num
/*先求得 p 指向的元素 stuArr[0]中的 num 成员(即 1)，然后再使 p 增 1，指向 stuArr[1]*/
(p++)->num
```

请注意以上两者的不同。

【练一练 8-2】下列程序的功能是计算 3 个学生的总成绩和平均成绩，其中 3 个学生的成绩存储在一个结构体数组中，请将代码补充完整。

```
#include <stdio.h>
struct stu
{
    char name[10];
```

```
        float score;
};
int main()
{
    _____ stus[3]={"Mary",76,"John",85,"Tom",81};
    struct stu *pStu=stus;
    int i=0;
    float total=0,aver=0;
    while(i<3)
    {
        total+=_____->score;
        i++;
    }
    aver=total/3;
    printf("total=%.2f,aver=%.2f",total,aver);
    return 0;
}
```

8.6 结构体与函数

把结构体传递给函数的方式有 3 种：传递结构成员、传递整个结构、传递指向结构的指针。

(1) 结构体的成员作为函数参数。

用结构体的成员作为参数，属于"值传递"方式，注意实参与形参的类型保持一致。

(2) 结构体变量作为函数参数。

用结构体变量作为参数，采用的也是"值传递"的方式。因为传递的是整个结构体变量，即包含结构体中所有的成员，所以，这种传递方式在空间和时间上的开销较大。

(3) 指向结构体的指针作为函数参数。

用指向结构体变量(或数组)的指针作为实参，将结构体变量(或数组)的地址传给形参。因为传递的是地址，而不是整个结构体的所有成员信息，所以，这种传递方式在空间和时间上效率更高。

【程序 8-3】有 N 个学生的信息(包括编号、姓名、性别、年龄、语文成绩、数学成绩和英语成绩)，要求输出 3 门课(语文、数学和英语)平均成绩最高的学生的信息。

问题分析：按照功能函数化思想，用 max()函数来实现求各个学生 3 门课的平均成绩，并返回平均成绩最高的学生的功能。max()函数可以采用以下两种方法来声明。

方法一：struct student max(struct student stuArr[],int n);

方法一中函数参数传递的是结构体数组，即结构体数组的首地址，此时形参和实参结构体数组共享同一片内存空间。函数返回值为平均成绩最高的学生的结构体。

程序如下：

```
/*程序 8-3：方法一*/
#include <stdio.h>
```

```c
#define N 4
struct student
{
    int num;            /*学生的编号*/
    char name[10];      /*学生的姓名*/
    char sex;           /*学生的性别*/
    int age;            /*学生的年龄*/
    float chinese;      /*学生的语文成绩*/
    float math;         /*学生的数学成绩*/
    float english;      /*学生的英语成绩*/
    float ave;          /*学生 3 门课的平均成绩*/
};
/* 函数功能：求各个学生 3 门课的平均成绩，返回平均成绩最高的学生
   函数参数：结构体数组 stuArr，学生人数 n
   函数返回值：平均成绩最高的学生*/
struct student max(struct student stuArr[],int n)
{
    /*nMax 存放成绩最高的学生在结构体数组中的序号*/
    int i,nMax=0;
    /*求各个学生 3 门课的平均成绩，存放到结构体的 ave 成员中*/
    for(i=0;i<n;i++)
        stuArr[i].ave=(stuArr[i].chinese+stuArr[i].math+stuArr[i].english)/3;
    /*通过循环遍历所有学生的平均成绩，寻找平均成绩最高的学生在结构体数组中的序号*/
    for(i=1;i<n;i++)
        if(stuArr[i].ave>stuArr[nMax].ave)
            nMax=i;
    /*返回平均成绩最高的学生*/
    return stuArr[nMax];
}
int main()
{
    /*定义并初始化结构体数组*/
    struct student stuArr[N]={
        {1,"张三",'M',20,86.3,88.5,78.5},
        {2,"李四",'F',18,78.5,76.3,68.5},
        {3,"王五",'M',19,90.2,85.6,84.6},
        {4,"赵六",'F',21,76.5,90.5,85.5}};
    int i;
    struct student maxStu;
    /*调用 max()函数返回平均成绩最高的学生*/
    maxStu=max(stuArr,N);
    /*输出平均成绩最高的学生信息*/
    printf("编号 姓名 性别 年龄 语文 数学 英语 平均\n");
    printf("%2d%7s%4c%5d%7.2f%7.2f%7.2f%7.2f\n",
        maxStu.num,maxStu.name,maxStu.sex,
        maxStu.age,maxStu.chinese,
        maxStu.math,maxStu.english,maxStu.ave);
    return 0;
}
```

程序运行结果如下：

编号	姓名	性别	年龄	语文	数学	英语	平均
3	王五	M	19	90.20	85.60	84.60	86.80

方法二：struct student *max(struct student *p,int n);

方法二中函数参数传递的是指向结构体数组的指针，即结构体数组的首地址，此时形参指针指向实参结构体数组。函数返回值为指向平均成绩最高的学生的指针。

程序如下：

```c
/*程序8-3：方法二*/
#include <stdio.h>
#define N 4
struct student
{
    int num;              /*学生的编号*/
    char name[10];        /*学生的姓名*/
    char sex;             /*学生的性别*/
    int age;              /*学生的年龄*/
    float chinese;        /*学生的语文成绩*/
    float math;           /*学生的数学成绩*/
    float english;        /*学生的英语成绩*/
    float ave;            /*学生3门课的平均成绩*/
};

/* 函数功能：求各个学生3门课的平均成绩，返回平均成绩最高的学生
   函数参数：指向结构体数组的指针p，学生人数n
   函数返回值：平均成绩最高的学生的地址
*/
struct student *max(struct student *p,int n)
{
    /*nMax存放成绩最高的学生在结构体数组中的序号*/
    int i,nMax=0;
    /*求各个学生3门课的平均成绩，存放到结构体的ave成员中*/
    for(i=0;i<n;i++)
        (p+i)->ave=((p+i)->chinese+(p+i)->math+(p+i)->english)/3;
    /*通过循环遍历所有学生的平均成绩，寻找平均成绩最高的学生在结构体数组中的序号*/
    for(i=1;i<n;i++)
        if((p+i)->ave > (p+nMax)->ave)
            nMax=i;
    /*返回平均成绩最高的学生的地址*/
    return (p+nMax);
}

int main()
{
    /*定义并初始化结构体数组*/
    struct student stuArr[N]={
        {1,"张三",'M',20,86.3,88.5,78.5},
        {2,"李四",'F',18,78.5,76.3,68.5},
        {3,"王五",'M',19,90.2,85.6,84.6},
```

```
        {4,"赵六",'F',21,76.5,90.5,85.5}};
    int i;
    struct student *pMax;
    /*调用 max()函数返回平均成绩最高的学生的地址*/
    pMax=max(stuArr,N);
    /*输出平均成绩最高的学生的信息*/
    printf("编号 姓名 性别 年龄 语文 数学 英语 平均\n");
    printf("%2d%7s%4c%5d%7.2f%7.2f%7.2f%7.2f\n",pMax->num,pMax->name,pMax ->sex,
        pMax->age,pMax->chinese, pMax->math,pMax->english,pMax->ave);
    return 0;
}
```

程序运行结果如下：

编号	姓名	性别	年龄	语文	数学	英语	平均
3	王五	M	19	90.20	85.60	84.60	86.80

8.7 结构体综合应用实例

【**程序 8-4**】编程实现一个简单的学生成绩查询系统，功能描述如下。

(1) 用户注册用户名和密码进行登录。

(2) 登录成功进入学籍管理系统主界面。

(3) 选择查询类型，根据学号、班级或专业查询。若根据班级或专业查询，除了可以查询，还可以统计各门考试最高分、最低分、平均分并排序。

要求：写 9 个函数分别完成登录身份验证(login)、学籍管理系统主界面控制(index)、学号查询(numQuery)、班级查询(classQuery)、专业查询(subQuery)、最高分统计(highScore)、最低分统计(lowScore)、平均分统计(average)、排序(paiXu)。

按照结构化程序设计"自顶向下，逐步细化"分析问题的方法，系统各函数间调用的层次结构如图 8-9 所示。

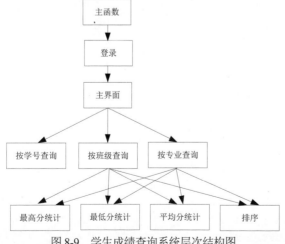

图 8-9 学生成绩查询系统层次结构图

程序如下：

```
/*程序 8-4*/
#include<stdio.h>
#include<string.h>
#include<stdlib.h>
#define N 3
/*函数外部声明*/
/*统计每门课程最高分*/
void highScore(struct student ss[],int);
/*统计每门课程最低分*/
void lowScore(struct student ss[],int);
/*统计每门课程平均分*/
void average(struct student ss[],int);
/*为每门课程成绩排序*/
void paiXu(struct student ss[],int j);
/*按序号查询*/
void numQuery();
/*按班级查询*/
void classQuery();
/*按专业查询*/
void subQuery();
/*登录验证*/
void login();

/*定义结构体类型 user，用于定义账户*/
struct user
{
    char username[20];
    char password[20];
};
/*定义结构体类型 student，用于定义学生*/
struct student
{
    int num;           /*学号*/
    char name[20];     /*姓名*/
    float score[5];    /*5 门课的成绩*/
    int classs;        /*班级*/
    char sub[20];      /*专业*/
};
/*定义结构体数组，并初始化*/
struct user user[N]={{"aaa","111"},{"bbb","222"},{"ccc","333"}};
struct student s[N]={101,"li",{65,66,78,90,87},9901,"会计",
                     102,"wang",{65,66,78,90,87},9901,"软工",
                103,"zhang",{68,78,56,88,90},9901,"软工"};
struct student ss[N];

/*主函数*/
int main()
{
    login();
```

```
        return 0;
}

/*登录验证函数*/
void login()
{
    void index();
    char a[10],b[10];
    int i;
    static int k=0;
    printf("please input username:");
    scanf("%s",a);
    printf("please input password:");
    scanf("%s",b);
    for(i=0;i<N;i++)
        if(strcmp(a,user[i].username)==0&&strcmp(b,user[i].password)==0)
        {
            printf("登录成功!");
            index();
            break;
        }
    if(i==N)
    {
        printf("登录失败!\n");
        k++;        /*k 用于累计登录失败的次数*/
    }
    if(k>=3)
        exit(1);
    else
            login();
}

/*主界面控制函数*/
void index()
{
    void numQuery();
    void classQuery();
    void subQuery();
    int x;
    printf("欢迎来到学生管理系统\n");
        printf("--------------------\n");
    printf("选择要查询的类型\n");
    printf("1 按学号查询\n2 按班级查询\n3 按专业查询\n4 退出\n");
    printf("--------------------\n");
    scanf("%d",&x);
    if(x==1)
        numQuery();
    if(x==2)
        classQuery();
    if(x==3)
```

```
      subQuery();
    if(x==4)
      login();
}

/*按学号查询函数*/
void numQuery()
{
  int i,x;
  printf("请输入要查询的学号：");
  scanf("%d",&x);
  for(i=0;i<N;i++)
    if(x==s[i].num)
      {
        printf("%5d%7s%7.2f%7.2f%7.2f%7.2f%7.2f%6d%6s\n",
                        s[i].num,s[i].name,s[i].score[0],
                        s[i].score[1],s[i].score[2],s[i].score[3],
                        s[i].score[4],s[i].classs,s[i].sub);
        break;
      }
  if(i==N)
    printf("没有这个学生的记录");
  printf("1 返回上级菜单\n2 继续查询\n");
  scanf("%d",&x);
  if(x==1)
    index();
  else
    numQuery();
}

/*按班级查询函数*/
void classQuery()
{
  int i,j,x;    char a[20];
  printf("请输入要查询的专业班级(如 9901 软工)：");
  scanf("%4d%s",&x,a);
  /*将查询出符合条件的学生记录放入结构体数组 ss 中，并输出查询到的记录*/
  for(i=0,j=0;i<N;i++)
    if((x==s[i].classs)&&(strcmp(a,s[i].sub)==0))
      {
        ss[j].num=s[i].num;
          strcpy(ss[j].name,s[i].name);
        ss[j].classs=s[i].classs;
        strcpy(ss[j].sub,s[i].sub);
        ss[j].score[0]=s[i].score[0];
        ss[j].score[1]=s[i].score[1];
        ss[j].score[2]=s[i].score[2];
        ss[j].score[3]=s[i].score[3];
        ss[j].score[4]=s[i].score[4];
        j++;
```

```
            printf("%5d%7s%7.2f%7.2f%7.2f%7.2f%7.2f%6d%6s\n",
                          s[i].num,s[i].name,s[i].score[0],
                          s[i].score[1],s[i].score[2],s[i].score[3],
                          s[i].score[4],s[i].classs,s[i].sub);
        }
    printf("1 返回上级菜单\n2 继续查询\n3 统计各科目最高分\n4 统计各科目最低分\n5 统计各
           科目平均分\n6 排序\n");
    scanf("%d",&x);
    if(x==1)
        index();
    if(x==2)
        classQuery();
    if(x==3)
        highScore(ss,j);
    if(x==4)
        lowScore(ss,j);
    if(x==5)
        average(ss,j);
    if(x==6)
        paiXu(ss,j);
}

/*统计每门课最高分函数*/
void highScore(struct student ss[],int j)
{
    float max[5]; int i,x;
    max[0]=ss[0].score[0];
    max[1]=ss[0].score[1];
    max[2]=ss[0].score[2];
    max[3]=ss[0].score[3];
    max[4]=ss[0].score[4];
    for(i=0;i<j;i++)
    {
        if(ss[i].score[0]>max[0])    max[0]=ss[i].score[0];
        if(ss[i].score[1]>max[1])    max[1]=ss[i].score[1];
        if(ss[i].score[2]>max[2])    max[2]=ss[i].score[2];
        if(ss[i].score[3]>max[3])    max[3]=ss[i].score[3];
        if(ss[i].score[4]>max[4])    max[4]=ss[i].score[4];
    }
    printf("每门课最高分为：\n%7.2f%7.2f%7.2f%7.2f%7.2f\n",max[0],max[1],max[2],max[3],max[4]);
    printf("1 返回主菜单\n2 返回上一级菜单\n3 统计各科目最低分\n4 统计各科目平均分\n5 排序\n");
    scanf("%d",&x);
    if(x==1)
        index();
    if(x==2)
        classQuery();
    if(x==3)
        lowScore(ss,j);
    if(x==4)
        average(ss,j);
```

```c
    if(x==5)
      paiXu(ss,j);
}

/*统计每门课最低分函数*/
void lowScore(struct student ss[],int j)
{
  float min[5]={100,100,100,100,100}; int i,x;
  for(i=0;i<j;i++)
  {
    if(ss[i].score[0]<min[0])   min[0]=ss[i].score[0];
    if(ss[i].score[1]<min[1])   min[1]=ss[i].score[1];
    if(ss[i].score[2]<min[2])   min[2]=ss[i].score[2];
    if(ss[i].score[3]<min[3])   min[3]=ss[i].score[3];
    if(ss[i].score[4]<min[4])   min[4]=ss[i].score[4];
  }
  printf("每门课最低分为: \n%7.2f%7.2f%7.2f%7.2f%7.2f\n",min[0],min[1],min[2],min[3],min[4]);
  printf("1 返回主菜单\n2 返回上一级菜单\n3 统计各科目最高分\n4 统计各科目平均分\n5 排序\n");
  scanf("%d",&x);
  if(x==1)
    index();
  if(x==2)
    classQuery();
  if(x==3)
    highScore(ss,j);
  if(x==4)
    average(ss,j);
  if(x==5)
    paiXu(ss,j);
}

/*统计每门课平均分函数*/
void average(struct student ss[],int j)
{
  float sum[5]={0}; int i,x;
  for(i=0;i<j;i++)
    {
    sum[0]+=ss[i].score[0];
    sum[1]+=ss[i].score[1];
    sum[2]+=ss[i].score[2];
    sum[3]+=ss[i].score[3];
    sum[4]+=ss[i].score[4];
    }
  printf("每门课的平均分为: \n%7.2f%7.2f%7.2f%7.2f%7.2f\n",sum[0]/j,sum[1]/j,sum[2]/j,sum[3]/j,
          sum[4]/j);
  printf("1 返回主菜单\n2 返回上一级菜单\n3 统计各科目最高分\n4 统计各科目最低分\n5 排序\n");
  scanf("%d",&x);
  if(x==1)
    index();
  if(x==2)
```

```
            classQuery();
        if(x==3)
            highScore(ss,j);
        if(x==4)
            lowScore(ss,j);
        if(x==5)
            paiXu(ss,j);
}

/*为每门课程成绩排序函数*/
void paiXu(struct student ss[],int j)
{
    float t;
    int i,k,x;
    for(i=0;i<j-1;i++)
        for(k=0;k<j-1-i;k++)
            if(ss[k].score[0]>ss[k+1].score[0])
            {
                t=ss[k].score[0];
                ss[k].score[0]=ss[k+1].score[0];
                ss[k+1].score[0]=t;
            }
    for(i=0;i<j-1;i++)
        for(k=0;k<j-1-i;k++)
            if(ss[k].score[1]>ss[k+1].score[1])
            {
                t=ss[k].score[1];
                ss[k].score[1]=ss[k+1].score[1];
                ss[k+1].score[1]=t;
            }
    for(i=0;i<j-1;i++)
        for(k=0;k<j-1-i;k++)
            if(ss[k].score[2]>ss[k+1].score[2])
            {
                t=ss[k].score[2];
                ss[k].score[2]=ss[k+1].score[2];
                ss[k+1].score[2]=t;
            }
    for(i=0;i<j-1;i++)
        for(k=0;k<j-1-i;k++)
            if(ss[k].score[3]>ss[k+1].score[3])
            {
                t=ss[k].score[3];
                ss[k].score[3]=ss[k+1].score[3];
                ss[k+1].score[3]=t;
            }
    for(i=0;i<j-1;i++)
        for(k=0;k<j-1-i;k++)
            if(ss[k].score[4]>ss[k+1].score[4])
            {
```

```
            t=ss[k].score[4];
            ss[k].score[4]=ss[k+1].score[4];
            ss[k+1].score[4]=t;
        }
    for(i=0;i<j;i++)
        printf("%7.2f%7.2f%7.2f%7.2f%7.2f\n",
                    ss[i].score[0],ss[i].score[1],ss[i].score[2],
                    ss[i].score[3],ss[i].score[4]);
    printf("1 返回主菜单\n2 返回上一级菜单\n3 统计各科目最高分\n4 统计各科目最低分\n5 统
            计各科目平均分\n");
    scanf("%d",&x);
    if(x==1)
        index();
    if(x==2)
        classQuery();
    if(x==3)
        highScore(ss,j);
    if(x==4)
        lowScore(ss,j);
    if(x==5)
        average(ss,j);
}

/*请将按专业查询函数补充完整*/
void subQuery()
{

}
```

程序运行结果如下。

(1) 登录成功显示主界面。

```
please input username:bbb↙
please input password:222↙
登录成功！欢迎来到学生管理系统
---------------------
选择要查询的类型
1 按学号查询
2 按班级查询
3 按专业查询
4 退出
---------------------
```

三次输入错误，自动退出系统。

```
please input username:bbb↙
please input password:234↙
登录失败！
please input username:ddd↙
please input password:345↙
登录失败！
please input username:ddd↙
```

```
please input password:567↙
登录失败!
```

(2) 按学号查询。

```
1↙
请输入要查询的学号: 103↙
103  zhang  68.00  78.00  56.00  88.00  90.00  9901  软工
1 返回上级菜单
2 继续查询
```

(3) 按班级查询。

```
2↙
请输入要查询的专业班级(如 9901 软工): 9901 软工↙
102  wang   65.00  66.00  78.00  90.00  87.00  9901  软工
103  zhang  68.00  78.00  56.00  88.00  90.00  9901  软工
1 返回上级菜单
2 继续查询
3 统计各科目最高分
4 统计各科目最低分
5 统计各科目平均分
6 排序
```

(4) 统计该班各门课程成绩的最高分。

```
3↙
每门课最高分为:
   68.00  78.00  78.00  90.00  90.00
1 返回主菜单
2 返回上一级菜单
3 统计各科目最低分
4 统计各科目平均分
5 排序
```

(5) 统计该班各门课程成绩的最低分。

```
3↙
每门课最低分为:
   65.00  66.00  56.00  88.00  87.00
1 返回主菜单
2 返回上一级菜单
3 统计各科目最高分
4 统计各科目平均分
5 排序
```

(6) 统计该班各门课程成绩的平均分。

```
4↙
每门课平均分为:
   66.50  72.00  67.00  89.00  88.50
1 返回主菜单
2 返回上一级菜单
3 统计各科目最高分
4 统计各科目最低分
5 排序
```

(7) 为该班各门课程成绩进行排序。

```
5↙
    65.00   66.00   56.00   88.00   87.00
    68.00   78.00   78.00   90.00   90.00
1 返回主菜单
2 返回上一级菜单
3 统计各科目最高分
4 统计各科目最低分
5 统计各科目平均分
```

【思考】

请思考 highScore()、lowScore()、average()及 paiXu()函数的参数——结构体数组 ss 和变量 j 的作用，并将按专业查询函数 subQuery()函数体内语句补充完整，以及调用已有的 highScore() 函数、lowScore()函数、average()函数、paiXu()函数完成该专业成绩的统计。

8.8 共用体

8.8.1 问题的引出

前面我们学习了结构体类型，结构体是允许存放不同数据类型的集合体。假如现在要定义一种类型可以放学生的学号、姓名和英语成绩，其中英语成绩有的老师按照 A、B、C、D、E 5 个等级打分，有的老师则是按照百分制打分，那么该如何设计这样的类型呢？此时我们可以声明共用体类型来解决上面的问题。

共用体是一个能在同一内存空间内存储不同类型数据的数据类型。共用体的声明方式与结构体类似，只是关键字是 union。

8.8.2 声明共用体类型和定义共用体类型的变量

上面问题中，我们可以将学生的信息定义成结构类型，而将学生的英语成绩声明为共用体类型，老师可以根据需要给出等级制成绩或百分制成绩。

```
union score          /*声明英语成绩的共用体*/
{
    char grade;      /*按等级给出成绩*/
    float point;     /*按百分制给出成绩*/
};
```

表示定义了一个共用体类型 union score，它由 grade 和 point 两个成员组成。

声明共用体类型的一般形式为：

```
union  共用体名
{
   类型名   成员名1;
   类型名   成员名2;
   ……
};
```

定义共用体类型变量与定义结构体类型变量的方法类似，有以下 3 种实现方式。

(1) 先声明共用体类型，然后定义共用体类型变量。

```
union score s;          /*定义 union score 类型的变量 s*/
```

(2) 声明共用体类型的同时定义共用体类型变量。

```
union score              /*声明英语成绩的共用体*/
{
    char grade;          /*按等级给出成绩*/
    float point;         /*按百分制给出成绩*/
}s;                      /*定义 union score 类型的变量 s */
```

(3) 直接定义共用体类型变量，共用体名默认。

```
union                    /*声明共用体*/
{
    char grade;          /*按等级给出成绩*/
    float point;         /*按百分制给出成绩*/
}s;                      /*定义共用体类型变量 s*/
```

共用体类型 union score 变量 s 包含两个成员，分别是 char 类型成员 grade 和 float 类型成员 point。

C 语言规定，共用体所有成员共同占用一段内存区域，共用体采用与开始地址对齐的方式分配地址空间。如图 8-10 所示，成员 grade 占 1 个字节，成员 point 占 4 个字节，并且成员 point 的第 1 个字节也是成员 grade 的内存空间。

C 语言还规定，共用体变量所占字节数为其成员中占内存空间最大的成员所占的字节数。因此，共用体类型变量 s 占用的内存空间为 4 个字节。

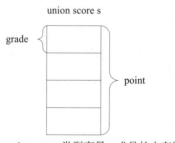

图 8-10　union score 类型变量 s 成员的内存情况

8.8.3　共用体成员的引用

共用体变量成员引用的形式与结构体变量成员引用的形式类似，其一般形式为：

```
共用体变量名.成员名
```

【注意】

由于共用体类型采用的是覆盖技术，即当对成员 grade 进行赋值操作时，成员 point 的内容将被改变，point 失去其自身的意义；当对成员 point 进行赋值操作时，成员 grade 的内容被改变，grade 失去其自身的意义，显然不能同时对共用体成员进行赋值操作。共用体在同一时刻只有一个成员是有意义的。

例如:

```
union score          /*声明英语成绩的共用体*/
{
    char grade;      /*按等级给出成绩*/
    float point;     /*按百分制给出成绩*/
}s;                  /*定义 union score 类型的变量 s */
```

对共用体变量 s 中的 grade 成员赋值并输出:

```
s.grade = 'A' ;
printf("%c\n",s.grade);
```

输出结果为:

A

如果接着对共用体变量 s 中的 point 成员赋值并输出两个成员的值:

```
s.point = 98;
printf("%f\n",s.point);
printf("%c\n",s.grade);
```

则输出结果为:

98.000000

执行完 s.point 的赋值后,如果再次输出 s.grade 的值,我们会发现其结果不再是 A,这是由于对成员 point 的赋值,使得成员 grade 的内容发生了改变,grade 失去了其自身的意义。

由此可见,如果对共用体变量的每个成员都进行赋值操作,共用体变量中起作用的总是最后一次存放的成员变量的值。

对于 8.8.1 节中提出的问题可以采用如下形式来描述。

```
struct student          /*声明学生结构体*/
{
    int num;            /*学生的编号*/
    char name[10];      /*学生的姓名*/
    union score         /*声明英语成绩的共用体*/
    {
        char grade;     /*按等级给出成绩*/
        float point;    /*按百分制给出成绩*/
    }s;                 /*定义 union score 类型的变量 s */
}stu;
```

结构体类型 struct student 的声明中嵌套有共用体 union score 类型的成员 s,因此可以通过结构体类型变量 stu 来引用共用体成员 s 中的成员 grade。采用级联的访问方式如下:

```
stu.s.grade
```

【练一练 8-3】有如下程序段:

```
union
{
    char a;
    int b;
```

```
        float c;
    };
    x1={'a',2,3.5},x2;
    ...
    x1=x2;
    ...
```

则以下叙述中错误的是(　　)。

　　A. 第一条语句中，在声明变量 x1 和 x2 时，对 x1 成员进行初始化是合法的

　　B. 变量 x1 中不能同时存放其成员 a、b 和 c 的值

　　C. 赋值语句 x1=x2;是合法的

　　D. 成员变量 x1.a 和 x1.c 具有相同的首地址

8.9 枚举类型

所谓枚举就是一一列举。如果一个变量只有几种可能的值，则可定义为枚举类型，变量的值只限于列举出来的值的范围内。枚举类型可用关键字 enum 来声明。

1. 声明枚举类型和定义枚举类型的变量

枚举类型声明的一般形式为：

```
enum 枚举名{枚举元素 1，枚举元素 2，……};
```

例如：

```
enum season{spring, summer, autumn, winter};
enum season s;
```

以上声明了一个枚举类型 enum season，并定义枚举类型变量 s，该类型变量可以有 4 个元素，即 4 种取值：spring、summer、autumn 和 winter。

可以在声明枚举类型的同时定义枚举类型的变量，例如：

```
enum season{spring, summer, autumn, winter} s;
```

或者可以默认枚举名，例如：

```
enum {spring, summer, autumn, winter} s;
```

2. 枚举类型变量的赋值和初始化

在枚举类型声明语句中，包含在大括号内的标识符均为整型常量，也称为枚举常量。除非特别规定，否则这组常量中的第 1 个标识符的值为 0，第 2 个标识符的值为 1，以此类推，后一个标识符在前一个标识符值的基础上加 1。

在上例中，变量 s 可被赋值为 spring、summer、autumn 和 winter 4 种值中的任何一种，或者被赋值为对应的整型常量值。例如：

```
s = spring;        /*用标识符对枚举类型变量 s 赋值*/
```

等价于：

s = (enum season)0;　　　/*将整型常量值强制类型转换为枚举类型*/

也等价于：

s = 0;　　　　　　　　　/*用整型常量值对枚举类型变量 s 赋值*/

C 语言允许在枚举类型声明时明确地设置每个枚举常量的值，例如：

enum　season{spring=1, summer, autumn, winter=0} s;

其中，第 1 个枚举常量值被明确地设置为 1，后面的常量值依次递增 1，即 summer 对应的常量值为 2，autumn 对应的常量值为 3，而第 4 个枚举常量值又被明确地设置为 0，则其对应的常量值即为 0。

3. 枚举类型变量的输出

枚举常量标识符代表的是一个整数值，这些标识符只是一个整数值的名字，不是字符串，因此它们可以用于使用整数值的任何场合，但不能将其作为字符串直接输出。例如：

```
s = spring;
printf("%d\n",s);
```

输出结果为：

0

但是如果用如下形式输出则是错误的。

printf("%s\n",s);　　　　/*错误的输出*/

4. 枚举类型变量在控制结构中的应用

枚举类型变量可以出现在条件语句 if 中，例如：

```
enum    season {spring=1, summer, autumn, winter} s ;
if( s == spring)         /*正确*/
{......}
```

程序 8-5 列举了枚举类型变量作为循环控制变量的情况。

【程序 8-5】

```
/*程序 8-5*/
#include <stdio.h>
int main()
{
    enum    season {spring=1, summer, autumn, winter} s ;
    for( s=spring ; s<=winter ; s++ )
            printf("%d   ",s);
    printf("\n");
        return 0;
}
```

程序运行结果如下：

1 2 3 4

再例如，程序 8-6 列举了枚举类型变量在分支语句中使用的情况。

【程序 8-6】

```
/*程序 8-6*/
#include <stdio.h>
int main()
{
    enum    season {spring=1, summer, autumn, winter} s ;
    scanf("%d",&s);    /*输入枚举类型变量 s 的值*/
    switch(s)
    {
        case spring:   printf("spring\n");   break;
        case summer:  printf("summer\n"); break;
        case autumn:  printf("autumn\n");break;
        case winter:   printf("winter\n");  break;
    }
    return 0;
}
```

程序运行结果如下：

```
2✓
summer
```

当用户输入 2 时，枚举类型变量 s 接收到的是枚举值 summer，然后执行多分支 switch 语句，匹配上第 2 条分支后，输出字符串信息 summer。

如果将输入语句：

```
scanf("%d",&s);        /*输入枚举类型变量 s 的值*/
```

改写为：

```
scanf("%s",&s);        /*错误的输入*/
```

即用户输入的是字符串 summer，无法实现将枚举值 summer 送入枚举变量 s。因此，当大家使用枚举类型数据时，要格外留意它的正确使用方法。

因为枚举元素都选用了"见名知意"的标识符，所以使用枚举类型可以提高程序的可读性。

8.10　typedef

关键字 typedef 可用来为已经定义的数据类型定义一个"别名"。定义"别名"的一般形式是：

```
typedef 类型名   标识符
```

例如：

```
typedef  unsigned long ulong;
```

定义新的类型名 ulong 是 unsigned long 的别名。

再例如：

```
struct student
{
    int num;                /*学生的编号*/
    char name[10];          /*学生的姓名*/
    char sex;               /*学生的性别*/
    int age;                /*学生的年龄*/
    float chinese;          /*学生的语文成绩*/
    float math;             /*学生的数学成绩*/
    float english;          /*学生的英语成绩*/
};
typedef struct student typeStu;
```

到此为止，结构体的声明生成了一个新的数据类型 typeStu。从此以后，可以用 typeStu 定义结构体类型变量 stu、结构体指针 p、结构体数组 stuArr……

```
typeStu stu,*p,stuArr[3];
```

等价于：

```
struct student stu,*p,stuArr[3];
```

使用 typedef 定义别名有以下两点好处：

(1) 可以减少关键字 struct 的经常性重复使用，也可以通过非常有意义的名字来命名新类型，从而增强程序的可读性。

(2) 用 typedef 建立基本数据类型的别名。例如，需要让整数占 4 个字节的程序在一种系统上可能用 int 类型，而在另一种系统上可能用 long 类型。为可移植性而设计的程序经常用 typedef 建立 4 个字节的整数的别名。例如：

```
typedef int Integer;
```

一次性修改程序中的别名 Integer 可以使程序在另一个系统中运行，从而提高编码的效率。

*8.11 链表

8.11.1 问题的引出

当我们要设计一个学生信息管理系统时，首先想到的是定义结构体数组 struct student stuArr[100]。一个实际的问题是，如何确定一个学校的学生总人数？我们可以设定一个最大的数组元素个数，如 struct student stuArr[10000]，前提条件是学生总人数不超过最大值 10000。一旦数组的大小确定，会带来以下两个问题。

(1) 学生人数远低于所设定的元素最大值，将造成系统资源的浪费。

(2) 当需要向结构体数组中增加或删除一个学生信息时，可能需要移动大量的数组元素，这会造成时间上的浪费。

于是，我们就在考虑，是否存在这种解决方案，当需要添加一个学生信息时，程序会添加该学生信息到内存中；当需要删除一个学生信息时，程序会释放该学生信息原来占有的空间，即按需分配和释放内存空间，达到系统资源的最合理化运用。这就是第 7 章介绍的动态内存分配的原理。

本节将介绍一种新的数据结构——链表来解决上述问题。链表是一种动态地进行内存分配的数据结构，它既不需要事先确定最大值，规模大小可以根据需要进行动态变化，在插入或删除一个元素时也不会引起数据的大量移动，从而达到合理使用存储空间的目的。

8.11.2　链表的定义和特点

链表是由一系列节点组成的，每个节点由两部分构成：一部分是数据域 data，用来保存用户需要保存的数据，它可以由多个数据项构成；另一部分是指针域 next，用来存放下一个节点的地址。链表的简单原理如图 8-11 所示。

图 8-11　链表的简单原理

链表有一个头指针变量 head，它存放链表中第 1 个节点的地址，指向链表中的第 1 个节点。

链表的第 1 个节点的指针域 next 存放第 2 个节点的地址，以此类推，前一个节点的指针域 next 均存放后一个节点的地址。因此，只要找到第 1 个节点的指针，便能找到第 2 个节点，再由第 2 个节点找到第 3 个节点，以此类推，直到找到链表中的最后一个节点。所以指向第 1 个节点的指针必须保存，否则该链表将会丢失，此处的第 1 个节点的地址存放在头指针变量 head 中。

链表的最后一个节点的指针域为空地址，用 NULL 表示，它不指向任何节点，意味着该链表到此结束。

链表的各个节点在内存中可以不是连续存放。链表如果要查找某个节点，必须由链表头指针 head 所指的第 1 个节点开始，顺序查找。

为了实现上述链表结构，一个节点中应包含一个指针变量，用来存放下一个节点的地址。例如：

```
struct node
{
    int data;         /*数据域 data*/
    struct node *next;    /*指针域 next*/
};
```

下面依次介绍链表的创建、删除和插入。

8.11.3　链表的创建

链表的创建采用向链表中添加新节点的方式来实现。向链表中添加新节点要考虑以下两种情况。

(1) 若当前链表为空，则将新建节点 1 置为第 1 个节点，如图 8-12 所示。

(2) 若当前链表为非空，则将新建节点 2 添加到表尾，如图 8-13 所示；将新建节点 3 添加到表尾，如图 8-14 所示。

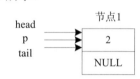

图 8-12　第 1 个节点的创建

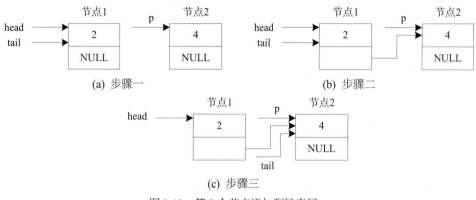

图 8-13　第 2 个节点添加到链表尾

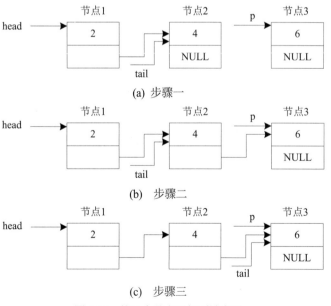

图 8-14　第 3 个节点添加到链表尾

添加结构后的链表按顺序显示的结果如图 8-15 所示，其中节点数据 2、4、6 由用户从键盘输入。

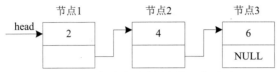

图 8-15 添加结构后的链表按顺序显示

链表的创建、输出和释放见程序 8-7。

【程序 8-7】

```
/*程序 8-7：链表的创建、输出和释放*/
#include <stdio.h>
#include <stdlib.h>
struct node
{
  int data;              /*数据域 data*/
  struct node *next;     /*指针域 next*/
};

/* 函数功能：创建一个链表，当输入的数为 0 时，建立链表结束
   函数的参数：无
   函数的返回值：创建链表的头指针*/
struct node * create()
{
  /*head 为头指针，tail 为尾指针，p 为指向当前节点的指针*/
  struct node *head,*tail,*p;
  int x;
  head=tail=NULL;

  printf("请输入一个整数：");
  scanf("%d",&x);         /*输入节点数据*/
  while(x!=0)             /*当输入的数为 0 时，建立链表结束*/
  {
    /*为新添加的节点申请内存*/
    p=(struct node *)malloc(sizeof(struct node));
    if(p==NULL)          /*若申请内存失败，打印错误信息，退出程序*/
    {
      printf("开辟内存失败\n");
      exit(0);
    }
    p->data=x;           /*为新添加节点的数据域赋值*/
    p->next= NULL;       /*将新添加节点置为表尾*/
    /*若原链表为空表，则将新添加节点设为首节点*/
    if(head == NULL)
      head = tail = p;
    /*若原链表为非空，则将新建节点添加到表尾*/
    else
    {
```

```
            tail->next = p;       /*将新添加节点置为表尾*/
            tail=p;               /*尾指针指向新添加节点*/
        }
        printf("请输入一个整数: ");
        scanf("%d",&x);
    }
    return head;                  /*返回链表的头指针*/
}


/* 函数功能: 显示所有已经建立好的节点中数据项的内容
   函数的参数: 链表的头指针
   函数的返回值: 无*/
void display(struct node *head)
{
    struct node *p=head;
        printf("链表的所有节点数据为: \n");
    while(p!=NULL)                /*若不是表尾, 则循环打印*/
    {
        printf("%5d",p->data);    /*打印节点的数据*/
        p=p->next;               /*让 p 指向下一个节点*/
    }
    printf("\n");
}


/* 函数功能: 释放 head 指向的链表中所有节点占用的内存
   函数的参数: 链表的头指针
   函数的返回值: 无
*/
void destroy(struct node *head)
{
    struct node *p=head,*pTmp=NULL;
    while(p!=NULL)               /*若不是表尾, 则释放节点占用的内存*/
    {
        pTmp=p;                  /*保存当前节点指针到 pTmp 中*/
        p=p->next;               /*让 p 指向下一个节点*/
        free(pTmp);              /*释放 pTmp 指向的当前节点占用的内存*/
    }
}

int main()
{
    struct node *head=NULL;
    head=create();               /*创建链表*/
    display(head);               /*显示链表中节点信息*/
    destroy(head);               /*释放链表节点信息*/
    return 0;
}
```

程序运行结果如下:

```
请输入一个整数: 2✓
请输入一个整数: 4✓
请输入一个整数: 6✓
请输入一个整数: 0✓
链表的所有节点数据为:
    2    4    6
```

程序 8-7 的算法分析如下。

1. 创建链表函数 create()

函数 create()用于实现链表的创建,它返回一个指向 struct node 类型的指针,即创建的链表的头指针。

函数中定义的 head、tail 和 p 都是指向 struct node 类型数据的指针变量。head 用于存放头指针值,tail 指向链表当前的尾节点,而 p 指向申请到的新节点。将 head 的值置为 NULL 表示空链表,即链表中没有节点,head 不指向任何节点。建立链表就是从空链表出发的。

当输入的整数不为 0 时进入循环。首先使用 malloc()函数为新节点申请存储空间;然后利用 sizeof(长度运算符)求出结构体 struct node 的字节数。因为 p 是指向结构体类型的指针变量,而函数 malloc()的返回值为 void *类型,所以要进行强制类型转换(注意,struct node*中的"*"不能省略,否则就转换为 struct node 类型,而不是指针类型了),此时 p 指向新申请到的存储空间。

将输入的数据存入新节点的数据域 data 中,并将新节点的指针域 next 置为 NULL。判断新节点是否是链表中的第 1 个节点,若 head 的值为 NULL,则为第 1 个节点,此时把 p 的值赋给 head 和 tail,使 head 和 tail 都指向新节点,如图 8-12 所示。

若新节点不是链表的第 1 个节点,如图 8-13(a)所示,则把 p 赋值给 tail->next,使尾节点的指针域 next 指向新节点 p,如图 8-13(b)所示,接着把 p 的值再赋给 tail,使 tail 也指向新节点,也就是新节点成为新的尾节点,如图 8-13(c)所示。

当输入的整数为 0 时,链表建立结束。使用 return 语句使链表的头指针值返回。

2. 链表节点数据输出函数 display()

首先将链表的头指针 head 赋给指针变量 p,使 p 指向链表的第 1 个节点;其次输出节点的数据域 data 的值;最后把 p->next 的值赋给 p,而 p->next 的值就是下一个节点的地址,因此 p 指向下一个节点。这样就可以从第 1 个节点出发,顺序输出链表中各节点的数据。

3. 链表节点释放函数 destroy()

首先将链表的头指针 head 赋给指针变量 p,使 p 指向链表的第 1 个节点;其次将 p 赋值给指针变量 pTmp;再次将 p->next 的值赋给 p,而 p->next 的值就是下一个节点的地址,因此 p 指向下一个节点;最后释放 pTmp 指向的内存空间。这样就可以从第 1 个节点出发,依次释放链表的所有节点空间。

4. 主函数 main()

在主函数中,首先通过调用 create()函数,将其返回值赋给指针变量 head,其次调用 display()函数输出链表所有节点的数据信息,最后调用 destroy()函数释放链表的所有节点。

8.11.4　链表的删除操作

链表的删除操作就是将一个待删除节点从链表中分离出来,不再与链表的其他节点有任何联系。为了从链表中删除一个节点,需要考虑以下 4 种情况。

(1) 如果链表为空表,则无须删除节点,直接退出程序即可。

(2) 如果找到待删除的节点,而且它是首节点,那么只要将 head 指向该节点的下一个节点,即可删除该节点,如图 8-16 所示。

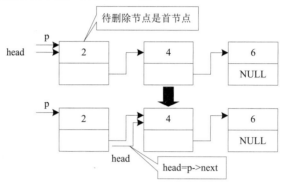

图 8-16　待删除节点是首节点的节点删除过程

(3) 如果找到待删除的节点,但它不是首节点,那么只要将前一节点的指针指向当前节点的下一节点,即可删除当前节点,如图 8-17 所示。

(4) 如果已搜索到链表尾部仍未找到待删除节点,则显示"未找到"。

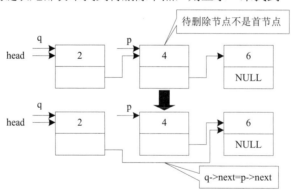

图 8-17　待删除节点不是首节点的节点删除过程

链表的删除操作见程序 8-8。

【程序 8-8】

```
/*程序 8-8：链表的删除操作*/
#include <stdio.h>
#include <stdlib.h>
struct node
{
    int data;        /*数据域 data*/
    struct node *next;      /*指针域 next*/
};
/* 函数功能：从头指针为 head 的链表中删除一个节点数据为 value 的节点
```

```
        函数的参数：链表头指针 head
                    待删除节点的数据 value
        函数的返回值：删除节点后的链表的头指针*/
struct node * del(struct node *head,int value)
{
    struct node *p,*q;
    p=head;
    if(head==NULL)     /*链表是空链表*/
    {
        printf("这是一个空链表！\n");
        return head;
    }
    /*若未到表尾且没有找到 value，则继续找*/
    while(p->next!=NULL&&p->data!=value)
    {
        q=p;
        p=p->next;
    }
    /*若找到节点 value，则删除该节点*/
    if(value==p->data)
    {
        /*若待删除节点为首节点，则让 head 指向第 2 个节点*/
        if(p==head)
            head = p->next;
        /*若待删除节点不是首节点，则将前一个节点的指针指向当前节点的下一个节点*/
        else
            q->next = p->next;
        /*释放为已删除节点分配的内存*/
        free(p);
    }
    else    /*链表中没有找到待删除节点*/
        printf("此链表中没有数据%d!\n",value);
    return head;
}
```

算法分析：函数 del()用于实现删除链表节点的过程，它返回一个指向 struct node 类型的指针，即链表的头指针。此函数有两个参数，一个是指向已建立链表的第 1 个节点的指针变量，另一个是要删除节点的数据。

函数 del()中定义的 p 和 q 都是指向 struct node 类型的指针变量。p 指向要删除的节点，而 q 则指向 p 的前一个节点。通过 p=head;赋值语句使 p 先指向第一个节点。

当链表为空链表时，输出"链表是空链表"。

当链表不为空链表时，使用 while 语句寻找要删除的节点。如果 p 的指针域 next 不为 NULL，并且 p 的数据域 data 的值不是要删除的数据值 value，那么就将 q 指向 p 指向的节点，而 p 指向下一个节点。p 不断后移，直到找到要删除的节点，此时，p 指向要删除的节点，而 q 指向要删除节点的前一个节点。

如果 head 等于 p，即要删除的是链表的第 1 个节点，则将 p->next 的值赋给 head，使 head 指向 p 的指针域 next 指向的节点，也就是使 head 指向第 2 个节点，如图 8-16 所示。

如果要删除的不是第 1 个节点，那么就把 p->next 的值赋给 q->next，使 q 的指针域 next 指向 p 的指针域 next 指向的节点，如图 8-17 所示。

将节点从链表中分离出来后，使用 free()函数释放该节点的内存空间，以供其他变量使用。

当链表中找不到要删除的节点时，输出"此链表中没有待查找的数据"。

8.11.5 链表的插入操作

链表的插入操作就是将一个待插入节点插入已经建立好的链表中的适当位置。向链表中插入一个新节点需要考虑以下 4 种情况。

(1) 若原链表为空，则新插入的节点作为首节点，让 head 指向新插入节点，并且置新节点的指针域为空。

(2) 若按节点数据的排序结果在首节点前插入新节点，则将新节点的指针域指向原来链表的头节点，再将 head 指向新节点 newNode，如图 8-18 所示。

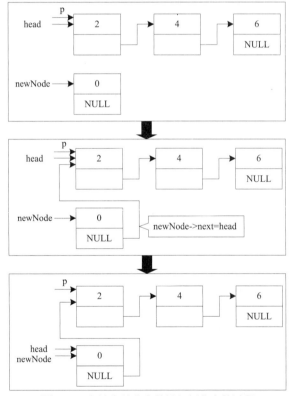

图 8-18　在链表首节点前插入新节点的过程

(3) 若按节点数据的排序结果在链表中间插入新节点，则将前一个节点的指针域指向待插入节点 newNode，再将待插入节点 newNode 的指针域指向下一个节点，如图 8-19 所示。

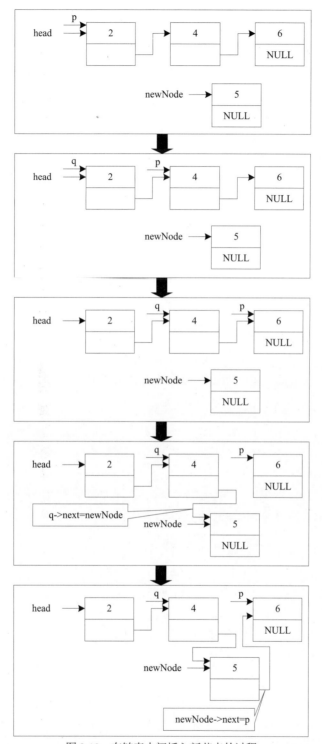

图 8-19　在链表中间插入新节点的过程

(4) 若按节点数据的排序结果在链表末尾插入新节点，则将链表的最后一个节点的指针域指向待插入节点 newNode，而待插入节点的指针域置为 NULL，如图 8-20 所示。

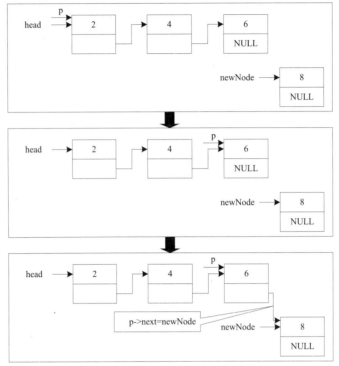

图 8-20　在链表末尾插入新节点的过程

链表的插入操作见程序 8-9。

【程序 8-9】

```
/*程序 8-9：链表的插入操作*/
#include <stdio.h>
#include <stdlib.h>
struct node
  {
    int data;              /*数据域 data*/
    struct node *next;     /*指针域 next*/
  };
/*函数功能：在节点数据已经按照由小到大排序的链表中插入一个节点
  函数的参数：链表头指针 head
             待插入节点的数据 value
  函数的返回值：插入节点后的链表的头指针
*/
struct node *insert(struct node * head,int value)
  {
    struct node *newNode,*p=head,*q;
    /*为新插入节点申请内存空间*/
    newNode =(struct   node *)malloc(sizeof(struct node));
    if(newNode==NULL)   /*若申请内存失败，打印错误信息，退出程序*/
      {
        printf("开辟内存失败\n");
        exit(0);
      }
```

```
        /*为新节点的数据域赋值*/
        newNode->data = value;
        /*置新节点的地址域为 NULL*/
        newNode->next = NULL;

        /*若链表为空，则新插入节点作为首节点*/
        if(head==NULL)
            head= newNode;
        /*若链表为非空*/
        else
        {
            /*若没有找到待插入节点的位置，则继续找*/
            while(p->next!=NULL && p->data<value)
            {
                q=p;
                p=p->next;
            }
            if(p->data>=value)
            {
                /*链表非空，插入第一个节点之前*/
                if(head==p)
                {
                    newNode->next=head;
                    head=newNode;
                }
                /*链表非空，插入链表中间*/
                else
                {
                    q->next=newNode;
                    newNode->next=p;
                }
            }
            else    /*链表非空，插入链表末尾*/
                p->next = newNode;
        }
        return head;
}
```

算法分析：函数 insert()用于实现插入链表节点的过程，它返回一个指向 struct node 类型的指针，即链表的头指针。此函数有两个参数，一个是指向已建立链表的第一个节点的指针变量，另一个是要插入节点的数据。

函数 insert()中定义的 newNode、p 和 q 都是指向 struct node 类型的指针变量。newNode 指向待插入的节点，p 指向插入位置处的节点，而 q 指向 p 的前一个节点。

通过 p=head;赋值语句使 p 先指向链表的第 1 个节点。

若链表是空链表，即 head 为 NULL，则插入的节点作为链表的第 1 个节点，此时将 newNode 的值赋给 head，使 head 也指向插入的节点。

若链表为非空，则使用 while 语句寻找插入节点的位置。如果 p 的指针域 next 不为 NULL，并且 p 的数据域 data 的值小于要插入节点的数据值 value，那么就将 q 指向 p 指向的节点，而 p

指向下一个节点。

如果 head 等于 p，则要将节点插入第 1 个节点之前。此时将 head 的值赋给 newNode->next，使 newNode 指向节点的指针域 next 指向 head 指向的节点，再将 newNode 的值赋给 head，使 head 指向 newNode 指向的节点，如图 8-18 所示。

p 不断后移，直到找到插入位置。此时，p 指向要插入节点的下一个节点，而 q 指向要插入节点的前一个节点。将 newNode 的值赋给 q->next，使 q 所指向节点的指针域 next 指向 newNode 指向的节点，再将 p 的值赋给 newNode->next，使 newNode 指向节点的指针域 next 指向 p 指向的节点。这样就将一个节点插入了链表的中间某处，如图 8-19 所示。

如果不是以上几种情况，那么节点就插入链表的末尾。将 newNode 的值赋给 p->next，使 p 指向节点的指针域 next 指向 newNode 指向的节点，如图 8-20 所示。

【思考】

请读者编写程序：用 switch 配合 do…while 语句编写一个菜单，由用户选择执行链表的创建、节点的删除、节点的插入、节点的输出、退出程序操作中的一种。

【练一练 8-4】已知 head 指向一个单向链表的表头，链表中每个节点包含数据域(data)和指针域(next)，数据域为整型。下面 sum()函数的功能是：求出链表中所有节点数据域值的和，作为函数值返回。请完成填空。

```
#include <stdio.h>
struct node
{
    int data;
    struct node * next;
};
int sum(_____)
{
    struct node * p;
    int s=0;
    p=head;
    while(p)
    {
        s += p->_____;
        p = p->_____;
    }
    return s;
}
int main()
{
    struct node *head;
    int s;
    ...
    s=sum(head);
    ...
    return 0;
}
```

课后习题 8

一、选择题

1. 若程序中有以下说明和定义:

```
struct abc
{ int x;    char y; }
struct abc s1,s2;
```

则会发生的情况是(   )。

      A. 编译时错误

      B. 程序将顺序编译、连接、执行

      C. 能顺序通过编译、连接,但不能执行

      D. 能顺序通过编译,但连接出错

2. 设有如下定义:

```
struct sk
{
    int a;
    float b;
}data,*p;
```

若有 p=&data;,则对 data 中的 a 域的正确引用是(   )。

      A. (*p).data.a　　　　B. (*p).a　　　　　　C. p->data.a　　　　D. p.data.a

3. 下面程序的输出结果是(   )。

```
#include<stdio.h>
int main()
{
    struct cmplx { int x; int y; }
    cnum[2]={1,3,2,7};
    printf("%d\n",cnum[0].y /cnum[0].x * cnum[1].x);
    return 0;
}
```

      A. 0　　　　　　　　　B. 1　　　　　　　C. 3　　　　　　　D. 6

4. 根据下面的定义,能打印出字母 M 的语句是(   )。

```
struct person { char name[9]; int age;};
struct person class[10]={"John",17, "Paul",19,"Mary",18, "Adam",16};
```

      A. printf("%c\n",class[3].name);

      B. printf("%c\n",class[3].name[1]);

      C. printf("%c\n",class[2].name[1]);

      D. printf("%c\n",class[2].name[0]);

5. 有以下说明和定义语句：

```
struct student
{
    int age;
    char num[8];
};
struct student stu[3]={{20,"200401"},{21,"200402"},{19,"200403"}};
struct student *p=stu;
```

则以下选项中引用结构体变量成员的表达式错误的是(　　)。

      A. (p++)->num   B. p->num   C. (*p).num   D. stu[3].age

6. 有以下程序段：

```
struct st
{
    int x;
    int *y;
}*pt;
int a[]={1,2};b[]={3,4};
struct st c[2]={{10,a},{20,b}};
pt=c;
```

则下列选项中表达式的值为 11 的是(　　)。

      A. *pt->y   B. pt->x   C. ++pt->x   D. (pt++)->x

7. 下面程序的输出结果为(　　)。

```
#include<stdio.h>
struct st
{ int x;
  int *y;
} *p;
int dt[4]={10,20,30,40};
struct st aa[4]={ {50,&dt[0]},{60,&dt[1]},{70,&dt[2]},{80,&dt[3]}};
int main()
{   p=aa;
    printf("%d\n", ++p->x);
    printf("%d\n", (++p)->x);
    printf("%d\n", ++(*p->y));
    return 0;
}
```

A. 10	B. 50	C. 51	D. 60
20	60	60	70
20	21	21	31

8. 设有如下枚举类型定义：

```
enum language {Basic=3,Assembly=6,Ada=100,COBOL,Fortran};
```

则枚举量 Fortran 的值为(   )。

     A. 4   B. 7   C. 102   D. 103

    9. 下面程序的输出结果是(   )。

```
#include<stdio.h>
int main()
{
    enum team {my,your=4,his,her=his+10};
    printf("%d %d %d %d\n",my,your,his,her);
    return 0;
}
```

     A. 0 1 2 3   B. 0 4 0 10   C. 0 4 5 15   D. 1 4 5 15

    10. 以下叙述中错误的是(   )。

     A. 可以通过 typedef 增加新的类型

     B. 可以用 typedef 将已存在的类型用一个新的名字来代表

     C. 用 typedef 定义新的类型名后，原有类型名仍有效

     D. 用 typedef 可以为各种类型起别名，但不能为变量起别名

    11. 设有如下说明：

```
typedef struct ST
{
    long a;
    int b;
    char c[2];
}NEW;
```

则下面叙述中正确的是(   )。

     A. 以上的说明形式非法

     B. ST 是一个结构体类型

     C. NEW 是一个结构体类型

     D. NEW 是一个结构体变量

    12. 若已建立下面的链表结构，指针 p、s 分别指向图 8-21 中所示的节点，则不能将 s 所指的节点插入链表末尾的语句组是(   )。

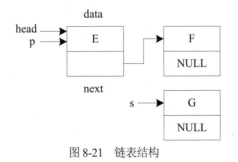

图 8-21　链表结构

     A. s->next=NULL; p=p->next; p->next=s;

     B. p=p->next; s->next=p->next; p->next=s;

C. p=p->next; s->next=p; p->next=s;

D. p=(*p).next; (*s).next=(*p).next; (*p).next=s;

二、填空题

1. 有以下说明定义和语句：

```
struct
{
    int day;
    char month;
    int year;
}a,*b;
b=&a;
```

则可用a.day引用结构体成员day，请写出引用结构体成员a.day的其他两种形式_____、_____。

2. 以下程序用来输出结构体变量 ex 所占存储单元的字节数，请填空。

```
struct   st
{
    char   name[20];
    double score;
};
int main()
{
    struct st   ex;
    printf("ex size: %d\n",sizeof(_____));
    return 0;
}
```

3. 已知：

```
struct
{
    int x;
    int y;
}s[2]={{1,2},{3,4}},*p=s;
```

则表达式++p->x 的值为 _____，表达式(++p)->x 的值为_____。

4. 以下程序的运行结果是_____。

```
#include <string.h>
typedef struct student
{
    char name[10];
    long sno;
    float score;
}STU;
int main()
{
    STU a={"zhangsan",2001,95},
        b={"Shangxian",2002,90},
        c={"Anhua",2003,95},d,*p=&d;
```

```
        d=a;
    if(strcmp(a.name,b.name)>0)    d=b;
    if(strcmp(c.name,d.name)>0)    d=c;
    printf("%ld%s\n",d.sno,p->name);
    return 0;
}
```

5. 现有如图 8-22 所示的存储结构，每个节点含两个域，data 是指向字符串的指针域，next 是指向节点的指针域。请填空完成此结构的类型定义和说明。

图 8-22　存储结构 1

```
struct link
{
        ①
        ②

}*head;
```

6. 变量 root 的存储结构如图 8-23 所示，其中 sp 是指向字符串的指针域，next 是指向该结构的指针域，data 用以存放整型数。请填空，完成此结构的类型说明和变量 root 的定义。

```
struct list
{
    char    *sp;
        ①
        ②
}root;
```

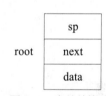

图 8-23　存储结构 2

7. 设有以下定义：

```
struct    ss
{
    int    info;
    struct ss*link;
}x,y,z;
```

且已建立如图 8-24 所示链表结构，请写出删除节点 y 的赋值语句_____。

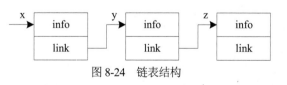

图 8-24　链表结构

8. 以下程序运行后的输出结果是_____。

```
struct NODE
{
    int k;
```

```
        struct NODE*link;
};
int main()
{
    struct NODE m[5],*p=m,*q=m+4;
    int i=0;
    while(p!=q)
    {
        p->k=++i;
        p++;
        q->k=i++;
        q--;
    }
    q->k=i;
    for(i=0;i<5;i++)
        printf("%d",m[i].k);
    printf("\n");
    return 0;
}
```

9. 以下函数 create()用来建立一个带头节点的单向链表，新产生的节点总是插在链表的末尾。单向链表的头指针作为函数值返回，请填空。

```
#include<stdio.h>
struct list
{
        char data;
        struct list * next;
};
struct list *creat()
{
        struct list * h,* p,* q;
        char ch;
        h=    ①    
        p=q=h;
        ch=getchar();
        while(ch!='?')
        {
            p=    ②    
            p->data=ch;
            p->next=p;
            q=p;
            ch=getchar();
        }
        p->next='\0';
            ③    
}
```

10. 已知结构体类型如下：

```
struct member
  {
```

```
        int num;
        struct member *next;
    };
    typedef struct member MEMBER;
```

下面的函数 Insertp(head,newp)实现将一个 newp 所指的新节点按升序插入由头指针 head 所指的链表中的适当位置。假设由头指针 head 所指的链表已按 num 成员值由小到大顺序排好序，请填空。

```
void Insertp(MEMBER *head,MEMBER *newp)
{
    MEMBER *pre,*suc;
    pre=head;
    suc=head->next;
    while(suc!=NULL)
    {
        if(suc->num>=newp->num)
        _____①_____
        pre=suc;
        suc=suc->next;
    }
        _____②_____
        _____③_____
}
```

三、编程题

1. 利用结构体类型编写一个程序，实现以下功能。

(1) 根据输入的日期(年、月、日)，求出这天是该年的第几天。

(2) 根据输入的年份和天数，求出对应的日期。

2. 每个学生都有基本信息(学号、姓名、年龄)，编写程序，构造一个链表，实现对一个班的学生进行存储，要求将每次创建的节点插入链表的头部。

3. 设计一个 search()函数，查找链表中数据域的值为 value 的节点。

```
int search(struct node * head,int value);
```

4. 已知数组 x[n]中存放着数据，逆序创建链表 H。

```
struct node * reverse(int x[],int n);
```

5. 设有两个单链表 A、B，其中，元素已经按照递增的顺序排列，现在要求将 A、B 两表合并成一个 L，使 L 中的元素按照递增的顺序排列。

```
struct node *merge(struct node *pA,struct node *pB);
```

第 9 章

文 件

前面章节中介绍的所有编程技术的输入/输出都只用到键盘和显示器，即在运行程序时，通过键盘输入数据，由显示器显示运行结果。这样，程序中的数据无法保存，每次运行程序时都要重复输入数据，很不方便。实际上，我们往往希望能长期保存数据，以便程序在较长时间内持续使用，要做到这一点，就要使用文件。例如，管理学生信息时，学生信息全部存放在内存中，一旦电源关闭，信息将全部消失，下次运行时，又要重新输入。因此，有必要把学生信息以文件的形式存放在磁盘中。

9.1 文件概述

数据如流水一样从一处流向另一处，因此常将输入/输出形象地称为流，即输入输出流。流表示了信息从"源"到"目的"端的流动。在输入操作时，数据从文件流向计算机内存；在输出操作时，数据从计算机内存流向文件。C 语言把文件看作一个字符(字节)的序列，即由一个一个字符(字节)的数据顺序组成，一个输入输出流就是一个字节流或二进制流。

9.1.1 什么是文件

文件通常是驻留在外部介质(如磁盘等)上的，在使用时才调入内存中来。从不同的角度可对文件做不同的分类，如从用户的角度来看，文件可分为普通文件和设备文件两种。

(1) 普通文件是指驻留在磁盘或其他外部介质上的一个有序数据集，可以是源文件、目标文件、可执行程序，也可以是一组待输入处理的原始数据或一组输出的结果。源文件、目标文件、可执行程序可称作程序文件，输入输出数据可称作数据文件。

(2) 设备文件是指与主机相连的各种外部设备，如显示器、打印机、键盘等。在操作系统中，把外部设备也看作一个文件来管理，它们的输入、输出等同于对磁盘文件的读和写。

通常把显示器定义为标准输出文件，一般情况下在屏幕上显示有关信息就是向标准输出文件输出，如前面经常使用的 printf()、putchar()和 puts()函数就是这类输出。

键盘通常被指定为标准的输入文件设备，从键盘上输入就意味着从标准输入文件上输入数据，如 scanf()、getchar()和 gets()函数就属于这类输入。

C 语言提出了文件的概念及相关机制来解决数据的输入/输出问题，在此基础上，ANSI C 标准定义了一系列文件操作函数以方便用户使用，这些函数存放在系统的标准函数库中，使用时包含头文件 stdio.h 即可。

9.1.2　文件名

一个文件要有一个唯一的文件标识，以便用户识别和引用。文件标识包括 3 个部分：文件路径、文件名主干和文件后缀。例如，文件 myCat.c 的文件标识为 D:\workspace\Exc\myCat.c。其中，文件路径为 D:\workspace\Exc，文件名主干为 myCat，文件后缀为.c，如图 9-1 所示。

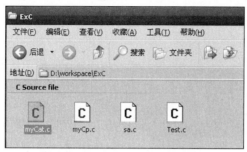

图 9-1　文件 myCat.c 的文件标识

表 9-1 列出了常见文件类型对应的扩展名。

表 9-1　常见文件类型对应的扩展名

文件后缀	文件类型	可打开的源程序
.txt	文本文件	记事本
.doc	Word 文件	MS Word 97-2003 版本
.docx	Word 文件	MS Word 07-2013 版本
.c	C 程序源文件	Visual C++
.cpp	C++程序源文件	Visual C++
.h	C/C++程序头文件	Visual C++

9.1.3　文件的分类

从文件编码的方式来看，文件可分为 ASCII 码文件和二进制码文件两种。

(1) ASCII 码文件也称为文本文件，在磁盘中存放该文件时每个字符对应一个字节，用于存放对应的 ASCII 码。

例如，十进制数 5678 以 ASCII 码文件形式存储，共占用 4 个字节，如图 9-2 所示。

图 9-2　十进制数 5678 以 ASCII 码文件形式存储

(2) 二进制文件是按二进制的编码方式来存放文件的。

例如，十进制数 5678 的二进制存储形式如图 9-3 所示(假设 int 类型占 4 个字节的内存空间)，也是占用 4 个字节。

00000000	00000000	00010110	00101110

图 9-3　十进制数 5678 的二进制存储形式

用 ASCII 码形式输出与字符一一对应，一个字节代表一个字符，因而便于对字符进行逐个处理，也便于输出字符，但一般占存储空间较多。用二进制形式输出数值，可以节省外存空间和转换时间，但一个字节并不对应一个字符，不能直接输出字符形式。一般作为中间结果的数值型数据需要暂时保存在外存上，因为以后又需要输入内存中，所以常用二进制文件保存。

9.1.4　文件缓冲区

C 语言提供了两大类磁盘文件系统：缓冲文件系统和非缓冲文件系统。操作系统对于磁盘文件的读/写借助于磁盘缓冲区，该缓冲区是内存中的一块区域。从内存中向磁盘写入数据时，必须先将待写入的数据送入磁盘缓冲区，并在缓冲区满时才将数据一起写入磁盘文件。同样地，如果从磁盘文件读入数据，也需先将待读入数据一次性读入缓冲区，然后将数据依次送到程序的数据区，如图 9-4 所示。这种做法的好处是减少了对磁盘的读/写次数，提高了程序的运行速度。

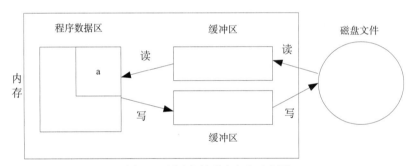

图 9-4　缓冲文件磁盘存取示意图

缓冲文件系统，是指系统自动为每个需要处理的文件在内存中开辟一个磁盘缓冲区，用于对输入/输出数据进行缓冲。因此缓冲文件系统由系统代替程序员完成了很多功能，使用起来比较方便。

非缓冲文件系统，是指系统不会自动为每个需要处理的文件在内存中开辟一个磁盘缓冲区，必须由程序员为每个文件设定缓冲区。因此需要程序员熟悉操作系统，对文件的操作也相对比较复杂。

ANSI C 标准采用"缓冲文件系统"处理文件。缓冲区的大小由各个具体的 C 编译系统确定。

9.1.5　文件指针

缓冲文件系统中，关键的概念是"文件指针"。每个被使用的文件都在内存中开辟一个相应的文件信息区，用来存放文件的有关信息，这些信息是保存在一个结构体变量中的。该结构体类型由系统声明，取名为 FILE，定义 FILE 结构体类型的信息包含在头文件 stdio.h 中。不同的 C 编译系统的 FILE 类型包含的内容不完全相同，但大同小异。

有了 FILE 类型后，通过定义指向 FILE 类型的文件指针就可以实施对文件的操作。定义文件指针的一般形式如下：

> FILE * 文件指针名;

例如：

> FILE *fp;

表示 fp 是一个指向 FILE 类型的指针。一般情况下，每个文件应该设一个指针变量，使它指向这个文件，以实现对该文件的访问。

9.2　文件的打开与关闭

C 语言的文件操作非常简明直接。试想：如何把大象放进冰箱里面？3 个步骤：打开冰箱门、把大象放进去、关闭冰箱门。

C 语言的文件操作也类似这 3 个步骤：打开文件、读写、关闭文件。"打开"是指为文件建立相应的信息区(用来存放有关文件的信息)和文件缓冲区(用来暂时存放输入/输出数据)。编写程序时，在打开文件的同时，一般都指定一个指针变量指向该文件，也就是建立起指针变量与文件之间的联系，这样就可以通过该指针变量对文件进行读写了。"关闭"是指撤销文件信息区和文件缓冲区，使文件指针变量不再指向该文件，这显然对文件无法进行读写。

9.2.1　用 fopen()函数打开文件

ANSI C 采用 fopen()函数打开文件，其函数原型如下：

> FILE *fopen(const char *filename,const char *mode);

其返回值为指向 FILE 结构体类型的指针，通常也被称为文件流指针，以后用它来操作该文件。

第一个参数 filename 为打开文件的路径，可以是绝对路径，也可以是相对路径，即相对于当前文件夹的路径。

如果是绝对路径，则 Windows 操作系统采用"\"作为文件夹的分隔符，这样会带来一些问题，如要打开以下路径的文件：

> D:\node\tom.c

C 语言将其中的\n 和\t 当作转义字符，会带来一些问题，因此通常写成以下形式：

> D:\\node\\tom.c

而 UNIX 操作系统采用"/"作为文件夹分隔符，因此不会出现这个问题。

第二个参数 mode 为文件使用方式，如表 9-2 所示。

表 9-2　文件使用方式

文件使用方式	含义	如果指定的文件不存在
"r"	(只读)为读打开一个已存在的文本文件	出错
"w"	(只写)为写打开一个新的文本文件	建立新文件
"a"	(追加)向文本文件尾添加数据	建立新文件
"rb"	(只读)为读打开一个已存在的二进制文件	出错
"wb"	(只写)为写打开一个二进制文件	建立新文件
"ab"	(追加)向二进制文件尾添加数据	建立新文件
"r+"	(读写)为读写打开一个文本文件	出错
"w+"	(读写)为读写建立一个新的文本文件	建立新文件
"a+"	(读写)为读写打开一个文本文件	建立新文件
"rb+"	(读写)为读写打开一个二进制文件	出错
"wb+"	(读写)为读写建立一个新的二进制文件	建立新文件
"ab+"	(读写)为读写打开一个二进制文件	建立新文件

例如：

```
FILE *fp;
fp=fopen("d:\\vc\\test.txt","r");
```

功能是以只读方式打开 d 盘的 vc 目录下的文件 test.txt，并返回一个指向文件 test.txt 的文件指针 fp。

对于文件使用方式有以下几点说明。

(1) 文件使用方式由 r、w、a、b 和+五个字符组成，各字符的含义如下。

- r(read)：读。
- w(write)：写。
- a(append)：追加。
- b(binary)：二进制文件。
- +：既可读又可写。

(2) 以"r"或"rb"方式打开一个文件，只能对该文件进行读出操作而不能进行写入操作。该文件必须存在，如果不存在，则返回一个出错信息。

(3) 以"w"或" wb"方式打开一个文件，只能对该文件进行写入操作而不能进行读出操作。如果该文件存在，则文件中原有内容将被全部删掉并开始存放新的内容；如果文件不存在，则建立该文件。

(4) 以"r+"或"rb+"方式打开一个文件进行读/写操作时，该文件必须存在，否则返回一个出错信息。

(5) 以"w+"或"wb+"方式打开一个文件进行读/写操作时，如果该文件存在，则文件中原有内容将被删掉；如果该文件不存在，则建立该文件。

(6) 以"a"、"ab"、"a+"或"ab+"方式打开一个文件并在文件尾部添加内容，在打开文件时，如果该文件存在，则文件中原有内容不会被删掉，文件位置指针指向文件末尾；如果该文件不存在，则建立该文件。

（7）在打开一个文件时，如果出错，fopen()函数将返回一个空指针值 NULL。在程序中可以用这一信息来判断是否完成打开文件的工作，并做相应的处理。例如：

```
if((fp=fopen("file.txt","r"))==NULL)
{
    printf("cannot open this file\n");
    exit(0);
}
```

即先检查打开的操作是否有错，如果有错就在屏幕上输出 cannot open this file。exit()函数的作用是关闭所有文件，并终止正在执行的程序。exit()函数的运行声明可在 stdlib.h 头文件中找到。

9.2.2　用 fclose()函数关闭文件

一旦文件使用完毕，要用文件关闭函数 fclose()关闭文件。ANSI C 采用的 fclose()函数关闭文件的函数原型如下：

```
int fclose(FILE *fp);
```

若 fclose()函数的返回值为 0，则表示关闭文件执行成功；否则，返回 EOF。EOF 是头文件 stdio.h 中定义的符号常量，值为-1。

关闭文件的作用是让文件指针与被关闭的文件脱离，同时将未满的输出缓冲区数据写入文件，并将未满的输入缓冲区数据取出以免数据丢失。例如：

```
fclose(fp);
```

其功能是关闭文件指针 fp 所指向的文件。

9.3　文件的读写

读文件是将磁盘文件中的数据传送到计算机内存的操作，写文件是从计算机内存向磁盘文件中传送数据的操作，文件的读/写操作都是相对内存而言的。文件打开后即可对其进行读/写操作，常用的读/写函数有字符读/写、字符串读/写、格式化读/写和数据块读/写，所有的读/写函数均包含在头文件 stdio.h 中。

9.3.1　读/写字符函数

1. 读字符函数 fgetc()

读字符函数 fgetc()的原型如下：

```
int fgetc(FILE *fp);
```

功能：从文件指针 fp 指向的磁盘文件中读取一个字符，并将该字符的 ASCII 码值存放到 int 型变量中。其中，文件指针指向的文件应以只读或读/写方式打开。例如：

```
int ch=fgetc(fp);
```

其功能是从 fp 所指向的文件中读取一个字符并存入整型变量 ch 中。

读取的字符是通过该文件内部的位置指针指定的, 该指针用来指向文件当前的读/写字节。在打开文件时, 该指针总是指向文件的第一个字节。使用 fgetc()函数后, 该位置指针将向后移动一个字节, 可连续多次使用 fgetc()函数读取多个字符。

【注意】

文件指针和文件内部的位置指针不同。文件指针是指向整个文件的, 必须在程序中进行定义和说明, 只要不重新赋值, 文件指针的值就不变。文件内部的位置指针指示文件内部的当前读/写位置, 每读/写一次, 该指针就向后移动一个位置, 它不需要在程序中定义, 而是由系统自动设置。

2. 写字符函数 fputc()

写字符函数 fputc()的原型如下:

```
int fputc (char ch, FILE *fp);
```

功能: 将一个字符写入文件指针 fp 所指向的文件中。

其中, 字符可以是字符常量或字符变量, 文件指针 fp 所指向的文件可以用写、读/写和追加的方式打开。字符写入的位置由文件位置指针决定, 文件位置指针的位置随打开方式的不同而不同。函数的返回值为 int 类型, 如果写操作成功, 则返回写入字符的 ASCII 码值, 否则返回 EOF。例如:

```
fputc('a',fp);
```

的功能是将字符'a'写入 fp 所指向的文件中。

【程序 9-1】 从键盘输入字符并逐个存放到 D 盘的 test.txt 文件中, 直到输入#位置, 在屏幕上输出该文件中的内容。

算法分析:

step 1　以只写方式打开文件。

step 2　接收键盘输入的数据。

step 3　将数据写入文件中。

step 4　以只读方式打开文件。

step 5　将文件中的数据读到内存变量中。

step 6　将内存变量输出到屏幕。

```
/*程序 9-1*/
#include <stdio.h>
#include <stdlib.h>
int main()
{
    FILE *in,*out;
    char ch;
    /*以只写方式打开文件*/
    if((in=fopen("d:\\test.txt","w"))==NULL)
    {
        printf("can not open file\n");
```

```
        exit(0);
    }
    printf("请输入字符串，以#结束：\n");
    ch=getchar();
    while(ch!='#')
    {
        fputc(ch,in);
        ch=getchar();
    }
    fclose(in);
    /*以只读方式打开文件*/
    if((out=fopen("d:\\test.txt","r"))==NULL)
    {
        printf("can not open file\n");
        exit(0);
    }
    printf("输出字符串：\n");
    while((ch=fgetc(out))!=EOF)     /*判断是否到文件尾*/
        putchar(ch);
    putchar("\n");
    fclose(out);
    return 0;
}
```

程序运行结果如下：

```
请输入字符串，以#结束：
Hello World！↙#
输出字符串：
Hello World！
```

【说明】

EOF 是文件结束标识符，或者用 feof(fp)函数判断文件是否结束。通常，在从文件中读取字符前，先要判断当前位置是否在文件尾，如果不在文件尾，则进行读取字符操作，否则不进行读取字符操作。C 语言提供了 feof()函数判断文件是否结束，其函数原型如下：

```
int feof(FILE *fp);
```

其中，文件指针指向所要测试的文件。若当前位置在文件尾，则函数返回值为非 0；否则，函数返回值为 0。

9.3.2　读/写字符串函数

1. 读字符串函数 fgets()

读字符串函数 fgets()的原型如下：

```
char *fgets(char *buf, int n, FILE *fp);
```

功能：从文件指针所指向的文件中读入一个长度不超过 n-1 个字符的字符串，并将其存储到字符数组 buf 中。如果输入成功，则函数的返回值就是字符数组的首地址；如果到文件尾或失败，则返回 NULL。在读入的字符串后面系统会自动加上一个字符串结束标志 '\0'，因此存入内存单元中的字符串最多占用 n 个字符。例如：

```
char str[8];
FILE *fp;
fgets(str,8,fp);
```

其功能是从文件指针 fp 所指向的文件中读出 7 个字符送入字符数组 str 中，并且在该字符串后自动加上字符结束标志 '\0'。

2. 写字符串函数 fputs()

写字符串函数 fputs()的原型如下：

```
int fputs(char *str, FILE *fp);
```

功能：将一个字符串写入 fp 所指向的文件中。其中，字符串可以是字符串常量，也可以是字符数组或字符指针。该函数的返回值为 int 类型，如果写操作成功，则返回写入文件的最后一个字符的 ASCII 码，否则返回 EOF。例如：

```
fputs("abcd",fp);
```

其功能是将字符串"abcd"写入 fp 所指向的文件。

【程序 9-2】将一个字符串写入 d 盘 test.txt 文件中，然后再从该文件中读出该字符串。

```
/*程序 9-2*/
#include <stdio.h>
#include <stdlib.h>
#define N 50
int main()
{
    FILE *in,*out;
    char str[N];
    printf("请输入字符串：\n");
    gets(str);
    /*以只写方式打开文件*/
    if((in=fopen("d:\\test.txt","w"))==NULL)
    {
        printf("can not open file\n");
        exit(0);
    }
    /*将字符串 str 写入文件*/
    fputs(str,in);
    fclose(in);

    /*以只读方式打开文件*/
    if((out=fopen("d:\\test.txt","r"))==NULL)
    {
        printf("can not open file\n");
        exit(0);
    }
    /*从文件中读出 N-1 个字符存入 str 字符串*/
    fgets(str,N,out);
    printf("请输出字符串：\n");
```

```
    puts(str);
    fclose(out);
    return 0;
}
```

程序运行结果如下:

请输入字符串:
ShouYi University✓
请输出字符串:
ShouYi University

9.3.3　格式化读/写函数

1. 格式化读函数 fscanf()

格式化读函数 fscanf()的原型如下:

```
int fscanf(FILE *fp,char format,args,…);
```

功能:按格式字符串 format 中指定的格式从文件指针 fp 所指向的文件中读取内容,并存储到输入表列所指定的变量 args 中。例如:

```
FILE *fp;
int i;
char c;
fscanf(fp, "%d%c",&i,&c);
```

其功能是读取文件指针 fp 所指向的文件中的内容,分别赋值给整型变量 i 和字符变量 c。

2. 格式化写函数 fprintf()

格式化写函数 fprintf()的原型如下:

```
int fprintf(FILE *fp,const char *format,args,…);
```

功能:将输出表列中的数据 args 按指定的格式 format 写入文件指针 fp 所指向的磁盘文件中。例如:

```
FILE *fp;
int a=3;
float b=9.80;
fprintf(fp, "%2d,%6.2f",a,b);
```

其功能是将变量 a 按%2d 格式、变量 b 按%6.2f 格式写入 fp 所指向的文件中,并以逗号为分隔符。

【程序 9-3】从键盘输入多个学生的姓名和学号,并以格式化形式写入 D 盘 test.txt 文件中,直到输入 exit 时,输入结束。然后以格式化形式输出 D 盘 test.txt 文件中的内容。

算法分析:

step 1　以只写方式打开文件。

step 2　输入学生姓名和学号,如果姓名不是 exit,则以格式化形式将学生信息写入文件,否则,转去执行 step3。

step 3 以只读方式打开文件。

step 4 将文件中学生信息读出，并以格式化方式输出到屏幕。

```
/*程序9-3*/
#include <stdio.h>
#include <stdlib.h>
#include <string.h>
int main()
{
    FILE *fp;
    char name[20];
    long num;
    /*以只写方式打开文件*/
    if((fp=fopen("d:\\test.txt","w"))==NULL)
    {
        printf("can not open file\n");
        exit(0);
    }
    printf("请输入姓名：");
    scanf("%s",name);
    while(strcmp(name,"exit")!=0)
    {
        printf("请输入学号：");
        scanf("%ld",&num);
        fprintf(fp,"%s\t%ld\n",name,num);
        printf("请输入姓名：");
        scanf("%s",name);
    }
    fclose(fp);

    /*以只读方式打开文件*/
    if((fp=fopen("d:\\test.txt","r"))==NULL)
    {
        printf("can not open file\n");
        exit(0);
    }
    printf("姓名\t\t学号\n");
    while(fscanf(fp,"%s\t%ld\n",name,&num)!=EOF)
        printf("%s\t\t%ld\n",name,num);
    fclose(fp);
    return 0;
}
```

程序运行结果如下：

```
请输入姓名：zhang↙
请输入学号：1↙
请输入姓名：huang↙
请输入学号：2↙
请输入姓名：liang↙
请输入学号：3↙
```

```
请输入姓名：exit↙
姓名           学号
zhang          1
huang          2
liang          3
```

9.3.4　读/写数据块函数

在程序中不仅需要一次输入输出一个数据，而且常需要一次输入输出一组数据(如数组或结构体变量的值)，ANSI C 标准允许用 fread()函数从文件读一个数据块，用 fwrite()函数向文件写一个数据块。在进行读写时是以二进制形式进行的，在向磁盘写数据时，直接将内存中的一组数据原封不动、不加转换地复制到磁盘文件上，在读入时也是将磁盘文件中的若干字节的内容一批读入内存。

1. 读数据块函数 fread()

读数据块函数 fread()的原型如下：

```
int fread(char *pt,unsigned int size,unsigned int n,FILE *fp);
```

功能：从 fp 所指向的文件中读取 n 个 size 大小的数据，并存入 pt 所指向的内存空间中。其中，pt 代表内存空间的首地址，是读出的数据块应存入内存的首地址；size 指读出数据块的字节数；n 指数据块的个数；fp 是文件指针。例如：

```
FILE *fp;
int buff[5];
fread(buff,sizeof(int),5,fp);
```

其功能是从文件指针 fp 所指向的文件中读取 5 个大小为 sizeof(int)的数据块，并存入 buff 所指向的内存空间中。

2. 写数据块函数 fwrite()

写数据块函数 fwrite()的原型如下：

```
unsigned int fwrite(const char *ptr,unsigned int size,unsigned int n,FILE *fp);
```

功能：从以 ptr 为首地址的内存区中取出 n 个 size 大小的数据块，并存入 fp 所指向的文件中。例如：

```
FILE *fp;
int buff[5];
fwrite(buff,sizeof(int),5,fp);
```

其功能是从以 buff 为首地址的内存区中取出 5 个大小为 sizeof(int)的数据块，并存入 fp 所指向的文件中。

【程序 9-4】从键盘输入 5 个整数，将其写入 D 盘中名为 test.dat 的二进制数据文件中并输出。

```
/*程序 9-4*/
#include <stdio.h>
#include <stdlib.h>
int main()
```

```
{
    FILE *fp;
    int a[5],i;
    printf("请输入 5 个整数：\n");
    for(i=0;i<5;i++)
        scanf("%d",&a[i]);
    /*以二进制只写方式打开文件*/
    if((fp=fopen("d:\\test.dat","wb"))==NULL)
    {
        printf("can not open file\n");
        exit(0);
    }
    fwrite(a,sizeof(int),5,fp);      /*数组 a 中 5 个整型数据写入文件*/
    fclose(fp);

    /*以二进制只读方式打开文件*/
    if((fp=fopen("d:\\test.dat","rb"))==NULL)
    {
        printf("can not open file\n");
        exit(0);
    }
    fread(a,sizeof(int),5,fp);       /*从文件中读取 5 个整型数据放入数组 a 中*/
    printf("输出是：\n");
    for(i=0;i<5;i++)
        printf("%5d",a[i]);
    printf("\n");
    fclose(fp);
    return 0;
}
```

程序运行结果如下：

```
请输入 5 个整数：
5 4 3 2 1↙
输出是：
    5    4    3    2    1
```

【程序 9-5】模拟高考录取的程序。从文件 score.txt 中读取每个学生的单科成绩，计算每个学生的总分，然后在屏幕上输出每个学生的单科成绩和总分。文件 score.txt 的内容如表 9-3 所示。

表 9-3　文件 score.txt 的内容

姓名	语文	数学	英语	物理	化学	总分
黄晓明	128	92	90	123	95	528
李鹏	141	107	87	146	147	628
邓青	82	147	149	114	111	603
刘敏	147	104	100	100	125	576

(续表)

姓名	语文	数学	英语	物理	化学	总分
彭琪	76	81	112	70	112	451
万强	130	93	71	107	95	496
李敏	84	98	87	86	102	457

算法分析：

本程序采用静态数组存储。首先声明学生信息的结构体，并且定义该结构体的静态数组：

```
#define N 30
typedef struct student
{
    char name[16];  /*姓名*/
    int score[5];   /*5 门课程的成绩*/
    int sum;        /*总分*/
}Student;
Student stuArr[N];
```

在 main()函数中打开文件 score.txt，读取其中的字符串，将其转换为学生的姓名和单科成绩，然后计算总分，最后将每个学生的单科成绩和总分在屏幕上输出。

程序如下：

```
/*程序 9-5*/
#include <stdio.h>
#define N 30
typedef struct student
{
    char name[16];          /*姓名*/
    int score[5];           /*5 门课程的成绩*/
    int sum;                /*总分*/
}Student;
Student stuArr[N];
void convert(char * sbuf, int n);
void printSum(int n);
int main()
{
    FILE * fp;
    char sbuf[256];         /*存储字符串的缓冲区*/
    int n=0;                /*学生的计数*/
    /*以只读方式打开文件 score.txt*/
    if((fp=fopen("score.txt","r"))==NULL)
    {
        printf("Can Not Open File %s\n", "score.txt");
        exit(0);
    }
    /*读取第一行，不要*/
    fgets(sbuf, sizeof(sbuf), fp);
    while(fgets(sbuf, sizeof(sbuf), fp) && !feof(fp) && n<N)
    {
```

```
        /*读取一行字符串，转换为每个学生的姓名和单科成绩，然后计算总成绩*/
        convert(sbuf,n);
        ++n;
    }
    fclose(fp);
    /*在屏幕上输出每个学生的单科成绩和总成绩*/
    printSum(n);
    return 0;
}

/* 函数功能：读取的每一行字符串，转化为每个学生的姓名和单科成绩，然后计算总成绩
   函数参数：sbuf 为要转换的字符串
             n 为学生的编号
   函数返回值：无*/
void convert(char * sbuf, int n)
{
    char delims[] = "\t";
    char *result = NULL;

    int j=-1;

    for(result = strtok( sbuf, delims ); j<5 && result != NULL; ++j )
    {
        if(j<0)
        {
            strcpy(stuArr[n].name, result );
        }
        else
        {
            stuArr[n].score[j]=atoi(result);
        }
        result = strtok( NULL, delims );
    }

    stuArr[n].sum=0;
    for(j=0;j<5;++j)
    {
        stuArr[n].sum+= stuArr[n].score[j];
    }
}
/*函数功能：在屏幕上输出每个学生的单科成绩和总成绩
   函数参数：整型 n 为学生的编号
   函数返回值：无*/
void printSum(int n)
{
    int i,j;
    printf("姓名    语文    数学    英语    物理    化学    总分\n");
    for(i=0;i<n;++i)
    {
        printf("%s\t", stuArr[i].name);
```

```
    for(j=0;j<5;++j)
        printf("%d\t", stuArr[i].score[j]);
    printf("%d\n", stuArr[i].sum);
    }
}
```

程序运行结果如下：

姓名	语文	数学	英语	物理	化学	总分
黄晓明	128	92	90	123	95	528
李鹏	141	107	87	146	147	628
邓青	82	147	149	114	111	603
刘敏	147	104	100	100	125	576
彭琪	76	81	112	70	112	451
万强	130	93	71	107	95	496
李敏	84	98	87	86	102	457

【说明】

(1) 自定义函数 convert()将读取的每一行字符串转换为每个学生的姓名和单科成绩，然后计算总成绩。这里使用了以下两个重要的 C 库函数。

① 函数 strtok()用于分解字符串，其函数原型如下。

```
char *strtok(char s[], const char *delim);
```

参数 s 为要分解的字符串，delim 为分隔符字符串。例如：

```
strtok("abc,def,ghi",",");
```

可以分隔为 abc def ghi。

当 strtok()在参数 s 的字符串中发现参数 delim 中包含的分隔字符时，会将该字符改为 '\0' 字符。在第一次调用时，strtok()必须给予参数 s 字符串，往后的调用则将参数 s 设置为 NULL。每次调用成功后，返回指向被分隔出片段的指针。

注意，strtok()函数会破坏被分解字符串的完整，调用前和调用后的 s 已经不一样了。

② 函数 atoi()将字符串转化为整数，其函数原型如下。

```
int atoi(const char *nptr);
```

对于参数 nptr 字符串，如果第一个非空格字符存在且是数字或正负号，则开始做类型转换，之后检测到非数字(包括结束符\0)字符时停止转换，返回整型数；否则返回零。

(2) 自定义函数 printSum()在屏幕上输出每个学生的单科成绩和总成绩。

(3) 运行程序前应事先编写好 score.txt 文件，文件中有 7 个学生的信息记录。

【程序 9-6】下面对模拟高考录取的程序进行扩展，将学生的单科成绩和总分写入二进制文件 sum.dat 中。然后从文件 sum.dat 中读取学生信息，并在屏幕中显示。

算法分析：

step 1　打开文件 score.txt，读取其中的字符串，将其转换为学生的姓名和单科成绩，然后计算总分，存储到全局变量结构体数组 stuArr 中。

step 2　将学生的姓名、单科成绩和总分写入二进制文件 sum.dat 中。

step 3　从二进制文件 sum.dat 中读取全部学生信息，并在屏幕中显示。

程序如下：

```
/*程序 9-6*/
#include <stdio.h>
#define N 30
typedef struct student
{
    char name[16];      /*姓名*/
    int score[5];       /*5 门课程的成绩*/
    int sum;            /*总分*/
}Student;
Student stuArr[N];
void convert(char * sbuf, int n);
void write2Bin(int n);
int main()
{
    FILE * fp;
    char sbuf[256];     /*存储字符串的缓冲区*/
    int n=0;            /*学生的计数*/
    Student s;
    int j;

    /*以只读方式打开文件 score.txt*/
    if((fp=fopen("score.txt","r"))==NULL)
    {
        printf("Can Not Open File %s\n", "score.txt");
        exit(0);
    }
    /*读取第一行，不要*/
    fgets(sbuf, sizeof(sbuf), fp);
    while(fgets(sbuf, sizeof(sbuf), fp) && !feof(fp) && n<N)
    {
        /*读取一行字符串，转换为每个学生的姓名和单科成绩，然后计算总成绩*/
        convert(sbuf,n);
        ++n;
    }
    fclose(fp);

    /*将学生的姓名、单科成绩和总分写入二进制文件 sum.dat 中*/
    for(j=0;j<=n;j++)
        write2Bin(j);

    /*以只读二进制文件形式打开 sum.dat 文件*/
    if((fp=fopen("sum.dat","rb"))==NULL)
    {
        printf("Can Not Open File %s\n", "sum.dat");
        exit(0);
    }
    printf("姓名     语文     数学     英语     物理     化学     总分\n");

    while( fread(&s, sizeof(Student),1 ,fp )==1)
```

```
    {
        printf("%s\t", s.name);
        for(j=0;j<5;++j)
            printf("%d\t", s.score[j]);
        printf("%d\n", s.sum);
    }
    fclose(fp);

    return 0;
}

/* 函数功能：读取的每一行字符串，转换为每个学生的姓名和单科成绩，然后计算总成绩
   函数参数：sbuf 为要转换的字符串
             n 为学生的编号
   函数返回值：无*/
void convert(char * sbuf, int n)
{
    char delims[] = "\t";
    char *result = NULL;

    int j=-1;

    for(result = strtok( sbuf, delims ); j<5 && result != NULL; ++j )
    {
        if(j<0)
        {
            strcpy(stuArr[n].name, result );
        }
        else
        {
            stuArr[n].score[j]=atoi(result);
        }
        result = strtok( NULL, delims );
    }

    stuArr[n].sum=0;
    for(j=0;j<5;++j)
    {
        stuArr[n].sum+= stuArr[n].score[j];
    }
}
/* 函数功能：将学生的单科成绩和总分，写入二进制文件 sum.dat 中
   函数参数：整型 n 为学生的编号
   函数返回值：无*/
void write2Bin(int n)
{
    int i;
    FILE * fp;
    if((fp=fopen("sum.dat","wb"))==NULL)
    {
```

```
            printf("Can Not Open File %s\n", "sum.dat");
            exit(0);
        }
    for(i=0;i<n;++i)
    {
        fwrite(stuArr+i, sizeof(Student),1 ,fp );
    }
    fclose(fp);
}
```

程序运行结果如下：

姓名	语文	数学	英语	物理	化学	总分
黄晓明	128	92	90	123	95	528
李鹏	141	107	87	146	147	628
邓青	82	147	149	114	111	603
刘敏	147	104	100	100	125	576
彭琪	76	81	112	70	112	451
万强	130	93	71	107	95	496
李敏	84	98	87	86	102	457

【说明】

如果用记事本打开文件 sum.dat，将会看到乱码。所以对于二进制文件，必须了解其编码格式，用指定的程序打开。

【练一练 9-1】以下程序是打开新文件 f.txt，并调用字符输出函数将 a 数组中的字符写入其中，请填空完成代码。

```
#include <stdio.h>
int main()
{
    _____ * fp;
    char a[5]={'1','2','3','4','5'},i;
    fp=fopen("f.txt","_____");
    for(i=0;i<5;i++)
        fputc(a[i], _____);
    fclose(fp);
    return 0;
}
```

9.4 文件的定位

前面都是对文件进行顺序读写，容易理解和操作，但有时效率不高。例如，文件中有 1000 个数据，若只访问第 1000 个数据，则必须先逐个读入前面的 999 个数据，才能读入第 1000 个数据。如果文件中存放一个城市几百万人的资料，若按此方法查找某个人的信息，查询的效率十分低下。

随机访问不是按照数据在文件中的物理位置的次序进行读写，而是可以对任何位置上的数据进行访问，显然用这种方法比前面的顺序访问效率高很多。

9.4.1　移动文件指针

1. 函数 rewind()

函数 rewind()的原型如下。

```
void rewind(FILE *fp);
```

功能：使文件的位置指针移动到文件开头。

2. 函数 fseek()

函数 fseek()的原型如下。

```
int fseek(FILE *fp, long offset, int base);
```

如果执行成功，则文件指针 fp 将以 base 为基准，偏移 offset 个字节的位置。当用常量表示偏移 offset 时，通常要求加后缀 L。如果执行失败(如 offset 超过文件自身大小)，则不改变文件指针的位置。base 基准的表示方式如表 9-4 所示。

表 9-4　base 基准的表示方式

base 基准	表示符号	数字表示
文件首部	SEEK_SET	0
当前位置	SEEK_CUR	1
文件末尾	SEEK_END	2

例如：

```
fseek(fp,100L,0);
```

其功能是把位置指针移动到距离文件头 100 个字节处。

文件指针有两个：一个是文件外部指针，也就是 fopen()函数返回的指针，用它来操纵文件；另一个是文件内部指针，用于标识文件的读写位置，我们无法直接操作，只能通过 fseek()或rewind()函数间接操作。

【程序 9-7】先读取文件 sum.dat 中第二个学生的信息，再读取第一个学生的信息。

```
/*程序 9-7*/
#include <stdio.h>
typedef struct student
{
  char name[16];    /*姓名*/
  int score[5];     /*5 门课程的成绩*/
  int sum;          /*总分*/
}Student;

int main()
{
  Student s;
  FILE * fp;
  int j;
```

```
/*以只读二进制文件形式打开文件 sum.dat*/
if((fp=fopen("sum.dat","rb"))==NULL)
{
    printf("Can Not Open File %s\n", "sum.dat");
    exit(0);
}
printf("姓名    语文    数学    英语    物理    化学    总分\n");

/*文件内部指针指向第二个学生*/
fseek(fp,sizeof(Student),SEEK_SET );
if( fread(&s, sizeof(Student),1 ,fp )==1)
{
    printf("%s\t", s.name);
    for(j=0;j<5;++j)
        printf("%d\t", s.score[j]);
    printf("%d\n", s.sum);
}

/*文件内部指针指向文件头*/
rewind(fp);
if( fread(&s, sizeof(Student),1 ,fp )==1)
{
    printf("%s\t", s.name);
    for(j=0;j<5;++j)
        printf("%d\t", s.score[j]);
    printf("%d\n", s.sum);
}

fclose(fp);
return 0;
}
```

程序运行结果如下:

姓名	语文	数学	英语	物理	化学	总分
李鹏	141	107	87	146	147	628
黄晓明	128	92	90	123	95	528

9.4.2 获取文件读写位置

函数 ftell() 的作用是获取文件的当前读写位置,也就是相对于文件开头的偏移量,按字节计算,其原型如下。

```
long ftell(FILE *fp);
```

功能:得到位置指针在文件指针 fp 所指向的文件的当前位置,用相对于文件开头的位移量来表示。若函数 ftell() 的返回值为-1L,则表示出错。例如:

```
FILE *fp;
int len;
fseek(fp, 0L,SEEK_END);
len =ftell(fp);
```

首先将文件的当前位置移到文件的末尾,然后调用函数 ftell() 获得当前位置相对于文件首的位移,该位移值等于文件所含字节数。

9.5 出错检测

在文件读写过程中,难免会出现各种错误,如文件不存在、无法打开、读写错误,甚至磁盘损坏等。因此我们必须采取一些办法处理文件操作过程中的各种错误,以免发生更加严重的后果。

C 语言可用函数的返回值来判断文件操作是否出错,例如,fopen() 函数的返回值为 NULL,表示文件打开出错;而调用 fgetc()、fputc()、fgets()、fputs() 等函数时,若文件出错或结束,则返回 EOF。

此外,C 语言提供了对文件操作状态和操作出错的检测函数,分别如下。

(1) feof() 函数用于检测流上的文件结束符,其函数原型如下。

```
int feof(FILE *fp);
```

feof(fp) 有两个返回值:如果遇到文件结束,则函数 feof(fp) 的值为非零值;否则为 0。

EOF 是文本文件结束的标志。在文本文件中,数据以字符的 ASCII 代码值的形式存放,普通字符的 ASCII 代码值范围是 32～127(十进制),EOF 的十六进制代码值为 0xFF(十进制为-1),因此可以用 EOF 作为文件结束标志。

当把数据以二进制形式存放到文件中时,就会有-1 值的出现,因此不能采用 EOF 作为二进制文件的结束标志。为解决这一问题,ANSI C 提供了一个 feof() 函数,用来判断文件是否结束。feof() 函数既可用以判断二进制文件,也可用以判断文本文件。

(2) ferror() 函数用于检查读写文件的错误,其函数原型如下。

```
int ferror(FILE *fp);
```

如果 ferror() 函数的返回值为 0,则表示未出错;如果返回一个非零值,则表示出错。注意,对同一个文件,每次调用输入输出函数时,均产生一个新的 ferror() 函数值,因此,应当在调用一个输入输出函数后立即检查 ferror() 函数的值,否则信息会丢失。在执行 fopen() 函数时,ferror() 函数的初始值自动置为 0。

(3) 函数 clearerr() 的作用是使文件错误标志和文件结束标志置为 0。假设在调用一个输入输出函数时出现了错误,则 ferror() 函数值为一个非零值,在调用 clearerr(fp) 后,ferror(fp) 的值变为 0。clearerr() 函数的原型如下。

```
void clearerr(FILE *fp);
```

只要出现错误标志,就一直保留,直到对同一文件调用 clearerr() 函数、rewind() 函数或任何一个输入输出函数。

课后习题 9

一、选择题

1. C 语言中文件的存储方式是( )。
   A. 只能顺序存取
   B. 只能随机存取(或直接存取)
   C. 可以顺序存取,也可以随机存取
   D. 只能从文件头的开头进行存取

2. fgetc()函数的作用是从指定文件读入一个字符,该文件的打开方式必须是( )。
   A. 只写
   B. 追加
   C. 读或读写
   D. B 与 C 都正确

3. fgets(str,n,fp)函数从文件读入一个字符串,以下正确的读写叙述是( )。
   A. 字符串读入后不会自动加入 '\0'
   B. fp 是 file 类型的指针
   C. fgets()函数将文件最多读入 n-1 个字符
   D. fgets()函数将文件最多读入 n 个字符

4. fscanf()函数的正确调用形式是( )。
   A. fscanf(文件指针,格式字符串,输出表列)
   B. fscanf(格式字符串,输出表列,fp)
   C. fscanf(格式字符串,文件指针,输出表列)
   D. fscanf(文件指针,格式字符串,输入表列)

5. 若要打开 A 盘上 user 子目录下名为 abc.txt 的文本文件进行读写操作,则下面符合此要求的函数是( )。
   A. fopen("A:\user\abc.txt","r")
   B. fopen("A:\\user\\abc.txt","r+")
   C. fopen("A:\user\abc.txt","rb")
   D. fopen("A:\\user\\abc.txt, ","w")

二、填空题

1. 下面 C 程序将磁盘的一个文件复制到另一个文件中,两个文件名已在程序中给出(假定文件名无误)。

```
#include<stdio.h>
int main()
{
    FILE   *f1,*f2;
    f1=fopen("file_a.dat","r");
    f2=fopen("file_b.dat", "w");
    while(_____①_____)
        fputc(_____②_____);
    fclose(f1);
    fclose(f2);
    return 0;
}
```

2. 下面 C 程序由终端键盘输入一个文件名,然后把终端键盘输入的字符依次放到该文件中,用#号作为结束输入的标志。

```
#include<stdio.h>
#include<stdlib.>
int main()
{
    FILE *fp;char ch, fname[10];
    printf("Enter the name of file\n");
    gets(fname);
    if((_____①_____))
    {
       printf("open error\n");
       exit(0);
    }
    printf("Enter date:\n");
    while(_____②_____)
         fputc(ch,fp);
    fclose(fp);
    return 0;
}
```

3. 下面的 C 程序用来统计文件 fname.dat 中字符的个数。

```
#include<stdio.h>
int main()
{
    FILE *fp;
    long num=0;
    _____①_____
    while(!feof(fp))
    {
        _____②_____
        _____③_____
    }
    printf("num=%ld\n",num);
    fclose(fp);
    return 0;
}
```

三、编程题

1. 编写一个程序，试把从终端读入的 10 个整数以二进制形式写到一个名为 bi.dat 的新文件中。

2. 求出 1000 以内的素数，并保存到文件 prime.txt 中。

3. 结合文件操作函数和举例，编写一个小型的学生成绩管理系统，实现输入、保存、查询和排序的功能。

第 10 章

综合应用案例
——学生学籍管理系统

传统的学生学籍管理一般采用人工方式，这是一项非常繁重而枯燥的劳动，耗费许多人力、物力，并且可靠性差。在计算机技术飞速发展的今天，实现学生学籍的计算机管理是可行而必要的工作，可以有效提高工作效率和管理水平，方便对学生学籍信息的查询，并具有检索迅速、查找方便、可靠性高、存储量大等特点。因此，建立一个操作简单、内容翔实的学生学籍管理系统是非常有必要的。

本章通过一个学生学籍管理系统的实际开发案例，使学生初步掌握软件开发的思想，理解软件工程的流程，具备综合运用所学知识的能力，重点掌握结构体和文件操作及各种常用算法的运用。

10.1 需求分析

设计一个利用文件处理方式，实现对学生学籍信息(包括学号、姓名、性别、年龄、籍贯、系别、专业、班级)进行添加、修改、删除、查找、统计输出等操作。学生学籍管理系统的功能要求如下。

(1) 增加数据。该模块完成将输入的数据存入数据文件中，用户一次可输入多个学生的学籍信息。

(2) 更新数据。该模块用于实现对记录的修改。首先用户输入学生的学号，然后查询该学生的学籍信息，最后更新该学生的学籍信息。

(3) 查询数据。该模块可选择按学生的学号查询，或者按学生的姓名查询，再或者按学生的班级查询，然后列出满足条件的且未做删除标记的学生学籍信息。

(4) 删除数据。该模块用于删除指定编号的学生学籍信息，为提高效率，只做删除标记，不在物理上删除信息，可称为逻辑删除。

(5) 显示数据。该模块用于以列表方式显示所有未做删除标记的学生学籍信息。

(6) 重组文件。当逻辑删除的信息太多时，将会降低查询效率。重组文件模块专门用于在物理上删除做有删除标记的信息，这不但提高了查询效率，同时也节约了存储空间。

(7) 采用结构体等数据结构。

10.2　总体设计

10.2.1　系统总体设计

通过对学生学籍管理系统的分析，得到的系统功能模块图(层次结构图)如图 10-1 所示。

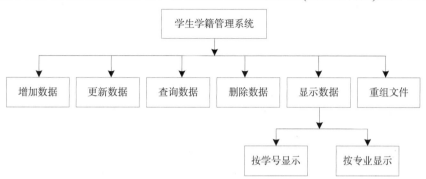

图 10-1　学生学籍管理系统的功能模块图

如图 10-1 所示，学生学籍管理系统包含增加数据模块、更新数据模块、查询数据模块、删除数据模块、显示数据模块、重组文件模块 6 个模块。其中显示数据模块又包含按学号显示和按专业显示两个子模块。

10.2.2　数据结构

本系统主要采用的数据结构是结构体。结构体可以同时存储不同类型的数据，并且相同结构的结构体变量是可以相互赋值的。结构体声明时本身不占用任何内存空间，只有当使用已定义的结构体类型定义结构体变量时，计算机才会分配内存空间，所以采用结构体便于对数据的传输和保存。其具体定义形式为：

```
struct student
{
    short status;        /*数据状态：0—正常；1—删除*/
    int num;             /*学生的学号*/
    char name[9];        /*姓名*/
    char sex[3];         /*性别*/
    int age;             /*年龄*/
    char origin[21];     /*籍贯*/
    char depart[21];     /*系别*/
    char major[21];      /*专业*/
    int class;           /*班级*/
};
```

程序通过对文件进行操作来实现信息的增加、更新、查询、删除、显示、重组等操作。

10.3 详细设计

在详细设计部分，我们将给出所有功能模块设计实现的程序流程图和算法步骤描述。

10.3.1 系统包含的函数

(1) 主函数：main()函数。

(2) 子函数。

① 增加数据函数：add_data()函数。

② 更新数据函数：update_data()函数。

③ 查询数据函数：search_data()函数。

④ 删除数据函数：delete_data()函数。

⑤ 显示数据函数：list_data()函数。

⑥ 重组文件函数：pack()函数。

10.3.2 各个功能模块的软件功能

(1) add_data()函数。

函数原型：void add_data();

函数功能：输入一个或多个学生的信息，并将所输入的学生信息存入数据文件中。

(2) update_data()函数。

函数原型：void update_data();

函数功能：更新已存在的学生的信息。

(3) search_data()函数。

函数原型：void search_data();

函数功能：按学号查询未做删除标记的学生的信息。

(4) delete_data()函数。

函数原型：void delete_data();

函数功能：对某学生信息做删除标记，只做逻辑删除。

(5) list_data()函数。

函数原型：void list_data();

函数功能：按指定条件显示未做删除标记的学生的信息。

(6) pack()函数。

函数原型：void pack();

函数功能：对做删除标记的学生信息做物理删除。

10.3.3 各个功能模块的程序流程图和算法描述

1. 主函数程序流程图

主函数程序流程图如图 10-2 所示。

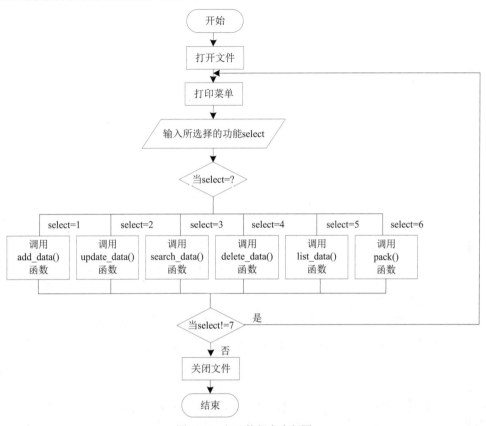

图 10-2 主函数程序流程图

主函数的算法步骤如下。

step 1 先用只读的方式打开 stu.dat 文件，当打不开时再用只写的方式打开 stu.dat 文件，如果没有打开，输出"打开文件 stu.dat 失败"。

step 2 输出此系统能实现的功能有：①增加数据；②更新数据；③查询数据；④删除数据；⑤显示数据；⑥重组文件；⑦退出。

step 3 输入选择的功能变量 select。

step 4 当 select 为 1 时，调用 add_data()函数；当 select 为 2 时，调用 updata_data()函数；当 select 为 3 时，调用 search_data()函数；当 select 为 4 时，调用 delete_data()函数；当 select 为 5 时，调用 list_data()函数；当 select 为 6 时，调用 pack()函数。

step 5 判断 select 是否为 7，当不为 7 时，返回到 step 2；当为 7 时，执行下一步。

step 6 关闭文件，结束。

2. add_data()函数程序流程图

add_data()函数程序流程图如图 10-3 所示。

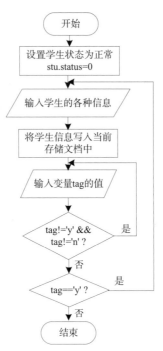

图 10-3　add_data()函数程序流程图

add_data()函数算法步骤如下。

step 1　令数据状态为正常(代表该学生未做删除标记)，即 stu.status=0。

step 2　输入学生的各类信息，包括学生的学号、姓名、性别、年龄、籍贯、系别、专业、班级。

step 3　将文件指针移动到文件的尾部，然后将学生信息写入当前的存储文件中。

step 4　输入是否继续添加学生信息的变量 tag 的值，继续添加用 'y'表示，停止添加用 'n' 表示。

step 5　判断输入的 tag 是否是非法输入，若是非法输入，则返回到 step 4。

step 6　判断输入的 tag 的值，若是继续添加 'y'，则返回到 step 2；若是停止添加 'n'，则结束。

3. update_data()函数程序流程图

update_data()函数程序流程图如图 10-4 所示。

update_data()函数算法步骤如下。

step 1　输入要修改信息的学生的学号。

step 2　用读文件的方式从未做删除标记的学生中找到要修改信息的学生。

step 3　判断是否找到要修改信息的学生，若没有找到，则输出"无此学号的学生"，若找到，则执行下一步。

step 4　输出更改前该学生的信息。

step 5　输入更改后该学生的信息。

step 6　在存储文件中将更改后的学生信息覆盖更新前的信息，结束。

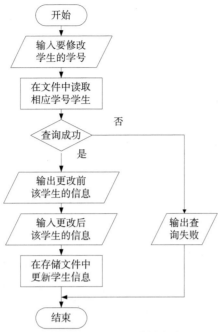

图 10-4　update_data()函数程序流程图

4. search_data()函数程序流程图

search_data()函数程序流程图如图 10-5 所示。

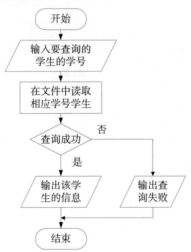

图 10-5　search_data()函数程序流程图

search_data()函数算法步骤如下。

step 1　输入要查询信息学生的学号。

step 2　用读文件的方式从未做删除标记的学生中找到要查询信息的学生。

step 3　判断是否找到要查询信息的学生，若没有找到，则输出"无此学号的学生"，若找到，则执行下一步。

step 4　输出该学生的信息，结束。

5. delete_data()函数程序流程图

delete_data()函数程序流程图如图10-6所示。

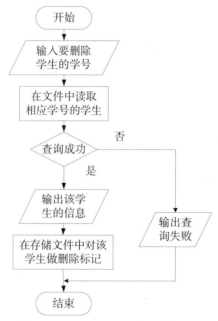

图 10-6   delete_data()函数程序流程图

delete_data()函数算法步骤如下。

step 1   输入要删除信息学生的学号。

step 2   用读文件的方式从未做删除标记的学生中找到要删除信息的学生。

step 3   判断是否找到要删除信息的学生,若没有找到,则输出"无此学号的学生";若找到,则执行下一步。

step 4   输出该学生的信息。

step 5   在存储文件中对该学生做删除标记,结束。

6. list_data()函数程序流程图

list_data()函数程序流程图如图10-7所示。

list_data()函数的算法步骤如下。

step 1   输出该子函数的两个功能:①按学号显示;②按专业显示。

step 2   输入选择功能的变量 select。

step 3   若 select 小于1或 select 大于3,则返回 step 2;否则,继续执行下一步。

step 4   用读文件的方式计算文件中未做删除标记的学生的数量。

step 5   判断当 select 等于1时,首先用冒泡排序法将学生信息按学号由小到大排序,然后按学生学号由小到大输出学生信息;当 select 不等于1时,首先用冒泡排序法将学生信息按专业 ASCII 码顺序排序,然后按学生专业 ASCII 码顺序输出学生信息。

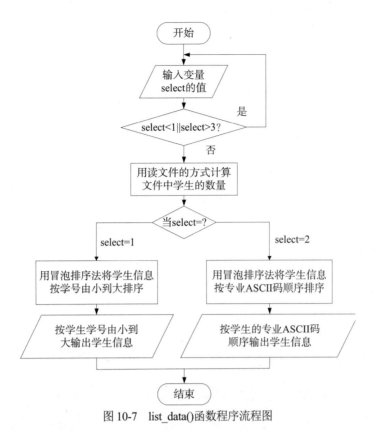

图 10-7　list_data()函数程序流程图

7. pack()函数程序流程图

pack()函数程序流程图如图 10-8 所示。

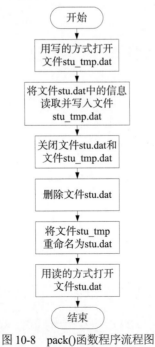

图 10-8　pack()函数程序流程图

pack()函数算法步骤如下。

step 1　用写的方式打开文件 stu_tmp.dat，如果打开失败，则输出"打开文件 stu_tmp.dat 失败"。

step 2　将文件 stu.dat 中未做删除标记的学生信息读取并写入文件 stu_tmp.dat 中。

step 3　关闭文件 stu.dat 和文件 stu_tmp.dat。

step 4　删除文件 stu.dat。

step 5　将文件 stu_tmp.dat 命名为 stu.dat。

step 6　用读的方式打开文件 stu.dat，结束。

10.4　编码实现

```c
/*全部数据定义及各子函数声明*/
#include<stdio.h>
#include<stdlib.h>
#include<string.h>
#define MAX 100
struct student
{
    short status;        /*数据状态：0—正常；1—删除*/
    int num;             /*学生的学号*/
    char name[9];        /*姓名*/
    char sex[3];         /*性别*/
    int age;             /*年龄*/
    char origin[21];     /*籍贯*/
    char depart[21];     /*系别*/
    char major[21];      /*专业*/
    int class;           /*班级*/
};

/*子函数部分*/
void add_data();         /*增加数据*/
void update_data();      /*更新数据*/
void search_data();      /*查询数据*/
void delete_data();      /*删除数据，只做删除标志*/
void list_data();        /*显示数据*/
void pack();             /*在物理上删除有删除标记的记录*/

/*主函数*/
FILE *fp;
int main()
{
    int select;          /*选择变量*/
    if((fp=fopen("stu.dat","rb+"))==NULL)        /*stu.dat 文件不存在*/
    {
        if((fp=fopen("stu.dat","wb+"))==NULL)    /*打开 stu.dat 文件失败*/
        {
```

```
            printf("打开文件 stu.dat 失败！");
            system("PAUSE");        /*暂时停一下，等待下一个操作*/
              exit(1);              /*退出程序*/
        }
    }
        do
        {
          printf("\n 请选择：\n");
          printf("1.增加数据  2.更新数据  3.查询数据  4.删除数据  5.显示数据  6.重组文件
                  7.退出\n");
          scanf("%d",&select);
          while(select<1||select>7)
          {
              printf("请输入 1 至 7 的数：");
              scanf("%d",&select);
          }
          switch(select)
          {
          case 1:
              add_data();        /*增加数据*/
                  break;
          case 2:
              update_data();     /*更新数据*/
                  break;
            case 3:
              search_data();     /*查询数据*/
                  break;
          case 4:
              delete_data();     /*删除数据，只做删除标志*/
                  break;
          case 5:
              list_data();       /*显示数据*/
                  break;
          case 6:
              pack();            /*在物理上删除做有删除标记的记录*/
                  break;
          }
        }while(select!=7);      /*选择 7 退出循环*/
        fclose(fp);             /*关闭文件*/
        system("PAUSE");        /*暂时停一下，等待下一个操作*/
        return  0;
}

/*增加数据函数*/
void add_data()
{
  struct student stu;           /*定义学生变量 stu*/
  char tag;                     /*设置标志是否继续添加数据*/
  stu.status=0;                 /*数据状态：0—正常；1—删除*/
  do
```

```
    {
        printf("学号:");
        scanf("%d",&stu.num);
        printf("姓名:");
        scanf("%s",stu.name);
        printf("性别:");
        scanf("%s",stu.sex);
        printf("年龄:");
        scanf("%d",&stu.age);
        printf("籍贯:");
        scanf("%s",stu.origin);
        printf("系别:");
        scanf("%s",stu.depart);
        printf("专业:");
        scanf("%s",stu.major);
        printf("班级:");
        scanf("%d",&stu.class);

        fseek(fp,0,SEEK_END);          /*将指针移动到文件尾部*/
              /*将学生信息存入文件中*/
        fwrite(&stu,sizeof(struct student),1,fp);
        printf("继续添加吗(y/n):");
        while (getchar()!='\n');       /*跳过当前行*/
        tag=getchar();
        tag=tolower(tag);              /*将大写字母转换为小写字母*/
        while(tag!='y'&&tag!='n')
        {
            printf("输入非法，重新输入(y/n):");
            while(getchar()!='\n');    /*跳过当前行*/
            tag=getchar();
            tag=tolower(tag);          /*将大写字母转换为小写字母*/
        }
    }while(tag=='y');                  /*当回答要求循环时*/
}

/*更新数据函数*/
void update_data()
{
    struct student stu;               /*学生*/
    int num;                          /*要修改的学生的学号*/
    printf("输入要修改的学生的学号:");
    scanf("%d",&num);
    rewind(fp);                       /*使位置指针返回到文件的开头*/
    fread(&stu,sizeof(struct student),1,fp);  /*读入学生信息*/
    while(!feof(fp))
    {
            /*文件未结束*/
            /*查找学号相同且数据状态正常未做删除标记*/
        if(stu.num==num&&stu.status==0)
            break;
```

```
        fread (&stu,sizeof(struct student),1,fp);/*继续读取学生信息*/
    }
    if(!feof(fp))
    {
            /*查询成功*/
        printf("更新前学生的信息:\n");
        printf("%-10s%-10s%-7s%-7s%-10s%-10s%-10s%7s\n",
            "学号","姓名","性别","年龄","籍贯","系别","专业","班级");
        printf("%-10d%-10s%-7s%-7d%-10s%-10s%-10s%-7d\n",
            stu.num,stu.name,stu.sex,stu.age,stu.origin,
            stu.depart,stu.major,stu.class);
        printf("输入更新后的数据:\n");
            printf("学号:");
        scanf("%d",&stu.num);
        printf("姓名:");
        scanf("%s",stu.name);
        printf("性别:");
        scanf("%s",stu.sex);
        printf("年龄:");
        scanf("%d",&stu.age);
        printf("籍贯:");
        scanf("%s",stu.origin);
        printf("系别:");
        scanf("%s",stu.depart);
        printf("专业:");
        scanf("%s",stu.major);
        printf("班级:");
        scanf("%d",&stu.class);
            /*将指针从当前位置移动到一个学生信息之前*/
        fseek(fp,-sizeof(struct student),SEEK_CUR);
        fwrite(&stu,sizeof(struct student),1,fp);       /*写入数据*/
    }
    else
    {
            /*查询失败*/
        printf("无此学号的学生！\n");
        clearerr(fp);                           /*清除文件结束标志*/
    }
}

/*查询数据函数*/
void search_data()
{
    struct student stu;                         /*学生*/
    int num;                                    /*学生的学号*/
    printf("输入要查询的学生的学号:");
    scanf("%d",&num);
    rewind(fp);
    fread(&stu,sizeof(struct student),1,fp);        /*读入学生信息*/
    while(!feof(fp))
```

```
{
                /*文件未结束*/
                /*学生的学号相同且数据正常，未做删除标记*/
        if(stu.num==num&&stu.status==0)            /*查询成功*/
            break;
        fread(&stu,sizeof(struct student),1,fp);        /*读入学生信息*/
    }
    if(!feof(fp))
    {
                /*查询成功*/
        printf("%-10s%-10s%-7s%-7s%-10s%-10s%-10s%7s\n",
            "学号","姓名","性别","年龄","籍贯","系别","专业","班级");
            printf("%-10d%-10s%-7s%-7d%-10s%-10s%-10s%-7d\n",
                stu.num,stu.name,stu.sex,stu.age,stu.origin,
                stu.depart,stu.major,stu.class);
    }
    else
    {
                /*查询失败*/
        printf("无此学号的学生:");
        clearerr(fp);
    }
}

/*删除数据函数*/
void delete_data()
{
    struct student stu;
    int num;
    printf("输入要删除数据的学生的学号:");
    scanf("%d",&num);
    rewind(fp);
    fread(&stu,sizeof(struct student),1,fp);
    while(!feof(fp))
    {
                /*文件未结束*/
        /*学生的学号相同并且数据状态正常，未做删除标记*/
                if(stu.num==num&&stu.status==0)
            break;
        fread(&stu,sizeof(struct student),1,fp);
    }
    if(!feof(fp))
    {
                /*查询成功*/
        printf("被删除记录为:\n");
            printf("%-10s%-10s%-7s%-7s%-10s%-10s%-10s%7s\n",
            "学号","姓名","性别","年龄","籍贯","系别","专业","班级");
            printf("%-10d%-10s%-7s%-7d%-10s%-10s%-10s%-7d\n",
                stu.num,stu.name,stu.sex,stu.age,stu.origin,
                stu.depart,stu.major,stu.class);
```

```
        stu.status=1;      /*使数据状态为删除状态*/
        /*将指针从当前位置移动到一个学生信息之前*/
                fseek(fp,-sizeof(struct student),SEEK_CUR);
        fwrite(&stu,sizeof(struct student),1,fp);/*写入数据*/
    }
    else
    {
                /*查询失败*/
        printf("无此学生学号的信息!\n");
        clearerr(fp);
    }
}

/*显示数据函数*/
void list_data()
{
    struct student stu[MAX],tstudent;
    int select;                          /*选择变量*/
    int stcout=0,n;                      /*stcout 表示学生的个数*/
    int i,j;
    printf("请选择:\n");
    printf("1.按学号显示   2.按专业显示\n");
    scanf("%d",&select);
    while(select<1||select>3)
    {
        printf("请输入 1 或 2 的数:");
        scanf("%d",&select);
    }
    rewind(fp);                          /*使位置指针返回到文件的开头*/
    fread(&stu[0],sizeof(struct student),1,fp);  /*读入学生信息*/
    while(!feof(fp))
    {
                /*计算文件中学生信息的学生数*/
        stcout++;
                /*继续读入学生信息*/
        fread(&stu[stcout],sizeof(struct student),1,fp);
    }
    if(select==1)
    {
                /*用冒泡排序法将学生信息按学号大小排序*/
        for(i=1;i<=stcout;i++)
          for(j=0;j<stcout-i;j++)
          {
              if(stu[j].num>stu[j+1].num)
              {
                  tstudent=stu[j];
                  stu[j]=stu[j+1];
                  stu[j+1]=tstudent;
              }
          }
```

```
        printf("按学生的学号排序:\n");
        printf("%-10s%-10s%-7s%-7s%-10s%-10s%-10s%7s\n",
        "学号","姓名","性别","年龄","籍贯","系别","专业","班级");
        for(i=0;i<stcout;i++)                    /*按学号顺序输出学生信息*/
        {
            if(stu[i].status==0) /*数据状态正常，未做删除标志*/
            {
                        printf("%-10d%-10s%-7s%-7d%-10s%-10s%-10s%-7d\n",
                    stu[i].num,stu[i].name,stu[i].sex,stu[i].age,
                    stu[i].origin,stu[i].depart,stu[i].major,
                    stu[i].clas);
            }
        }
    }
    else
    {
            /*用冒泡排序法将学生信息按专业排序*/
        for(i=0;i<stcout;i++)
        for(j=0;j<stcout-i;j++)
        {
            if(strcmp(stu[j].major,stu[j+1].major)>0)
            {
                tstudent=stu[j];
                stu[j]=stu[j+1];
                stu[j+1]=tstudent;
            }
        }
        printf("按专业排序:\n");
            printf("%-10s%-10s%-7s%-7s%-10s%-10s%-10s%7s\n",
        "学号","姓名","性别","年龄","籍贯","系别","专业","班级");
        for(i=0;i<stcout;i++)                    /*按专业顺序输出学生信息*/
        {
            if(stu[i].status==0)
            {
                        printf("%-10d%-10s%-7s%-7d%-10s%-10s%-10s%-7d\n",
                    stu[i].num,stu[i].name,stu[i].sex,stu[i].age,
                    stu[i].origin,stu[i].depart,stu[i].major,
                    stu[i].class);
                }
        }
    }
    clearerr(fp);                                /*清除文件结束标记*/
}


/*重组文件函数*/
void pack()
{
    struct student stu;
    FILE *fpTmp;
```

```
if((fpTmp=fopen("stu_tmp.dat","wb"))==NULL)
{
          /*文件 stu_tmp.dat 打开失败*/
    printf("打开文件 stu_tmp.dat 失败！");
    system("PAUSE");                          /*暂时停一下，等待下一个操作*/
    exit(2);                                  /*退出程序*/
}
rewind(fp);                                   /*使文件指针返回到文件开头*/
fread(&stu,sizeof(struct student),1,fp);      /*读入图书信息*/
while(!feof(fp))
{
          /*文件未结束*/
    if(stu.status==0)                         /*数据状态正常，未做删除标记*/
        fwrite(&stu,sizeof(struct student),1,fpTmp);  /*写入图书信息*/
        fread(&stu,sizeof(struct student),1,fp);      /*继续读入图书信息*/
}
fclose(fp);fclose(fpTmp);                     /*关闭文件*/
remove("stu.dat");                            /*删除文件*/
rename("stu_tmp.dat","stu.dat");              /*更改文件名*/
if((fp=fopen("stu.dat","rb+"))==NULL)
{
          /*打开文件 stu.dat 失败*/
    printf("打开文件 stu.dat 失败！");
    system("PAUSE");                          /*暂时停一下，等待下一个操作*/
    exit(3);                                  /*退出程序*/
}
}
```

10.5 运行结果

　　程序执行后，进入"主功能菜单"，此时可以完成"增加数据""更新数据""查询数据""删除数据""显示数据""重组文件""退出"等功能，如图 10-9 所示。

请选择：
1.增加数据 2.更新数据 3.查询数据 4.删除数据 5.显示数据 6. 重组文件 7.退出

图 10-9　主功能菜单

1. 增加数据

　　该功能主要完成对学生信息的增加。按照提示信息输入学生的学号、姓名、性别、年龄、籍贯、系别、专业、班级。若输入成功，按 y 键可循环增加学生的各类信息，按 n 键结束增加数据，如图 10-10 所示。

2. 更新数据

　　该功能主要完成对学生信息的更新。输入要更新的学生的学号后，显示更改前学生的信息，再根据提示输入更改后的学生信息，如图 10-11 所示。

```
请选择：
1.增加数据 2.更新数据 3.查询数据 4.删除数据 5.显示数据 6. 重组文件 7.退出
1
学号：1
姓名：李红
性别：女
年龄：18
籍贯：湖北
系别：外语学院
专业：英语14级
班级：1
继续添加吗<y/n>:y
学号：2
姓名：张明
性别：男
年龄：19
籍贯：江苏
系别：信息学院
专业：计算机13级
班级：2
继续添加吗<y/n>:y
学号：3
姓名：汪刚
性别：男
年龄：20
籍贯：北京
系别：自动化学院
专业：自动化12级
班级：5
继续添加吗<y/n>:n
```

图 10-10　增加数据

```
请选择：
1.增加数据 2.更新数据 3.查询数据 4.删除数据 5.显示数据 6. 重组文件 7.退出
2
输入要修改的学生的学号:1
更新前学生的信息：
学号      姓名      性别    年龄    籍贯      系别          专业          班级
1        李红      女      18      湖北      外语学院        英语14级        1

输入更新后的数据：
学号：1
姓名：李红
性别：女
年龄：19
籍贯：湖北
系别：外语学院
专业：英语14级
班级：1
```

图 10-11　更新数据

3. 查询数据

该功能主要完成对学生信息的查询。输入要查询的学生的学号，就可以显示该学生的信息，如图 10-12 所示。

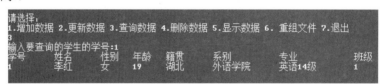

```
请选择：
1.增加数据 2.更新数据 3.查询数据 4.删除数据 5.显示数据 6. 重组文件 7.退出
3
输入要查询的学生的学号:1
学号      姓名      性别    年龄    籍贯      系别          专业          班级
1        李红      女      19      湖北      外语学院        英语14级        1
```

图 10-12　查询数据

4. 删除数据

该功能主要完成对学生信息的删除(只做删除标记，不做物理删除)，输入要删除的学生学号，显示该学生的信息，完成删除，如图 10-13 所示。

请选择：
1.增加数据 2.更新数据 3.查询数据 4.删除数据 5.显示数据 6. 重组文件 7.退出
4
输入要删除数据的学生的学号:1
被删除记录为:

学号	姓名	性别	年龄	籍贯	系别	专业	班级
1	李红	女	19	湖北	外语学院	英语14级	1

图 10-13　删除数据

5. 显示数据

在选择显示功能时，会出现"1. 按学号显示　2. 按专业显示"的子功能。

(1) 按学号显示。

该功能主要完成对学生信息按学号由小到大的顺序显示，如图 10-14 所示。

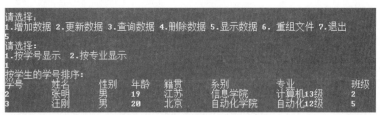

图 10-14　按学号顺序显示数据

(2) 按专业显示。

该功能主要完成对学生信息按专业字符串的 ASCII 码值由小到大显示学生信息，如图 10-15 所示。

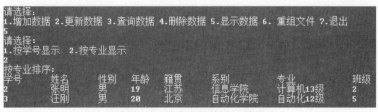

图 10-15　按专业顺序显示数据

6. 重组文件

该功能主要完成对做删除标记的学生信息做物理删除，如图 10-16 所示。

请选择：
1.增加数据 2.更新数据 3.查询数据 4.删除数据 5.显示数据 6. 重组文件 7.退出
6

图 10-16　重组文件

7. 退出

该功能主要完成退出程序，如图 10-17 所示。

请选择：
1.增加数据 2.更新数据 3.查询数据 4.删除数据 5.显示数据 6. 重组文件 7.退出
7
请按任意键继续...
Press any key to continue

图 10-17　退出程序

【思考】

请在该学生学籍管理系统的基础上再添加以下两个功能。

(1) 统计输出。

① 按专业输出所有学生的学籍信息。

② 统计输出学生的平均年龄。

③ 统计输出超过平均年龄的学生人数。

(2) 排序。

该模块按学生学号由低到高的顺序排序输出所有学生学籍信息。

课后习题 10

1. 员工工资管理系统

主要内容：

设计一个利用文件处理方式实现对员工工资(包括员工编号、员工姓名、应发、扣款和实发)进行管理，具有增加数据、更新数据、查询数据、删除数据、列表显示数据及重组文件的功能。员工工资管理系统由以下几大功能模块组成。

(1) 增加数据。该模块完成将输入的数据存入数据文件中，用户一次可输入多个员工的信息。

(2) 更新数据。该模块用于实现对记录的修改，用户首先输入员工的编号，然后查询该员工的信息，最后更新该员工的信息。

(3) 查询数据。该模块可选择按员工编号查询，或者按员工姓名进行查询，然后列出满足条件且未做删除标记的员工信息。

(4) 删除数据。该模块用于删除指定编号的员工工资信息，为提高效率，只做删除标记，不在物理上删除信息，可称为逻辑删除。

(5) 显示数据。该模块用于以列表方式显示所有未做删除标记的员工信息。

(6) 重组文件。当逻辑删除的信息太多时，将会降低查询效率。重组文件模块专门用于在物理上删除做有删除标记的信息，这不但提高了查询效率，同时也节约了存储空间。

(7) 统计输出。输出实发工资最高的员工工资信息。统计输出员工实发工资的平均工资。统计输出超过实发平均工资的员工人数。

(8) 排序。该模块按员工实发工资由高到低的顺序排序输出所有员工信息。

(9) 要求本系统采用结构体和文件等数据结构，系统以菜单方式工作。

2. 个人图书管理系统

主要内容：

设计一个利用文件处理方式实现对个人图书(包括图书 ISBN 号、书名、作者名、出版日期和存放位置)进行管理，包括添加、修改、删除、查找、统计输出等操作。个人图书管理系统的功能要求如下。

(1) 增加数据。该模块完成将输入的数据存入数据文件中，用户一次可输入多本图书的信息。

(2) 更新数据。该模块用于实现对记录的修改，要求用户输入 ISBN 号，然后再查询图书信息，最后要求输入新信息。

(3) 查询数据。该模块用于查找指定的 ISBN 号、书名或作者名的未做删除标记的图书信息。

(4) 删除数据。该模块用于删除指定 ISBN 号的图书信息，为提高效率，只做删除标记，不在物理上删除信息，可称为逻辑删除。

(5) 显示数据。该模块用于以列表方式显示所有未做删除标记的个人图书信息。

(6) 重组文件。当逻辑删除的信息太多时，将会降低查询效率。重组文件模块专门用于在物理上删除做有删除标记的信息，这不但提高了查询效率，同时也节约了存储空间。

(7) 统计输出。按存放位置输出所有图书的信息。

(8) 排序。

① 按图书的 ISBN 号由低到高的顺序排序输出所有图书信息。

② 按图书的书名由低到高的顺序排序输出所有图书信息。

(9) 要求本系统采用结构体和文件等数据结构，系统以菜单方式工作。

3. 班级成绩管理系统

主要内容：

一个班级有 N 个学生，每个学生有 M 门课程，每个学生的信息包括学号、姓名、M 门课程名称。该系统实现对班级成绩的添加、修改、删除、查找、统计输出等操作的管理。功能要求如下。

(1) 增加数据。该模块完成将输入的数据存入数据文件中，用户一次可输入多个学生的基本信息。

(2) 更新数据。该模块用于实现对记录的修改，首先输入学生的学号，然后查询该学生的基本信息，最后更新该学生的基本信息。

(3) 查询数据。该模块可选择按学生的学号查询，或者按学生的姓名查询，然后列出满足条件且未做删除标记的学生基本信息。

(4) 删除数据。该模块用于删除指定编号的学生基本信息，为提高效率，只做删除标记，不在物理上删除信息，可称为逻辑删除。

(5) 显示数据。该模块用于以列表方式显示所有未做删除标记的学生基本信息。

(6) 重组文件。当逻辑删除的信息太多时，将会降低查询效率。重组文件模块专门用于在物理上删除做有删除标记的信息，这不但提高了查询效率，同时也节约了存储空间。

(7) 统计输出。

① 显示每门课程成绩最高的学生的基本信息。

② 显示每门课程的平均成绩。

③ 显示超过某门课程平均成绩的学生人数。

(8) 排序。该模块按学生学号由低到高的顺序排序输出所有学生的基本信息。

(9) 要求本系统采用结构体和文件等数据结构，系统以菜单方式工作。

参 考 文 献

[1] Stephen Prata. C Primer Plus[M]. 第 5 版. 中文版. 北京：人民邮电出版社，2005.

[2] Kenneth Reek. C 和指针[M]. 北京：人民邮电出版社，2020.

[3] 谭浩强. C 语言程序设计[M]. 第 2 版. 北京：清华大学出版社，2013.

[4] 苏小红. C 语言大学实用教程[M]. 第 2 版. 北京：电子工业出版社，2008.

[5] 孙承爱. 程序设计基础——基于 C 语言[M]. 第 2 版. 北京：科学出版社，2010.

[6] 李梦阳. C 语言程序设计[M]. 上海：上海交通大学出版社，2013.

[7] 鲍有文. C 程序设计试题汇编[M]. 第 2 版. 北京：清华大学出版社，2009.

[8] 游洪跃. C 语言程序设计实验与课程设计教程[M]. 北京：清华大学出版社，2011.

[9] Brian W.Kernighan，Dennis M Ritchie. The C Programming Language[M]. Second Edition. 北京：机械工业出版社，2007.

[10] 李春葆. C 语言程序设计教程[M]. 北京：清华大学出版社，2011.

[11] 宋晏. 算法与 C 程序设计[M]. 北京：机械工业出版社，2008.

[12] 郑人杰. 软件工程概论[M]. 第 2 版. 北京：机械工业出版社，2014.

[13] Gary J.Bronson. 标准 C 语言基础教程[M]. 单先余，译. 北京：电子工业出版社，2006.

[14] 张海藩. 软件工程导论[M]. 第 5 版. 北京：清华大学出版社，2008.

[15] Herbert Schildt. C 语言大全[M]. 第 4 版. 王子恢，戴健鹏，译. 北京：电子工业出版社，2001.

C 关 键 字

下表所列的 C 语言关键字中，粗体显示的关键字是 ISO/ANSI C90 标准新增内容，斜体显示的关键字是 C99 标准新增内容。

auto	**cnum**	*restrict*	unsigned
break	extern	return	**void**
case	float	short	**volatile**
char	for	**signed**	while
const	goto	sizeof	*_Bool*
continue	if	static	*_Complex*
default	*inline*	struct	*_Imaginary*
do	int	switch	
double	long	typedef	
else	register	union	

附录 B

C运算符的优先级和结合性

优先级	运算符	含义	运算类型	结合方向
1	() [] -> .	圆括号、函数参数表 数组元素下标 指向结构体成员 引用结构体成员		自左向右
2	! ~ ++ -- - * & (类型标识符) sizeof	逻辑非 按位取反 增1、减1 求负 间接寻址运算符 取地址运算符 强制类型转换运算符 计算字节数运算符	单目运算	自右向左
3	* / %	乘、除、整数求余	双目算术运算	自左向右
4	+ -	加、减	双目算术运算	自左向右
5	<< >>	左移、右移	位运算	自左向右
6	< <= > >=	小于、小于等于 大于、大于等于	关系运算	自左向右
7	== !=	等于、不等于	关系运算	自左向右
8	&	按位与	位运算	自左向右
9	^	按位异或	位运算	自左向右
10	|	按位或	位运算	自左向右
11	&&	逻辑与	逻辑运算	自左向右
12	||	逻辑或	逻辑运算	自左向右
13	?:	条件运算符	三目运算	自右向左
14	= += -= *= /= %= &= ^= |= <<= >>=	赋值运算符 复合赋值运算符	双目运算	自右向左
15	,	逗号运算符	顺序求值运算	自左向右

ASCII码字符表

ASCII 码字符表中共定义了 128 个字符，可分为控制字符和可显示字符两大类。

(1) 控制字符：ASCII 码值的 0～31、127 共计 33 个字符为控制字符。

(2) 可显示字符：ASCII 码值的 32～126 共计 95 个字符为可显示字符。

下表中，前缀^指的是 Ctrl 键。

十进制	八进制	十六进制	二进制	字符	ASCII 名称
0	0	0	0000 0000	^@	NUL
1	01	0x1	0000 0001	^A	SOH
2	02	0x2	0000 0010	^B	STX
3	03	0x3	0000 0011	^C	ETX
4	04	0x4	0000 0100	^D	EOT
5	05	0x5	0000 0101	^E	EDQ
6	06	0x6	0000 0110	^F	ACK
7	07	0x7	0000 0111	^G	BEL
8	010	0x8	0000 1000	^H	BS
9	011	0x9	0000 1001	^I	HT
10	012	0xa	0000 1010	^J	LF
11	013	0xb	0000 1011	^K	VT
12	014	0xc	0000 1100	^L	FF
13	015	0xd	0000 1101	^M	CR
14	016	0xe	0000 1110	^N	SO
15	017	0xf	0000 1111	^O	SI
16	020	0x10	0001 0000	^P	DLE
17	021	0x11	0001 0001	^Q	DC1
18	022	0x12	0001 0010	^R	DC2
19	023	0x13	0001 0011	^S	DC3
20	024	0x14	0001 0100	^T	DC4
21	025	0x15	0001 0101	^U	NAK
22	026	0x16	0001 0110	^V	SYN

(续表)

十进制	八进制	十六进制	二进制	字符	ASCII 名称
23	027	0x17	0001 0111	^W	ETB
24	030	0x18	0001 1000	^X	CAN
25	031	0x19	0001 1001	^Y	EM
26	032	0x1a	0001 1010	^Z	SUB
27	033	0x1b	0001 1011	^[,esc	ESC
28	034	0x1c	0001 1100	^\	FS
29	035	0x1d	0001 1101	^]	GS
30	036	0x1e	0001 1110	^^	RS
31	037	0x1f	0001 1111	^_	US
32	040	0x20	0010 0000	Space	SP
33	041	0x21	0010 0001	!	
34	042	0x22	0010 0010	”	
35	043	0x23	0010 0011	#	
36	044	0x24	0010 0100	$	
37	045	0x25	0010 0101	%	
38	046	0x26	0010 0110	&	
39	047	0x27	0010 0111	,	
40	050	0x28	0010 1000	(	
41	051	0x29	0010 1001	)	
42	052	0x2a	0010 1010	*	
43	053	0x2b	0010 1011	+	
44	054	0x2c	0010 1100	,	
45	055	0x2d	0010 1101	−	
46	056	0x2e	0010 1110	.	
47	057	0x2f	0010 1111	/	
48	060	0x30	0011 0000	0	
49	061	0x31	0011 0001	1	
50	062	0x32	0011 0010	2	
51	063	0x33	0011 0011	3	
52	064	0x34	0011 0100	4	
53	065	0x35	0011 0101	5	
54	066	0x36	0011 0110	6	
55	067	0x37	0011 0111	7	
56	070	0x38	0011 1000	8	
57	071	0x39	0011 1001	9	
58	072	0x3a	0011 1010	:	

(续表)

十进制	八进制	十六进制	二进制	字符	ASCII 名称
59	073	0x3b	0011 1011	;	
60	074	0x3c	0011 1100	<	
61	075	0x3d	0011 1101	=	
62	076	0x3e	0011 1110	>	
63	077	0x3f	0011 1111	?	
64	0100	0x40	0100 0000	@	
65	0101	0x41	0100 0001	A	
66	0102	0x42	0100 0010	B	
67	0103	0x43	0100 0011	C	
68	0104	0x44	0100 0100	D	
69	0105	0x45	0100 0101	E	
70	0106	0x46	0100 0110	F	
71	0107	0x47	0100 0111	G	
72	0110	0x48	0100 1000	H	
73	0111	0x49	0100 1001	I	
74	0112	0x4a	0100 1010	J	
75	0113	0x4b	0100 1011	K	
76	0114	0x4c	0100 1100	L	
77	0115	0x4d	0100 1101	M	
78	0116	0x4e	0100 1110	N	
79	0117	0x4f	0100 1111	O	
80	0120	0x50	0101 0000	P	
81	0121	0x51	0101 0001	Q	
82	0122	0x52	0101 0010	R	
83	0123	0x53	0101 0011	S	
84	0124	0x54	0101 0100	T	
85	0125	0x55	0101 0101	U	
86	0126	0x56	0101 0110	V	
87	0127	0x57	0101 0111	W	
88	0130	0x58	0101 1000	X	
89	0131	0x59	0101 1001	Y	
90	0132	0x5a	0101 1010	Z	
91	0133	0x5b	0101 1011	[	
92	0134	0x5c	0101 1100	\	
93	0135	0x5d	0101 1101	]	
94	0136	0x5e	0101 1110	^	

(续表)

十进制	八进制	十六进制	二进制	字符	ASCII 名称
95	0137	0x5f	0101 1111	_	
96	0140	0x60	0110 0000	`	
97	0141	0x61	0110 0001	a	
98	0142	0x62	0110 0010	b	
99	0143	0x63	0110 0011	c	
100	0144	0x64	0110 0100	d	
101	0145	0x65	0110 0101	e	
102	0146	0x66	0110 0110	f	
103	0147	0x67	0110 0111	g	
104	0150	0x68	0110 1000	h	
105	0151	0x69	0110 1001	i	
106	0152	0x6a	0110 1010	j	
107	0153	0x6b	0110 1011	k	
108	0154	0x6c	0110 1100	l	
109	0155	0x6d	0110 1101	m	
110	0156	0x6e	0110 1110	n	
111	0157	0x6f	0110 1111	o	
112	0160	0x70	0111 0000	p	
113	0161	0x71	0111 0001	q	
114	0162	0x72	0111 0010	r	
115	0163	0x73	0111 0011	s	
116	0164	0x74	0111 0100	t	
117	0165	0x75	0111 0101	u	
118	0166	0x76	0111 0110	v	
119	0167	0x77	0111 0111	w	
120	0170	0x78	0111 1000	x	
121	0171	0x79	0111 1001	y	
122	0172	0x7a	0111 1010	z	
123	0173	0x7b	0111 1011	{	
124	0174	0x7c	0111 1100	|	
125	0175	0x7d	0111 1101	}	
126	0176	0x7e	0111 1110	~	
127	0177	0x7f	0111 1111	del,rubout	

附录 D

常用的ANSI C标准库函数

D.1 数学函数

使用数学函数时，应该在该源文件中包含头文件"**math.h**"。

函数名	函数原型	功能	返回值
abs	int abs(int x);	求整数 x 的绝对值	返回整数 x 的绝对值
acos	double acos(double x);	反余弦函数，x 为-1~1	返回 x 的反余弦 $\cos^{-1}(x)$ 值
asin	double asin(double x);	反正弦函数，x 为-1~1	返回 x 的反正弦 $\sin^{-1}(x)$ 值
atan	double atan(double x);	反正切函数，x 为弧度	返回 x 的反正切 $\tan^{-1}(x)$ 值
atan2	double atan2(double y,double x);	计算 Y/X 的反正切值，x 为弧度	返回 y/x 的反正切 $\tan^{-1}(x)$ 值
ceil	double ceil(double x);	向上舍入	返回不小于 x 的最小整数
cos	double cos(double x);	余弦函数，x 为弧度	返回 x 的余弦 $\cos(x)$ 值
cosh	double cosh(double x);	双曲余弦函数，x 为弧度	返回 x 的双曲余弦 $\cosh(x)$ 值
exp	double exp(double x);	指数函数	返回指数函数 e^x 的值
fabs	double fabs(double x);	求浮点数 x 的绝对值	返回浮点数 x 的绝对值
floor	double floor(double x);	向下舍入	返回不大于 x 的最大整数
fmod	double fmod(double x,double y);	计算 x 对 y 的模，即 x/y 的余数	返回 x/y 的余数
log	double log(double x);	对数函数 ln(x)	返回 $\log_e x$ 的值
log10	double log10(double x);	对数函数 log	返回 $\log_{10} x$ 的值
pow	double pow(double x,double y);	指数函数(x 的 y 次方)	返回 x^y 的值
sin	double sin(double x);	正弦函数，x 为弧度	返回 x 的正弦 $\sin(x)$ 值
sinh	double sinh(double x);	双曲正弦函数，x 为弧度	返回 x 的双曲正弦 $\sinh(x)$ 值
sqrt	double sqrt(double x);	计算平方根，x≥0	返回 x 的开方
tan	double tan(double x);	正切函数，x 为弧度	返回 x 的正切 $\tan(x)$ 值
tanh	double tanh(double x);	双曲正切函数，x 为弧度	返回 x 的双曲正切 $\tanh(x)$ 值

D.2 字符处理函数

使用字符处理函数时，应该在该源文件中包含头文件"**ctype.h**"。

函数名	函数原型	功能	返回值
isalnum	inti salnum(intch);	检查 ch 是否是字母(alpha)或数字(numeric)	是字母或数字，返回 1；否则返回 0
isalpha	inti salpha(intch);	检查 ch 是否是字母	是字母，返回 1；否则返回 0
iscntrl	int iscntrl(intch);	检查 ch 是否为控制字符(ASCII 码为 0~0x1F)	是控制字符，返回 1；否则返回 0
isdigit	int isdigit(intch);	检查 ch 是否为数字字符(0~9)	是数字字符，返回 1；否则返回 0
isgraph	int isgraph(intch);	检查 ch 是否为可打印字符(ASCII 码在 0x21~0x7E 范围内，不包括空格)	是可打印字符，返回 1；否则返回 0
islower	int islower(intch);	检查 ch 是否为小写字母(a~z)	是小写字母，返回 1；否则返回 0
isprint	int isprint(intch);	检查 ch 是否为可打印字符(ASCII 码在 0x20~0x7E 范围内，包括空格)	是打印字符，返回 1；否则返回 0
ispunct	int ispunct(intch);	检查 ch 是否为标点符号(不包括空格)，即字母、数字和空格以外的所有可打印字符	是标点符号字符，返回 1；否则返回 0
isspace	int isspace(intch);	检查 ch 是否为空格、制表符或换行符	是，返回 1；否则返回 0
isupper	int isupper(intch);	检查 ch 是否为大写字母(A~Z)	是大写字母，返回 1；否则返回 0
isxdigit	int isxdigit(intch);	检查 ch 是否为一个十六进制数学字符(即 0~9，或者 A~F，或者 a~f)	是十六进制数字字符，返回 1；否则返回 0
tolower	int tolower(intch);	将 ch 字符转换为小写字母	返回 ch 所代表的字符的小写字母
toupper	int toupper(intch);	将 ch 字符转换为大写字母	返回 ch 所代表的字符的大写字母

D.3 字符串处理函数

使用字符串处理函数时，应该在该源文件中包含头文件"**string.h**"。

函数名	函数原型	功能	返回值
memcmp	int memcmp (const void *buf1, const void *buf2, unsigned int count);	比较 buf1 和 buf2 指向的数组的前 count 个字符	buf1<buf2，返回负数 buf1=buf2，返回 0 buf1>buf2，返回正数

(续表)

函数名	函数原型	功能	返回值
memcpy	void *memcpy (void *to, const void *from, unsigned int count);	从 from 指向的数组向 to 指向的数组复制 count 个字符，如果两数组重叠，则不定义该数组的行为	返回指向 to 的指针
memmove	void *memmove (void *to, const void *from, unsigned int count);	从 from 指向的数组向 to 指向的数组复制 count 个字符，如果两数组重叠，则复制仍然进行，但把内容放入 to 后修改 from	返回指向 to 的指针
memset	void *memset (void *buf,int ch, unsigned int count);	将 ch 的低字节复制到 buf 指向的数组的前 count 个字节处，常用于把某个内存区域初始化为已知值	返回 buf 指针
strcat	char *strcat (char *str1, const char *str2);	将字符串 str2 连接到 str1 后面，在新形成的 str1 串后面添加一个字符串结束标志'\0'。原 str1 后面的'\0'被 str2 的第一个字符覆盖。因无边界检查，调用时应保证 str1 的空间足够大,能存放原始 str1 和 str2 两个串的内容	返回 str1 指针
strcmp	char *strcmp (const char *str1, const char *str2);	按字典顺序比较两个字符串 str1 和 str2 的大小	str1<str2，返回负数 str1=str2，返回 0 str1>str2，返回正数
strcpy	char *strcpy (char *str1, const char *str2);	将 str2 指向的字符串复制到 str1 中	返回 str1 指针
strlen	unsigned int strlen (const char *str)	统计字符串 str 中字符的个数(不包括字符串结束标志 '\0')	返回字符个数
strncat	char *strncat (char *str1, const char *str2, unsigned int count);	将字符串 str2 中不多于 count 个字符连接到 str1 后面，并添加一个字符串结束标志 '\0'。原 str1 后面的 '\0' 被 str2 的第一个字符覆盖	返回 str1 指针
strncmp	char *strncmp (const char *str1, const char *str2, unsigned int count);	按字典顺序比较两个字符串 str1 和 str2 的不多于 count 个字符	str1<str2，返回负数 str1=str2，返回 0 str1>str2，返回正数
strstr	char *strstr (char *str1, char *str2);	找出 str2 字符串在 str1 字符串中第一次出现的位置(不包括 str2 的串结束符)	返回该位置的指针。若找不到，则返回空指针

(续表)

函数名	函数原型	功能	返回值
strncpy	char *strncpy (char *str1, const char *str2, unsigned int count);	将 str2 指向的字符串中的 count 个字符复制到 str1 中。如果 str2 指向的字符串少于 count 个字符，则将'\0'加到 str1 的尾部，直到满足 count 个字符为止。如果 str2 指向的字符串长度大于 count 个字符，则结束且 str1 不用'\0'结尾	返回 str1 指针

D.4 动态内存分配函数

ANSI C 标准建议在 **"stdlib.h"** 头文件中包含有关动态内存分配函数的信息，也有编译系统用 **"malloc.h"** 包含。

函数名	函数原型	功能	返回值
calloc	void *calloc (unsigned int n, unsigned int size);	分配 n 个数据项的内存连续空间，每项大小为 size 字节	分配内存单元的起始地址；如果不成功，则返回 0
free	void free(void *p);	释放 p 所指向的内存区	无
malloc	void *malloc (unsigned int size);	分配 size 字节的存储区	分配内存单元的起始地址；如果不成功，则返回 0
realloc	void *realloc (void *p, unsigned int size);	将 p 所指向的已分配内存区的大小改为 size，size 可比原来分配的空间大或小	返回指向该内存区的指针

D.5 缓冲文件系统的输入/输出函数

使用以下缓冲文件系统的输入/输出函数时，应该在该源文件中包含头文件 **"stdio.h"**。

函数名	函数原型	功能	返回值
clearerr	void clearer(FILE *fp);	清除文件指针错误	无
fclose	int fclose(FILE *fp);	关闭 fp 所指向的文件，释放文件缓冲区	成功返回 0，否则返回非 0
feof	int feof(FILE *fp);	检查文件是否结束	遇文件结束符返回非零值，否则返回 0
ferror	int ferror(FILE *fp);	检查 fp 指向的文件中的错误	无错时，返回 0；有错时，返回非零值

（续表）

函数名	函数原型	功能	返回值
fflush	int fflush(FILE *fp);	如果 fp 所指向的文件是"写打开"的，则将输出缓冲区的内容物理地写入文件；若文件是"读打开"的，则清除输入缓冲区中的内容。在这两种情况下，文件维持打开不变	成功，则返回 0；若出现写错误，则返回 EOF
fgetc	int fgetc(FILE *fp);	从 fp 所指定的文件中取得下一个字符	返回所得到的字符，若读入错误，则返回 EOF
fgets	char *fgets(char *buf, int n, FILE *fp);	从 fp 指向的文件读取一个长度为 n-1 的字符串，存入起始地址为 buf 的空间	返回地址 buf，若遇文件结束或出错，则返回 NULL
fopen	FILE *fopen (const char *filename, const char *mode);	以 mode 指定的方式打开名为 filename 的文件	成功，返回一个文件指针；失败，返回 NULL 指针
fprintf	int fprintf(FILE *fp, const char *format, args,…);	将 args 的值以 format 指定的格式输出到 fp 所指定的文件中	实际输出的字符数
fputc	int fputc(char ch, FILE *fp);	将字符 ch 输出到 fp 指向的文件中	成功，则返回该字符；否则返回 EOF
fputs	int fputs(const char *str, FILE *fp);	将 str 指向的字符串输出到 fp 所指向的文件	成功，则返回 0；否则返回非 0
fread	int fread(char *pt, unsigned int size, unsigned int n, FILE *fp);	从 fp 所指向的文件中读取长度为 size 的 n 个数据项，存到 pt 所指向的内存区	返回所读的数据项个数，若遇文件结束或出错，则返回 0
fscanf	int fscanf(FILE *fp, char format,args,…);	从 fp 指向的文件中按 format 给定的格式将输入数据送到 args 所指向的内存单元(args 是指针)	已输入的数据个数
fseek	int fseek(FILE *fp, long int offset,int base);	将 fp 所指向的文件的位置指针移到以 base 所指出的位置为基准，以 offset 为位移量的位置	成功，则返回当前位置；否则，返回-1
ftell	long ftell(FILE *fp);	返回 fp 所指向的文件中的读写位置	返回 fp 所指向的文件中的读写位置
fwrite	unsigned int fwrite (const char *ptr, unsigned int size, unsigned int n, FILE *fp);	将 ptr 所指向的 n*size 个字节输出到 fp 所指向的文件中	写到 fp 文件中的数据项的个数

(续表)

函数名	函数原型	功能	返回值
getc	int getc(FILE *fp);	从 fp 所指向的文件中读入一个字符	返回所读的字符；若文件结束或出错，则返回 EOF
getchar	int getchar();	从标准输入设备读取并返回下一个字符	返回所读字符；若文件结束或出错，则返回-1
gets	char *gets(char *str);	从标准输入设备读入字符串，放到 str 指向的字符数组中，一直读到接收新行符或 EOF 时为止，新行符不作为读入串的内容，变成 '\0' 后作为该字符串的结束	成功，则返回 str 指针；否则，返回 NULL 指针
perror	void perror(const char *str);	向标准设备(stderr)输出字符串 str，并随后附上冒号及全局变量 error 代表的错误消息的文字说明	无
printf	int printf (const char *format, args,...);	将输出表列 args 的值输出到标准输出设备	输出字符的个数。若出错，则返回负数
putc	int putc(intch,FILE *fp);	将一个字符 ch 输出到 fp 所指的文件中	输出字符 ch。若出错，则返回 EOF
putchar	int putchar(char ch);	将字符 ch 输出到标准输出设备	输出字符 ch。若出错，则返回 EOF
puts	int puts(const char *str);	将 str 指向的字符串输出到标准输出设备，将 '\0' 转换为回车换行	返回换行符。若失败，则返回 EOF
rename	int rename (const char *oldname, const char *newname);	将 oldname 所指向的文件改名为由 newname 所指的文件名	成功，则返回 0；出错，则返回 1
rewind	void rewind(FILE *fp);	将 fp 指向的文件中的位置指针置于文件的开头位置，并清除文件结束标志	无
scanf	int scanf(const char *format, args,...);	从标准输入设备按 format 指向的字符串规定的格式输入数据给 args 所指向的单元	读入并赋给 args 的数据个数。遇文件结束返回 EOF；出错返回 0

D.6 其他常用函数

函数名	函数原型	功能	返回值
atof	#include <stdlib.h> double atof(const char *str);	将 str 指向的字符串转换为双精度浮点数，字符串中必须包含合法的浮点数，否则返回值无定义	返回转换后的双精度浮点值

(续表)

函数名	函数原型	功能	返回值
atoi	#include <stdlib.h> int atoi(const char *str);	将 str 指向的字符串转换为整型数，字符串中必须包含合法的整型数，否则返回值无定义	返回转换后的整型值
atol	#include <stdlib.h> long atol(const char *str);	将 str 指向的字符串转换为长整型数，字符串中必须包含合法的整型数，否则返回值无定义	返回转换后的长整型值
exit	#include <stdlib.h> void exit(int code);	该函数使程序立即正常终止，清空和关闭任何打开的文件。程序正常退出状态，由 code 等于 0 或 EXIT_SUCCESS 表示；非 0 值或 EXIT_FAILURE 表明定义实现错误	无
rand	#include <stdlib.h> int rand(void);	产生伪随机数序列	返回 0 到 RAND_MAX 之间的随机整数，RAND_MAX 至少是 32767
srand	#include <stdlib.h> void srand(unsigned int seed);	为函数 rand() 生成的伪随机数序列设置起点种子值	无
time	#include <time.h> time_t time(time_t *time);	调用时可使用空指针，也可使用指向 time_t 类型变量的指针，若使用后者，则该变量可被赋予日历时间	返回系统的当前日历时间，如果系统丢失时间设置，则函数返回-1